SHESHI SHUCAI YOUXIN
ZAIPEI JISHU

设施蔬菜
优新栽培技术

李建设◎主编

中国农业出版社
北　京

主　　编　李建设

参编人员　张雪艳　曹云娥　高艳明

　　　　　张亚红　王晓敏　叶　林

　　　　　冯　美　张　宁　吴素萍

目录 CONTENTS

第一章
设施环境调控技术

设施作物的生长发育与器官的形成，取决于作物本身的遗传基础与生长环境条件的影响。人们要获得优质的园艺产品，就必须使作物更好地适应自然环境或使环境更好地满足作物的生长发育规律，实现作物与环境的协调。

设施栽培正是在露地不适于作物生长的情况下，人为地创造适宜的环境条件来进行作物栽培的一种方式。设施内的环境因素包括温度、光照、湿度、气体成分、土壤等，虽然在很大程度上受外界环境的影响，但通过对设施环境调控，只要设施选择和建造科学，是能够为作物提供适宜的栽培条件，实现反季节生产的。因此，运用现代技术进行人工调控，对促进设施作物的安全、优质、高产、高效与环保，以及改善劳动环境都有重要的意义。

第一节　温度调控

温度是作物设施栽培的首要环境条件，因为任何作物的生长发育和维持生命活动都需要一定的温度范围，即最适、最高、最低界限的"三基点温度"。当温度处于生长发育的最高、最低界限时，作物停止生长发育，但仍能维持生命；如果温度超过维持生命的最高、最低界限，作物就会死亡。不同作物或同种作物不同生育期对"三基点温度"的要求不同。作物的生长发育和产品品质，在有一定昼夜温差的条件下比恒温条件下要好，这是温周期现象的表现。温度特别是地温，与作物根系吸收水分和养分及土壤微生物活动有密切关系。作物栽培中要特别重视地温的调节，在气温过高或过低时，地温如果适宜，可增强作物的耐热性或耐寒性，夏季高温条件下喜温蔬菜如能保持根系温度在$15\sim25℃$，则可提高蔬菜的产量和品质。

一、气温调控

（一）冬季增温

1. 保温被的选择与使用

（1）保温被种类

①针刺毡保温被。针刺毡是用旧碎线（布）等材料经一定处理后重新压制而成的，造价低，保温性能好。针刺毡保温被自身重量较复合型保温被重，防风性能和保温性能较好。但由于针刺毡、毛毯下脚料材料的纤维强度很弱，而机械卷铺的拉力又很大，很容易产生滚包现象，使保温被的保温性能显著下降并且防水性较差。但是如果表面用防雨布，就可以改造成防雨保温被。需要注意的是，这种保温被在收放保存之前，需要晾晒干燥保存。

②复合型保温被。这种保温被采用 2mm 厚蜂窝塑料薄膜 2 层、无纺布 2 层，外加化纤布缝合制成。它具有重量轻、保温性能好的优点，适于机械卷放。它的缺点是里面的蜂窝塑料薄膜和无纺布经机械卷放碾压后容易破碎。

③腈纶棉保温被。这种保温被采用腈纶棉、太空棉做防寒的主要材料，用无纺布做面料，缝合制成。腈纶棉具有类似羊毛织物的柔软、蓬松手感，且耐光性能、抗菌能力和防虫蛀的优点也特别突出。在保温性能上可满足要求，但其防水性以及结实耐用性差。无纺布几经机械卷放碾压，会很快破损。另外，因它是采用缝合方法制成，雨（雪）水会从针眼渗到里面不易干燥。

④棉毡保温被。这种保温被以棉毡做防寒的主要材料，两面覆上防水牛皮纸，保温性能与针刺毡保温被相似。由于牛皮纸价格低廉，因此这种保温被价格相对较低，但其使用寿命较短。

⑤泡沫保温被。这种保温被采用微孔泡沫做主料，上下两面采用化纤布做面料。主料具有质轻、柔软、保温、防水、耐化学腐蚀和耐老化的特性，经加工处理后的保温被不但保温性持久，而且防水性极好，容易保存，具有较好的耐久性。它的缺点是自身重量太轻，需要解决好防风的问题。必须配置压被线才能保证在刮风时保温被不被掀起。

⑥防火保温被。防火绝热保温被，在毛毡的上下两面分别黏合了防火布和铝箔构成。还可以在毛毡和防火布中间黏合聚乙烯泡沫层。其优点是设计合理、结构简单，防水、防火，保温性、抗拉性良好，可机械化传动操作，省工省力，使用周期长。

⑦羊毛大棚保温被。100% 羊毛大棚保温被具有质轻、防水、防老化、保温隔热等功能，使用寿命更长，保温效果最好。羊毛沥水，有着良好的自然卷曲度，能长久保持蓬松，在保温上当属第一。

（2）保温被的挑选

①闻。优质的大棚保温被闻起来没有异味，有异味的大棚保温被可能是存放时间太长造成。

②将大棚保温被的保温材料放入水中，看其是否吸水，如果不吸水，则证明其渗入水后会迅速将水流出，防水性能更好，反之则不好。

③优质的大棚保温被表面摸起来是柔软的，用指甲划过时只会有摩擦的感觉，但不会出现线头。

④选择知名度高、信誉好的保温被厂家。

⑤根据当地的气候特征，如多雨应选择防水性能较好的保温被，多风则应选择质量较重的保温被，对于寒冷地区，应选择厚度大、保温性能较好的保温被。

（3）保温被的正确使用方法

①在保温被的使用过程中，如果发生卷偏的情况，一定要及时进行调整，确保全面、平整覆盖大棚；保温被上好后，要用连接绳将被子搭接处连成一体。

②保温被覆盖大棚之后，尤其要做好防风措施，用沙袋压严，防止被风吹起而出现降低保温效果等现象。

③在雨雪天气中，一定要及时清理积雪，将保温被摊开晾干后再卷起来。

④在第二年卸棚时，要选择晴天将保温被覆盖在大棚上晾晒一天，之后翻过来再晾晒一天，等到保温被完全干燥后再存放。

2. 卷帘机安装与使用

（1）卷帘机的选择

①牵引式卷帘机。牵引式卷帘机安装在温室后屋面上或温室的后墙上，屋面需是水泥砂浆抹面，后墙是砖砌墙体且高度接近屋脊，温室前屋面与顶部要有一定的坡度，顶部的坡度不得小于 $10°$。牵引式卷帘机优点是牵引轴所受扭矩较小，牵引轴不易扭断，可用于长度为 100m 以上的温室。其缺点是要求传动轴安装精度和传动轴同轴度较高，对温室自身规格要求也高。

②侧置摆杆式卷帘机。一般安装在操作间，安装结构简单。侧置摆杆式卷帘机由于是一侧单边传动，常表现为动力不足，受力不均衡，运转不平稳，常会出现运转时卷帘轴不平直，卷帘轴整体向另一侧偏移。

③双悬臂式卷帘机。双悬臂式卷帘机是将电机减速机置于卷帘轴的中央，减速机输出轴为双头，通过法兰盘分别与卷帘轴相连。双悬臂式卷帘机置于温室中央，双轴两边传动，受力平衡。与相同机型侧置摆杆式卷帘机相比，双悬臂式适用卷铺草帘等厚重覆盖材料，适用于长度为 100m 内的温室，对温室自身结构要求不高，是目前应用最广泛的一种。

一般情况下，温室大棚长度小于 60m 时，选择功率小于 1.5kW、转数 1 500r/min 左右的电动机，电动机转速与减速机输出转速的比例控制在 1 000∶1 左右，减速机输出轴扭矩控制在 3 000～4 000N·m。当温室大棚的长度大于 60m 时，只考虑适当增大电动机功率和减速机输出轴扭矩即可，其他选择原则不变。

（2）卷帘机的安装

①放绳。以铺好膜的温棚边墙为起点，将拉绳一端固定在后墙上，按间隔 1m 或 1.5m 等距离放绳由上至下沿棚面放至地面，各绳之间保持平行。

②固定主机。焊接主机的各连接活动节、法兰盘、卷轴；将主机与电机连接；主机输出端靠向大棚方向，电机端指向棚外；连接好后放在大棚的中间。

③安放支架。在棚前正中位置，距大棚 1.5～2.0m 处挖一长约 2m（与温室长度方向平行）、宽约 0.3cm 的坑，埋设地桩，打紧压实（地面只留铰合接头），然后将悬臂和立杆用销轴连接好。立杆通过销轴一端与地桩铰接，另一端与悬臂铰接，悬臂的另一端与卷帘机焊接。

④卷杆连接。在温室长度方向安装与保温被及棚长相应规格的卷帘杆，卷帘轴材料为国标焊接或法兰连接。卷帘杆一端通过法兰用螺栓连接卷帘机，另一端与其他卷帘杆依次连接。

⑤铺放保温被。将保温被垂直平铺在大棚上，并以此向温室另一边逐步铺设，保温被之间有 0.2m 左右的搭茬，用尼龙绳连接，以便保温。保温被全部放好后，将其整理整齐，然后在卷帘杆上绕一圈，并用卡箍固定在卷帘杆上。

⑥电源安放。电源装置建议安装于耳房内，严禁露天安装，以防风吹雨淋。

⑦试机，打开倒顺开关。卷帘机运行，若卷起或下铺过程中卷帘杆产生整体弯曲，可在位置较低处垫以适量软物，以调节卷速，直至卷帘杆保持整体水平。

（3）卷帘机的调试　安装结束后要经常检查主机及各连接处螺丝是否松动，焊接处有无断裂、开焊等，各部位检查无误，安全可靠后进行运行调试工作。第一次送电运行，使保温被上卷 1m 左右后，退回到初始位置，目的一是促使保温被卷实，二是对机器进行中度磨合。第二次送电前应检查机器部分是否有明显升温，若升温不超过环境温度 40℃，且未发现机器有异声、异味，机器可继续试验。最后，观察保温被卷起是否齐整、平直，是否有跑偏现象，若发现有上述现象，应继续调整，直到符合使用要求为止。

（4）卷帘机的维护保养

①作业期保养。首次使用前先往机体内注入机油 1.5～2.0kg，以后每年更换一次，卷帘机作业前和使用期间，要检查供电线路控制开关，看开关是否

漏电。如发现线路老化、开关漏电等问题，要及时维修或更换。

②非作业期保养及存放。对卷帘机进行一次全面维护保养，然后在干燥通风的环境下存放备用。存放期间，经常检查维护各部件，防止生锈。再次使用前，应全面检查卷帘机状态，重新更换机体内润滑油。

（5）卷帘机在使用中应注意的问题

①使用前要检查摆杆连接轴锁销是否脱落，卷帘机各连接栓是否正确，卷帘机的转动方向是否正确。

②用户自行购买安装材料时，卷轴、支架应选用钢管，材料的材质、管径、壁厚要满足强度要求和作业要求。

③启动卷帘机开关，卷帘至温室顶 30cm 处时，必须停机，以防卷帘机掉到后墙外。在卷帘、放帘时必须有人看护，卷放过程中不得随意离开。

④卷帘轴工作时要保持与温室前沿的地面平行，当卷帘轴平行度超过0.5m 时就停止使用，调整底绳至卷帘轴符合要求后方可使用。

⑤用以安装固定支架、卷轴等的连接螺栓要有足够强度并可靠紧固；所有焊接部位的焊接质量都要符合要求，不应出现假焊、虚焊、漏焊、夹渣、裂纹等现象，以确保作业安全。

⑥电源控制装置要具有可靠的防潮湿、防触电的保护功能。另外，在大棚外的适当位置安装能可靠接通、切断电源的总开关。

3. 棚温提升技术

（1）增加后墙的保温性　建筑后墙时可在土墙上贴一层砖，或建空心保温墙，墙内充填秸秆或聚苯泡沫，效果也很好，严寒地区可直接建造成火墙，便于提温。

（2）棚外挖防寒沟　在大棚外挖深 40～60cm、宽 40～50cm 的防寒沟，填入泡沫板等保温材料，踏实后用土封沟，以达到保温效果。寒流临近时，夜间在棚四周加围草帘或玉米秸，可提高棚温 2～3℃；也可在大棚四周熏烟，防止大棚四周热量的散失。

（3）增加日光温室覆盖膜的透光性

①选用透光率高的农膜，最好使用聚氯乙烯无滴膜，这种膜透光性好，透光率达 60%，一般的聚乙烯膜透光率不到 50%。

②采用高透光无滴日光温室覆盖膜，及时清扫覆盖膜上沉积的灰尘、积雪等杂物，可有效地增加光照，提高室内温度。

③由于冬季内外温差大，日光温室覆盖膜上附着一层水滴，严重影响膜的透光度，降低了室内温度。在购买棚膜时尽量采用透光率高、耐久性好的无滴膜。

（4）悬挂反光幕　在温室栽培畦北侧或靠后墙部位上悬挂反光幕（涂有金

属层的塑料膜或锡纸），每隔 2～3m 悬挂 1m 反光幕，使其与地面保持 75°～85°角为宜。

（5）多层覆盖保温

①提高保温被的保温性。大棚上覆盖的保温被应紧实，为提高保温性能，可在保温被上加盖一层普通农膜或往年的旧薄膜。

②日光温室内覆盖地膜和架设拱棚，日光温室内一般采用大垄双行栽培。定植前或后覆盖地膜，可提高地温 2～3℃，严冬季节可再架设小拱棚，以提高温度，保证作物安全度过最低温度时期。

（6）电灯补光增温　温室大棚内安装钠灯，阴天早晚开灯给蔬菜补光 3～4h，不仅增温，还可提高产量 10%～40%，缩短生长期 17～21d。

（7）临时性加温　设立临时加温措施以及时缓解寒流、霜冻等气象灾害，以及阴天光照弱对日光温室植物正常生长的影响。在日光温室内临时设置 2～3 个功率为 1 600～2 500W 浴室暖风机，暖风机出口方向不要直接对着植物，可斜对北墙；也可在日光温室内利用炭火盆或煤球炉，以提高温室内温度。临时加温时要注意防止二氧化碳中毒。温室大棚应先通风，后进人。有条件的可在地面铺设电阻丝来提高温室大棚内的地温和气温或应用日光温室高效节能增温炉，也可在日光温室内安装暖气或每隔 5m 装配 200W 白炽灯一个，可起到较好的增温补光作用。

（8）科学揭盖草苫　北方冬季气候寒冷温差较大的地区，一般情况下当早晨阳光洒满整个前屋面时即可揭苫，下午晚盖苫，盖苫后气温应在短时间内回升 2～3℃，然后缓慢下降，盖苫时间约在太阳落山前 1h。在极端寒冷或大风天要晚揭早盖，阴天要视室内温度来决定覆盖物揭开多长时间，切记即使下雪或阴天，白天也要揭苫，保持一定时间的光照。

（9）利用秸秆生物反应堆来增加室内温度　按照栽培畦的大小挖宽 60～70cm、深 25～30cm 的沟，内填秸秆，并放置专用微生物菌剂 120kg/hm²，秸秆上面覆土约 20cm 厚，灌水至浸透秸秆。

（二）夏季降温

1. 遮阳网

（1）遮阳网的作用

①防虫、防病毒病。覆盖遮阳网将害虫和蔬菜隔离，基本上能免除菜青虫、甘蓝夜蛾、蚜虫、白粉虱等多种害虫危害，从而防止传毒媒介传播病毒病的发生。病虫害感染率降低 54%～60%。

②降温、保温。由于高温干旱，出苗受影响，覆盖遮阳网可降低棚内温度，减少蒸发，保持土壤湿润，使蔬菜的出苗率提高 20%～30%，并使蔬菜

品质提高，且能够使蔬菜提前或延后上市。

③防风、防暴雨。对于露地栽培，夏季覆盖可以预防暴风雨对蔬菜造成伤害，发生倒苗现象。秋冬及春末覆盖，可起到防霜冻、保温的作用。

④防止光照过强灼伤苗子。炎热的夏季，强光直射使苗子灼伤。覆盖遮阳网使光照度减弱 40%～50%，避免灼伤现象发生。

（2）遮阳网颜色的选择 常用的遮阳网有黑色、银灰色、蓝色、黄色、绿色等多种。以黑色、银灰色两种在蔬菜覆盖栽培上用得最普遍。黑色遮阳网通过遮光而降温。采用黑色遮阳网覆盖，光照度可降低 60% 左右。黑色遮阳网的遮光降温效果比银灰色遮阳网好，一般用于伏暑高温季节和对光照要求较低、病毒病危害较轻的作物，如伏季的小白菜、娃娃菜、大白菜、芹菜、芫荽、菠菜等绿叶蔬菜的覆盖栽培。银灰色遮阳网覆盖，光照度降低 30% 左右，较黑色遮阳网透光性好，且有避蚜作用，一般用于初夏早秋季节和对光照要求较高、易感染病毒病的作物，如萝卜、番茄、辣椒等蔬菜的覆盖栽培。用于冬春防冻覆盖的，黑色、银灰色遮阳网均可，但银灰色遮阳网比黑色遮阳网效果好。

（3）选用适宜遮阳网覆盖栽培的蔬菜品种 在夏、秋季节生产的蔬菜中，常常将春夏菜如番茄、茄子、豇豆、菜豆和黄瓜等延迟到夏季用遮阳网覆盖栽培；将秋冬蔬菜如甘蓝（莲花白）、花椰菜、大白菜、莴笋、芹菜等，提早育苗在早秋栽培。栽培中应选择品质好、早熟、耐热、适应性广、抗病能力强、生长势强、商品性好、丰产稳产高产的品种，对于果菜类还要考虑其坐果率高低、果实大小等因素。如红帅 4041、红丽等番茄，墨茄、春秋长茄子等茄子，燕白、津优 1 号等黄瓜，之豇 28-2、张塘等豇豆，双青玉豆、意选 1 号、白花菜豆等菜豆，西园 4 号、京丰 1 号、丰园 913、寒胜等甘蓝，夏阳白、夏丰等大白菜，秋爽 80、金佛洁玉等花椰菜，玻璃脆芹、青秆实芹等芹菜，双尖、无斑油麦等莴笋，早熟 5 号、华冠等速生叶菜等品种，可采用遮阳网覆盖进行破季栽种。

（4）加强遮阳网的揭盖管理 覆盖遮阳网的目的是遮强光、降低棚温。若光照度弱、温度低，不宜长时间覆盖。遮阳网揭盖应根据天气情况和蔬菜不同生育期对光照度和温度的要求，灵活掌握。一般晴天盖，阴天揭；中午盖，早晚揭；前期盖，生长后期揭。如果阴雨天气较多，温度不是很高，在蔬菜定植后 3～5d 的缓苗期内覆盖遮阳网即可；若使用黑色遮阳网应仅在晴天中午覆盖，同时可喷水或灌水以降低温室大棚内温度。若覆盖时间过长，会影响蔬菜的光合作用，不利于蔬菜的正常生长。另外，还可喷洒 0.1% 硫酸锌或硫酸铜溶液，以提高植株的抗热性，增强抗裂果、抗日灼的能力。

2. 微喷灌 微喷灌基本原理与喷灌相同，只是水压、流量、水滴都比喷灌微小，故称为微喷灌，相对而言，是给作物"下毛毛雨"。主要应用对象是蔬菜、花卉、草坪草或大棚内作物。一个喷微头，喷洒面积仅几平方米，可以实现局部灌溉，所以比喷灌更节水，比沟灌节水50%～70%。但是微喷头出水口直径仅1mm左右，所以对水质的要求高。

（1）如何选择微喷灌

①微喷带使用成本的降低，主要通过增大灌溉面积和延长使用年限实现。移动式和半固定式微喷带灌溉是增大微喷带灌溉面积的主要灌溉方式，固定式微喷带灌溉通过长期使用提高系统的经济性。

②移动式微喷带灌溉操作简单，但劳动强度大，适用于小面积灌溉。

③半固定式微喷带灌溉系统操作性和经济性介于移动式和固定式之间，适宜中等面积地块灌溉。

④固定式微喷带灌溉方便管理，适用于大面积节水灌溉工程，有利于工程的长效发挥。

（2）微喷灌带使用注意事项

①在铺设微喷带前，要先用药物杀死土壤中的害虫（如蝼蛄等），以防它们为害作物，咬破微喷带。

②铺设时，把微喷带尾部封堵，洞孔朝上，再用水泵吸水挤压。进水口用纱布（滤网）包好使水能够过滤以防止洞孔堵塞。如遇堵塞，可将尾头解开，用清水冲洗1min即可，也可用手和其他工具轻轻拍打管壁。

③在第一次使用时，根据水泵压力、微喷带的工作长度，考虑打开几个开关。最好多开几个开关，防止压力过大造成微喷带爆破，如果压力不够关掉几个开关即可。这样可知道下一次使用时打开多少开关。如果某一片试好水后，换一下片时先打开开关，再关掉试好的那一片所有的开关，以防止使用不当造成爆破。

④在换茬时，打开微喷带，用水泵抽水挤压，洗净，卷好，存放在阴凉处，防止暴晒和老鼠及其他东西咬破，以备下次再用。

二、地温调控

（一）传统地温提升技术

传统地温常见的提升技术主要包括以下几个方面：

①高垄栽培，地膜覆盖。在温室大棚内进行高垄栽培可增加土壤的表面积，有利于多吸收热量，提高地温。覆盖地膜可提高地温1～3℃，又可增加近地光照。

②挖防寒沟。为减少室内外土壤热量的交换，应在温室前缘挖防寒沟。防

寒沟的深度为当地冻土层的厚度，宽相当于冻土层厚度的一半，在沟内填入杂草等隔热材料，覆上塑料薄膜和土。

③增施有机肥。在温室大棚内增施有机肥，当有机肥分解后，其释放出的生物热可提高地温。同时，土壤有机物的增加也可提高土壤的吸热保温能力。

④保持土壤湿度。土壤含水多呈暗色，可以提高土壤的吸热能力。水的热容量大也可增加土壤的保温能力。

⑤提早扣棚。提早扣棚盖膜，可增加土壤的热量储存。

⑥地下加温。利用电热加温线、酿热物温床、地下热水管通道等设备进行土壤加热是提高地温的有效措施，但是成本高。

（二）现代地温提升技术

1. 灌溉水加温技术　灌溉水温的变化会引起土壤水热条件的改变，从而影响作物生长、养分吸收和产量。试验结果表明，灌溉水温 30～35℃时，土壤温度可基本控制在 20℃左右。利用太阳能热水器和电热水器提供热水，灌水过程中将热水和地下水在水箱内混掺，并根据实时监测的水温调整混掺比例，以使灌溉水温保持在设定范围内。各种传统灌溉方法在为作物提供水分的同时也因灌溉水温度过低，会使作物产生呼吸作用等生理障碍，影响作物的水分与养分吸收，从而影响提高作物产量和质量的潜能。而加温灌溉能从根本上解决冬季温室温度过低而又要灌溉的矛盾，并且还能优化根系的分布，更大限度地提高作物的产量与质量。灌溉水加温技术是目前一种新型的冬季地温提升技术。

2. 生物升温技术　生物升温技术是利用生物工程技术，将农作物秸秆、畜禽粪便等转化为作物所需的有机及无机营养，释放热量，提高地温及棚温，并释放二氧化碳，同时产生相应生物防病抗病效应，最终获得高产、优质、无公害农产品。操作步骤如下：

（1）开沟　整地施肥以后，在要起垄的地方挖宽 0.4m、深 0.3m 的下料沟。

（2）铺秆　将玉米秸秆均匀放入沟内，厚度以高出沟沿 10cm 为准，沟两端秸秆各出槽 10cm，以便于灌水。

（3）撒菌　用 2%尿素水溶液喷施表面秸秆（或用 10%农家肥代替），然后按照 1kg 大棚升温剂拌 10kg 米糠或麦麸的比例混拌均匀，撒施在秸秆上。

（4）覆土　将原来开沟挖出的土回盖到秸秆上，厚 10～15cm。然后覆膜，防止水分蒸发。

（5）灌水　顺地势较高的一方灌水入沟，秸秆吸水饱和，覆土有水洇湿为止。

（6）打孔　发酵约 3d 后，用直径 3cm 的钢筋在发酵堆上打孔，孔距 20cm，斜向穿透秸秆层，利于通气，释放二氧化碳。15d 后进行播种或定植，其他种植管理照常规进行。

利用秸秆生物反应堆能产生四大效应，能有效改善作物饥饿状况，提高作物抗病虫害能力，促进作物增产，改善作物产品品质等。其具体效应：①二氧化碳效应。通过秸秆生物反应堆技术，能使一定面积大棚内的二氧化碳浓度提高 4～6 倍，增加光合效率 50% 以上；减少蒸腾作用，提高水分利用率 75%～300%。②温度效应。防止土地冻结，可提高 20cm 地温 4～6℃，促进果蔬、农作物提前发芽、开花、结果，延长生育期 30d 左右。③生物防治效应。可有效减少农药用量 60% 以上，甚至可以完全不用药，无公害效应显著。④有机改良土壤和替代化肥效应。利用秸秆生物反应堆，能显著提高土壤有机质和腐殖质含量，改善微生物区系、团粒结构、通气性，提高保肥保水能力，显著减少化肥使用量。长期运用，可以不施化肥。

3. 湿帘风机　湿帘风机降温系统是大型连栋温室中广泛使用的一种降温措施，是利用水蒸发吸热的原理，将湿帘安装在温室的一侧，风机安装在温室湿帘的对面一侧，当需要降温时，风机启动，将温室内的高温空气强制抽出，造成温室内的负压；同时，水泵将水打在湿帘表面，室外热空气被风机形成的负压吸入室内时，以一定的速度从湿帘的孔隙中穿过，导致湿帘表面水分蒸发而吸收通过湿帘空气的热量，使之降温后进入温室，冷空气流经温室，再吸收室内热量后，经风机排出，从而达到温室降温目的。湿帘风机系统设计安装中要求湿帘和风机分别安装在温室不同的位置，且相互之间的距离尽量保持在 30～50m。运行管理中应注意以下事项：

①湿帘在温室的上风向，风机在温室的下风向。

②湿帘进气口不一定要连续，但要求分布均匀，如进气口不连续应保证空气的过流风速在 2.3m/s 以上。

③湿帘进风口周边存在缝隙需密封，以避免热风渗透影响湿帘降温效果。

④湿帘供水在使用中需进行调节，确保有细水流沿湿帘波纹向下流，以使整个湿帘均匀浸湿，并且不形成未被水流过的干带或内外表面的集中水流。

⑤保持水源清洁，水池须加盖密封，定期清洗水池及循环水系统。为阻止湿帘表面藻类或其他微生物的滋生，短时处理时可向水中投放 3～5mg/m³ 氯或溴，连续处理时可投放 1mg/m³ 氯或溴。

⑥湿帘风机系统在日常使用中应注意水泵停止 30min 后再关停风机，保证彻底晾干湿帘；湿帘停止运行后，检查湿帘下部汇水水槽中积水是否排空，避免湿帘底部长期浸泡在水中。

⑦湿帘表面如有水垢或藻类形成，在彻底晾干湿帘后用软毛刷上下轻刷，然后启动供水系统进行冲洗，避免用蒸汽或高压水冲洗湿帘。

⑧冬季湿帘风机不工作期间，对永久固定的湿帘和风机，应将其用塑料薄膜或棉被罩盖严密，以提高温室的保温性能。

第二节　光照调控

植物对光环境的要求主要包括光照度、光照时间和光质3个方面。根据对光照度的要求蔬菜可分为阳性蔬菜、阴性蔬菜和中性蔬菜。阳性蔬菜必须在完全光照的条件下生长，不能忍受长期的荫蔽条件，如西瓜、甜瓜、番茄、茄子等蔬菜为阳性蔬菜，其光饱和点为6万～7万lx及以上。阴性蔬菜在较弱光照条件下比在全光照条件下生长好，不能忍受强烈的直射光线，如多数绿叶菜和葱蒜类蔬菜比较耐弱光，光饱和点2.5万～4万lx。中性蔬菜对光照度的要求介于阳性和阴性蔬菜之间，如黄瓜、甜椒、甘蓝类蔬菜、白菜、萝卜等，光饱和点4万～5万lx。根据对光周期的反应，蔬菜可分为长日照蔬菜、短日照蔬菜和日中性蔬菜。长日照蔬菜如绿叶菜、甘蓝类蔬菜、葱、蒜等；短日照蔬菜有豇豆、茼蒿、扁豆、苋菜、蕹菜等；日中性蔬菜有黄瓜、番茄、辣椒、菜豆等。不同园艺作物对光质的要求不同。

一、冬季蔬菜生产补光技术

光照不仅是绿色植物光合作用的能量来源，也是日光温室的热量来源，而且还决定着温室内湿度、温度等的变化，是温室内环境的主导因子。中国的节能型日光温室，因光照是其获取能量的唯一来源，从而影响着温室中作物的生长发育以及经济产量。冬季光照度弱，日照时数不足成为设施栽培中的主要限制因子，因此人工补光成为设施栽培中一项必不可少的技术。

（1）人工补光　为促进光合作用和生长发育的人工照明称为人工补光。对于大多数果菜类蔬菜，冬季温室的光照一般都达不到光饱和点，补光能够提高温室蔬菜的光合效率。试验证明，用各种灯光对番茄、黄瓜、茄子、莴苣等进行补光，均能取得明显效果，经人工补光的蔬菜产量一般可提高10%～30%。也有的试验表明，补光照射虽然对总产量影响不大，但前期产量可以增加，可显著提高经济效益。常用人工补光光源性能比较见表1-1。

（2）使用透光好的塑料棚膜　如采用涂覆型EVA无滴消雾棚膜，能消除或减轻温室内的雾气，达到无雾或轻雾的效果，增加棚膜的透光性。研究指出涂覆型EVA无滴消雾棚膜比传统内添加EVA棚膜和PVC棚膜的透光性、保温性、紫外线透过率都要高，而且可以提高番茄的品质和产量。

（3）张挂反光幕　张挂反光幕也可补充温室内后墙附近的光照度，缩小温室内南北方向上光照度的差异，有效改善温室内整体的光环境，提高蔬菜产量。有学者研究了其在高寒地区的应用效果，结果表明镀铝聚酯膜反光幕可以解决高寒地区日光温室冬春季蔬菜生产中存在的低温、弱光等问题，而且蔬菜增产增收效果显著。铺反光地膜也可以增加光照度，影响植物的光合速率。

（4）早揭晚盖帘　研究认为在初冬和晴天，适当早揭晚盖帘能延长日照时间，改善作物的生长环境。

（5）合理整枝打叶　及时整枝、打杈，打掉老叶、病叶、死叶，对改善棚内光照条件，提高蔬菜产量也有明显作用。

冬季温度低，光照弱并且时间短，做好增温补光工作对温室内蔬菜品质和产量有积极的影响，所以在成本允许的条件下，尽可能使用先进的补光灯补光，对提高蔬菜的整体品质和农民的经济效益都有显著的影响。

表 1-1　常用光源的性能比较

名　称	光谱特性	优　点	缺　点	初装价格（元/W）	应用现状
白炽灯	辐射光谱大部分是红外线，红外辐射占80%～90%，红、橙光部分占总辐射的10%～20%，蓝、紫光所占比例很少，几乎不含紫外线	价格低廉，补光的同时可以增温	发光率低，用电成本高；寿命短，是热光源，在潮湿的温室内经常爆灯	0.1	接近淘汰
白光荧光灯	荧光灯的光谱成分中无红外线，其光谱能量分布：红、橙光占30%，绿、黄光占40%～45%，蓝、紫光占16%，较为接近日光	生理辐射所占比例比白炽灯高75%～80%，光照更均匀，还可采用成组灯管创造要求强度的光照	近40%的黄、绿光对植物生长作用不大，主要的红、蓝光相对不足（每平方米不少于40W）	3.0	应用较多
植物生长型荧光灯	光谱能量分布：红、橙光占45%～50%，绿、黄光占10%，蓝、紫光占25%，较为贴近植物光合作用的光谱吸收曲线	生理辐射占80%～85%，光照更均匀，而且接近植物光合作用曲线；还可采用成组灯管创造要求强度的光照，当季即可收回投入成本	玻璃灯体，运输途中易碎；5W/m²	2.0	日光温室应用比较普遍

（续）

名 称	光谱特性	优 点	缺 点	初装价格（元/W）	应用现状
金属卤化物灯（金卤灯）	可通过改变金属卤化物组成呈现不同的光谱	发光效率高于高压水银灯，功率大，寿命长（8 000～15 000h）	灯内的填充物中有汞，当使用的灯破损或失效后抛弃时，会对环境造成污染；光谱中含有较多的远红光，发热量大，不能近距离照射作物；35W/m²	2.0	应用较多
高压水银灯（高压汞灯）	产生的生理辐射量占总辐射能的85%左右，主要是蓝、绿光及少量紫外线红光很少。高压水银灯发出的光中不含红光，因此只适于广场、街道的照明	发光效率高，功率大，寿命长（约12 000h），蓝光比例高	热光源，表面温度高，发热量较大，不能近距离照射作物。需要镇流器高压启动，断电后需完全冷却才能重新启动，不可以频繁启动。作物最需要的红光缺少，所以温室不用	2.0	应用较少
高压钠灯	红、橙光占39%～40%，黄、绿光占51%～52%，蓝、紫光占9%	发光效率高、耗电量少、寿命长、透雾能力强、不诱虫	功耗高，发热量大，表面温度高，不宜近距离照射作物，不宜频繁启动。钠灯缺少蓝光，容易造成幼苗徒长	3.5（含灯罩和镇流器等）	连栋温室中应用较多
LED光源	不同LED光源组成系统的光质可调	使用低压电源，节能高效，适用范围广，稳定性强，响应时间快，无污染，可以改变颜色，使用寿命长	缺少不可见光，对品质的改善没有帮助。散热功耗较高，采购成本昂贵	8.0	植物工厂、实验室试验阶段

数据来源：中国照明学会农业照明委员会副理事长张震东。

二、夏季蔬菜生产遮阳技术

遮阳网有不同的颜色，且降低太阳辐射的效果各有不同。各种材料遮光特性见表1-2。黑色遮阳网通过遮光而降温，在达到有限降温的同时，使棚内失去了很大一部分光合作用所需的阳光而对蔬菜无益。采用黑色遮阳网覆盖，光照度可降低 60％左右；银灰色遮阳网覆盖，光照度降低 30％左右。蔬菜生产中多用黑色和银灰色遮阳网，黑色遮阳网遮光效果好于银灰色遮阳网，但对光照度要求高的番茄、青花菜和黄瓜等蔬菜来说会影响其正常生长。刘玉梅研究了新型白色遮阳网对番茄育苗环境及幼苗生长的影响，结果表明随着遮阳网遮光率的降低，网室内光量子通量密度（PED）、气温、5cm 和 10cm 地温均呈升高趋势。遮光率 50％的黑色遮阳网和白色遮阳网的透射光谱明显不同，黑色遮阳网对紫外线的透过率较高，对可见光和红外线的透过率差别不大；而白色遮阳网对紫外线和部分红外线的透过率明显低于可见光。综合来看，夏季番茄育苗宜根据实际情况选择遮光率 20％～40％的遮阳网，其中遮光率 20％的白色遮阳网效果较好。

表 1-2　各种材料遮光特性

种　类	颜色	覆盖方式	遮光率（％）	通气性	开闭性能	伸缩性能	强度
遮阳网	白	内覆盖	18～29	良好	良好	稍差	优秀
	黑	内覆盖	35～70	良好	良好	稍差	优秀
	灰	内覆盖	66	良好	良好	稍差	优秀
	银	内覆盖	40～50	良好	稍差	稍差	优秀
聚乙烯网	黑	贴面覆盖	45～95	良好	稍差	良好	优秀
	银	贴面覆盖	40～80	良好	稍差	良好	优秀
PVA 撕裂纤维膜	黑	内覆盖	50～70	良好	良好	稍差	良好
	银	内覆盖	30～50	良好	良好	稍差	良好
无纺布	白	内覆盖	20～50	稍差	优秀	良好	良好
	黑	内覆盖	75～90	稍差	优秀	良好	良好
PVC 软质膜	黑	内外均可	100	差	优秀	良好	良好
	银	内外均可	100	差	优秀	良好	良好
	半透	内外均可	30～50	差	优秀	良好	良好
	光银	内外均可	30～50	差	优秀	良好	良好
PE 软质膜	银	内覆盖	100	差	优秀	良好	良好
	半透	内覆盖	30	差	优秀	良好	稍差
	光银	内覆盖	30	差	优秀	良好	稍差

　　在蔬菜栽培中，常常需要遮光抑制气温、地温和叶温的上升，以达到保护蔬菜生长，提高品质的目的。另外为了形成短日照环境，也需要遮光。因此，遮光包括光强调节和光周期调节两种。盛夏季节的强光和高温会影响蔬菜生长，需要进行遮光减弱光强。

第三节　湿度调控

温室大棚蔬菜生产是一种高度集约化的种植业生产方式，具有很好的经济效益和社会效益。温室可以改变蔬菜生长环境，为蔬菜生长创造最佳条件，避免外界四季变化和恶劣气候影响，同时温室大棚蔬菜生产是在比较封闭的条件下进行的，其地面蒸发和蔬菜蒸腾产生的气化水大都在温室大棚内，故其相对湿度显著高于地面。温湿度控制是温室大棚一个重要的控制环节，空气湿度过大又是病害多发的主要因素之一，因此科学调控温室大棚内湿度是设施蔬菜栽培中的重要一环，可以为蔬菜生长创造良好的环境，达到优质高产的目的。

温室大棚气密性强，不透水，在密闭状态下，内部空气湿度经常在80%～90%。温室大棚内空气湿度的变化规律：棚室温度升高，相对湿度降低，棚室温度降低，相对湿度升高；晴天、风天相对湿度降低，阴雨天气相对湿度显著上升。春季，每天日出之后随着棚室温度的迅速上升，植株蒸腾和土壤蒸发加剧，如果不进行通风，则温室大棚内水气量（绝对湿度）大量增加，通风后温室大棚内湿度下降，至下午闭风前，湿度降到最低点；夜间，温度下降，棚膜会凝结大量水滴，相对湿度达饱和状态。温室大棚内相对湿度达到饱和状态时，提高棚室温度可以使湿度下降。有关试验表明，在棚室温度5～10℃时，每提高1℃，相对湿度可下降3%～4%；若棚室温度达到20℃时，相对湿度为70%～75%。

一、冬季蔬菜生产降湿技术

对于大多数温室蔬菜来说，最佳的相对湿度为50%～80%。然而，在封闭的温室中，由于灌溉和蔬菜的蒸腾作用，相对湿度很容易达到90%以上，甚至100%，过高的空气湿度会对温室生产造成很大的障碍，对蔬菜生长、发育产生很多负面影响：①为病原物提供适宜的侵染和蔓延环境，使蔬菜发病机会增大，病害的蔓延速度加快。如茄子黄萎病、番茄灰霉病、黄瓜霜霉病等发病情况都与空气湿度过大密切相关。②蔬菜蒸腾受阻，根部被动吸水受限制，对矿质养分的吸收量下降。空气的相对湿度过大，蔬菜叶片水势增高，使电导率降低，根压加大，对蔬菜的蒸腾速率产生直接的影响，从而影响蔬菜对水分和矿物质养分的吸收。③蔬菜叶面积指数减少，叶片生长率、干物质积累也随之减少，生理缺素症状明显，特别是缺钙、缺镁症明显。④影响了蔬菜气孔度，使光合作用的速率下降。常用除湿方法：

1. 选用无滴膜　选用无滴膜可以减少薄膜表面的聚水量，并有利于透光、增温。使用EVA膜可减少自然光的损失，提高棚内清晰度，降低空气的相对湿度。对普通薄膜表面喷涂除滴剂，或定期向薄膜表面喷撒奶粉、豆粉等，也可以减少薄膜表面的聚水量。

2. 覆盖地膜 覆盖地膜一般可使 10cm 处地温平均提高 2～3℃，地面最低气温提高 1℃ 左右。覆盖地膜还可降低地面水分蒸发，且可以减少灌水次数，从而降低棚内空气湿度。在棚室内可采用大小行距相间、地膜覆盖双行的方法，浇水时沿着地膜下的小垄沟流入。

3. 采用滴灌或渗灌 滴灌、渗灌在温室内使用，除了省水、省工、省药、防止土壤板结和使地温下降外，更重要的是可以有效地降低因浇水而造成的空气湿度显著增加，因采用这种灌水法的灌水量较小，土壤湿润面积也小，可使相对湿度降低 10% 以上。

4. 起垄栽培 采用起垄栽培，高垄表面积大，白天接受光照多，从空气中吸收的热量也多，因而升温快，土壤水分蒸发快，棚室内湿度不容易超标。

5. 烟雾法及粉尘法施药 棚室内必须施药时，若用常规的喷雾法用药，会增加棚室内湿度，这对防治病害不利。而采用粉尘法及烟雾法用药，除湿效果就很明显。烟雾法可选用特克多、百菌清、速克灵、灭蝇灵、异丙威、一熏灵等烟雾剂，均匀摆放于棚室，日落后从里到外按顺序用暗火逐一点燃，全部点燃后密封棚室；粉尘法可选用防霉灵、百菌清、得益等粉尘剂，喷粉前密闭大棚，喷药时间最好选在早晨或傍晚。

6. 升温后通风除湿 采用这种方法既可满足棚室蔬菜对温度的要求，又可以降低空气湿度。即在不伤害蔬菜的前提下，应尽量提高温度（如黄瓜可让温度上升到 32℃），随着温度上升，湿度就会逐渐下降，当温度上升到蔬菜所需适宜温度的最高值时，开始放风。一天之内通风排湿效果最好的时间是中午。另外，还要注意在浇水后 2～3d，叶面喷肥（药）后 1～2d，阴雨雪天或日落前后加强通风排湿。

7. 中耕散湿 利用晴天棚室温度较高时，浅锄地表，加快表土水分蒸发，同时又切断了土壤毛细孔，阻止深层水分的上移而降湿。并结合中耕在行间撒施草木灰或细秸秆、干细土，具有人工吸湿的作用。

8. 张挂反光幕 张挂反光幕不但可以增加光照度，而且可以提高地温和气温 2℃ 左右。因相对湿度随温度的上升而降低，所以张挂反光幕也具有一定的除湿效果。

9. 自然吸湿 将稻草、麦秸、生石灰等材料放于行间吸附潮气，也可以达到降湿防病的目的。

二、夏季蔬菜生产增湿技术

在干旱地区的春、夏、秋季节，有时空气相对湿度过小，需要进行人工增湿。

1. 地面灌水增湿　在干旱地区高温季节，采用灌溉增湿的主要方法是"少食多餐"的灌溉方式，即每次灌溉量要少，但要勤灌，同时尽量使地表全部湿润，促进地表蒸发。

2. 喷雾增湿　目前生产上有专门温室用加湿机。这种机器系统由主机、喷雾系统、高压水管路系统、检测控制系统四部分组成。主机通过控制系统按设定的温湿度进行自动控制，检测的湿度和温度显示在主机显示屏上。设备可供多个区域或多个点不同的工艺要求而设置不同的温湿度，实现多点控制一体化。喷头采用组合式分布，可在任意点安装，喷洒雾化效果好，雾粒分布均匀，漂移损失少。机器的工作原理是利用高压泵将水加压，经高压管路至高压喷嘴雾化，形成飘飞的雨丝，雨丝快速蒸发，从而达到增加空气湿度，降低环境温度和去除灰尘等多重目的。

3. 雾化增湿　按雾化和喷洒方式的不同，喷雾机可以分为液力式、气力式和离心式。按雾滴直径大小，喷雾可分为常量喷雾、弥雾和超低量喷雾。喷雾机在农业上主要用于喷洒农药防治作物病虫害，喷洒除草剂、脱叶剂以利机械收获，喷洒植物生长调节剂以增加结果量或防止果实早落，还可对农作物叶部喷施营养剂等。对多数食用菌品种，当气温升高、空气湿度低时可以采用喷雾增湿。但如果过量喷水尤其是把水喷于菇体上，会引起子实体黄化萎缩，严重时还会感染细菌，引起腐烂死亡，降低子实体产量和质量。生产上常用细喷常喷方法补湿，也可喷水前用报纸或地膜盖住子实体，喷水结束后，拿掉覆盖物，可减少喷水造成的不良影响。

4. 加热蒸发增湿　加热蒸发增湿是利用水加热蒸发。在气温较低的地区，采用保温增湿炉具等制热制湿设备进行增湿的效果较好。保温增湿炉具包括炉子、水盘、散热器、烟道等。燃料燃烧产生热量加热水盘以蒸发水汽，使加温补湿同时进行，既能制热，又能制湿。特别适用于养蚕房、食用菌生产菌房、蔬菜大棚、浸种催芽的苗床、水稻育秧棚、养殖场、孵化厂等需要冬季抗寒保暖增湿的生产场所以及家庭休闲的取暖和加湿等。

（1）蒸汽锅炉　在食用菌生产中利用蒸汽锅炉的环节有常压灭菌，鲜菇脱水烘干，食用菌培养基巴氏发酵的加温增湿等。如将减压后的锅炉蒸汽引入食用菌生产菌房，既达到取暖和加湿的目的，又充分利用了设备。其经济性也许并不高——由于蒸汽的需要量很小，投资安装蒸汽输送管道有点"小题大做"，除非房间有取暖要求。

（2）电热蒸汽加湿器　电热蒸汽加湿器配备不锈钢壳体、电热棒、控制箱、显示器，以及漏电、过载、短路保护等精密控制组件。高功率蒸汽加湿器还配有快速吸收式分布器。

（3）电极加湿器　将电极棒插入电极罐水面下，接通电源，借助水中的离子移动将水加热沸腾为水蒸气，加湿量（蒸汽的产生量）大小取决于电极罐中水位的高低，即电极棒插入水中的深度或面积。蒸汽经由蒸汽喷杆均匀分布于风管中，经空气吸收而达到加湿的目的。

（4）干蒸汽加湿器　工作原理采用国外先进的汽水分离技术和汽水分离机制，将饱和蒸汽导入加湿器，蒸汽在蒸汽套杆中轴向流动，利用蒸汽的潜热将中心喷杆加热，确保中心喷杆喷出的是纯的干蒸汽，即不带冷凝水的蒸汽。饱和蒸汽经蒸汽套管后，进入汽水分离室；分离室内设折流板，使蒸汽进入分离室后产生旋转，且垂直上升流动，从而高效地将蒸汽和冷凝水分离；分离出的冷凝水从分离室底部通过疏水器排出。当需要加湿时，打开调节阀，干燥的蒸汽进入中心喷杆，从带有消声装置的喷孔中喷出，实现对空气的加湿。

5. 湿帘降温增湿　在农业温室中，采用湿帘降温系统已很普遍，在降温的同时也增加了农业设施内的湿度。湿帘降温增湿系统（即负压通风）由湿帘箱体、上下水循环系统、轴流风机组成，多用于温室、畜禽舍等相对密封的场所。冷风机（即正压送风）由湿帘纸、水循环系统、送风机组成，多用于纺织厂、商场、餐厅等密闭不严的场所。

第四节　土壤消毒、改良和保护

随着农业结构调整的持续深化，蔬菜"一村一品"工程在全国展开，取得了可喜的成果，但"一村一品"给我国蔬菜产业带来巨大效益的同时，一些矛盾和问题也凸显出来，特别是"一村一品"专业特色种植的连作障碍现象的出现。同一种作物连续种植，土传病虫害的发生越来越严重，作物的产量和品质显著降低。土壤消毒是国外广泛使用的一种高效土壤病虫草害防治技术，商业化应用已超过半个世纪，土壤消毒使农民获得了高的作物产量和品质。土壤改良是针对土壤的不良质地和结构，采取相应的物理、生物或化学措施，改善土壤性状，提高土壤肥力，增加作物产量，以及改善人类生存土壤环境的过程。土壤改良技术主要包括土壤结构改良、盐碱地改良、酸化土壤改良、土壤科学耕作和土壤污染治理。土壤改良工作一般根据各地的自然条件、经济条件，因地制宜地制定切实可行的规划，逐步实施，以达到有效改善土壤生产性状和环境条件的目的。

一、土壤消毒技术

设施农业高密度栽培及在同一块土地上连年种植一种作物，这些均有利于土传病害病原菌的生长繁殖。而这类病害如果不及时加以控制，会使作物严重减产或产品质量降低，甚至造成绝收。土壤消毒是一种高效快速杀灭土壤中真菌、细菌、线虫、杂草、土传病毒、地下害虫、啮齿动物的技术，能很好地解决高附加值作物的重茬问题，并显著提高作物的产量和品质。目前，土壤消毒技术分为物理消毒、化学消毒、生物消毒技术。

1. 物理消毒技术

（1）太阳能—氰氨化钙（石灰氮）消毒法　选择夏季 7～9 月棚室高温休闲期，每 $667m^2$ 用粉碎麦草（或稻草）1 000～2 000kg，撒于土壤表面；再在麦草上撒施石灰氮 60～100kg；土壤深翻 20～30cm，尽量将麦草翻压于土壤表层以下；地面覆盖薄膜，四周压严；田间灌水且浇透，棚室棚膜完全密封。高温消毒 15～25d，此时石灰氮中的氧化钙遇水放热，地表温度可达 65～70℃，10cm 处地温达 50℃以上，这样可有效杀灭土壤中各种病虫害和杂草，高温闷棚后将棚膜、地膜揭掉，翻耕、晾晒，即可种植。

（2）热水消毒　通过锅炉加热水源，把 75～100℃的热水直接浇灌在土壤上，使土温升高进行消毒。这种消毒与蒸汽消毒一样不受季节影响，可随时进行。具体做法：消毒前，深翻土壤，耙糖平整，在地面上铺设滴灌管，并用地膜封严，之后通入 75～100℃热水。给水量因土质、外界温度、栽培作物种类不同而不同，一般消毒范围在地下 0～20cm 时，每平方米灌 100L 水，消毒范围在地下 0～30cm 时，每平方米灌 200L 水；沙土 160～220g/kg，壤土 220～300g/kg，黏土 280～350g/kg。为了提高消毒效果，热水处理前土壤要疏松，且施入农家肥，热水处理后 2d 即可播种或定植。为促进土壤活化，定植前输入微生物菌剂 80～100kg（每克活菌数 2 亿）。

（3）蒸汽热消毒　蒸汽热消毒一般使用专门的设备，如用低温蒸汽热消毒机来进行土壤消毒。消毒作业时，将带孔的管子埋在地中，利用低温蒸汽土壤消毒机的蒸汽锅炉加热，通过导管把蒸汽热能送到土壤中，使土壤温度升高。土壤温度在 70℃时，保持 30min；土壤温度在 95℃以上时，保持 5～7min，即可杀灭土中病菌和线虫。

（4）活性炭土壤消毒　活性炭是植物炭化形成的炭粉。植物种类不同，炭化后的活性也有差异，其中最好选择具有高纤维成分的植物，如枸杞枝、葡萄枝。在起垄后，可随施底肥每平方米施 0.3kg 活性炭，施在畦面。土壤施用活性炭后，能有效改善土壤物理性状，促进土壤中有益微生物的繁殖，抑制病原菌的繁殖，起到消毒的作用。

2. 化学消毒技术　化学消毒是目前较为常用的土壤消毒方法之一，是用药剂直接作用于土壤，杀灭病菌、虫卵的方法。效果好，使用普遍，但长期使用会破坏土壤结构，造成环境污染，使地力下降，须谨慎使用。在我国，为防止耕地连作伴生的土壤病虫害，曾广泛采用溴甲烷熏蒸土壤。溴甲烷虽是一种高效、广谱的熏蒸剂，但是也是一种消耗臭氧层的有害物质，我国于 2015 年淘汰。目前，以下几种药剂成为溴甲烷的替代品。

（1）甲醛溶液　每平方米用 50mL 甲醛，加水 6～12L；或每 0.1m² 用 40%甲醛 40mL，加水 1～3L。播前 10～12d，用细眼洒壶或喷雾器喷洒在播种地上，用薄膜严密覆盖，勿通风，播前 1 周再揭开，使药液挥发。或每立方米培养土中均匀洒上 40%甲醛 400～500mL 加水 50 倍配成的稀释液，然后堆土，上盖塑料膜，密闭 24～48h 后去掉覆盖物，摊开土，待甲醛气体完全挥发后便可。此法对防治立枯病、褐斑病、角斑病和炭疽病效果良好。

（2）氯化苦　氧化苦对很多病原菌和线虫有杀死及抑制作用，可达到使作物增产、稳产和品质改善的目的。采用氯化苦进行土壤消毒处理时，要求土壤湿度以手握能成团，手松可散开为好。用土壤注射器向地下注射氯化苦原药，深度为 15cm，施药量 2～4mL/穴，然后立即覆盖塑料或地膜。消毒时的土温 15～20℃为最适温度，密闭熏蒸 15d 后，揭开地膜，待药液全部挥发掉，无刺激味，再做畦定植。氯化苦对硝化菌也有抑制作用，用氯化苦消毒后早期表现缺肥，应适当补充氮肥。

（3）多菌灵（N-氨基甲酸甲酯）　多菌灵能防治多种真菌病害，对子囊菌和半知菌引起的病害防治效果很明显。土壤消毒用 50%可湿性粉剂，每平方米施用 1.5g，可防治根腐病、茎腐病、叶枯病、灰斑病等，也可按 1：20 的比例配制成毒土撒在苗床上，能有效地防治苗期病害。

（4）代森锰锌　防治瓜菜类疫病、霜霉病、炭疽病，用 80%代森锰锌可湿性粉剂（爱诺艾生）600～800 倍液＋天达 2116（瓜茄果型）600 倍液，每 7～14d 喷 1 次。防治大田作物霜霉病、白粉病、叶斑病、根腐病等病害，在发病初期用 80%代森锰锌可湿性粉剂（爱诺艾生）700～1 000 倍液＋天达 2116 壮苗灵 600 倍液，每 7～14d 喷 1 次，中间交替喷洒其他农药。用药时不能与碱性农药、肥料或含铜药剂混用。

（5）五氯硝基苯混合剂　五氯硝基苯是保护性杀菌剂，其混合剂是以五氯硝基苯为主要原料，加入代森锌或敌克松等配成的混合剂。其配比一般为五氯硝基苯 3 份，其他药 1 份。用于种子消毒和土壤处理，可影响菌丝细胞的有丝分裂。可用于防治马铃薯疮痂病、甘蓝根肿病、莴苣灰霉病、油菜菌核病；每平方米用量 4～6g，与细沙混匀施入播种沟，播后用药土覆盖种子，或者每 100m² 用 40%粉剂 65.6g 拌细土 1.5～3kg，在发病初期撒于根部附近或条施于播种沟内。

（6）威百亩（甲基二硫代氨基甲酸钠）　施药前先将土壤耕松，整平，并保持潮湿，按制剂用药量加水稀释 50～75 倍，均匀喷到表面并让药液润透土层 4cm，每 667m² 用量按照 4～6kg 施用，施药后立即覆盖聚乙烯地膜阻止药气泄漏。施药后 10d 除去地膜，耙松土壤，使残留气体充分挥发 5～7d，待土壤残余药气散尽后，土壤即可播种或种植。

（7）棉隆　棉隆对土壤中的真菌和线虫有非常好的杀灭效果。先进行旋耕整地，浇水保持土壤湿度，每 667m² 用 98% 微粒剂 20～30kg，进行沟施或撒施，旋耕机旋耕均匀，盖膜密封 20d 以上，揭开膜敞气 15d 后播种。

（8）敌磺钠　敌磺钠对某些水生霉菌、疫霉菌和腐霉菌有较好的防治效果。每平方米土壤用量为 4～6g，使用方法同五氯硝基苯混合剂。或每立方米苗床撒施 20g 70% 敌克松粉，轻耙一次后使用。

（9）硫酸亚铁　用 3% 硫酸亚铁溶液处理土壤，每平方米用药液 0.5kg，可防治针叶花木的苗枯病，桃、梅的缩叶病。同时，还能兼治缺铁花卉的黄化病。

（10）福尔马林　每平方米土壤用福尔马林 50mL 加水 10kg 均匀喷洒在地表，然后用草袋或塑料薄膜覆盖，闷 10d 左右揭去覆盖物，使气体挥发，2d 后可播种或扦插。此法对防治立枯病、褐斑病、角斑病和炭疽病效果良好。

3. 生物熏蒸技术　生物熏蒸是利用来自十字花科或菊科植物（如万寿菊）中含有的有机物释放的有毒气体进行土壤消毒的方法。该有毒气体含有葡糖异硫氰酸酯，能杀死土壤害虫、病菌。生物熏蒸一般在夏季进行，将土地深耕，使土壤平整疏松，将用作熏蒸的植物残渣切碎，或是用家畜粪便（最好是羊粪，每 667m² 2 000～3 000kg）加入稻秆、麦秆（每 667m² 600～800kg），混合均匀撒在土壤表面，浇足量的水，覆盖透明塑料薄膜，可显著提高土壤温度，并产生氨，因而具有双重杀死土壤病原菌和线虫的效果。为取得对病害较好的控制效果，最好在晴天日照长、温度高时操作。根据土壤肥沃程度，选择好粪肥量，以防出现烧苗等情况，最好结合太阳能消毒，更能有效发挥作用。

二、土壤次生盐渍化防治技术

保护地内环境密闭，高温高湿的环境促进了土壤中盐分在表层的集聚，加剧了土壤盐渍化。设施栽培不受降雨等自然因素的影响，土壤中的盐分不能随雨水冲淋到深层，多余的盐分就留在土壤表层；化学肥料尤其是氮肥利用率不足 10%，90% 以上的养分累积在土壤中或随灌水淋洗到下部土层或水体，随温室水分蒸发，盐分累积在土壤表层，导致土壤次生盐渍化，偏施氮肥和磷肥使土壤中氮和磷元素过多，钾元素相对缺乏，养分不均衡导致次生盐渍化进一步加剧。

1. 设施土壤次生盐渍化分级　见表 1-3。

表 1-3　土壤次生盐渍化与作物生长状况分级

评　价	EC（mS/cm）	状况描述
土壤次生盐渍化等级	0.5～1.0	开始超标，不耐盐蔬菜吸收水分受阻，需控制肥料施用
	1.0～3.0	土壤已经出现次生盐渍化障碍，作物出现生理障碍，产量显著降低，需要采取措施改良土壤
	3.0～4.0	土壤已经严重次生盐渍化，作物枯萎死亡
	>4.0	土壤为盐渍化土壤
作物生长状况分级	<0.5	EC 值越低，蔬菜生长越好
	0.5～0.8	作物吸收水分、养分开始受阻
	0.8～1.0	作物生长将受抑制，产量明显下降
	1.0～3.0	作物出现生理性障碍
	>3.0	作物枯萎死亡

注：以土壤 EC 值为指标来评价土壤次生盐渍化和作物状况分级。

2. 设施土壤次生盐渍化的农业修复措施

（1）撤膜淋雨或灌水　利用换茬空隙，撤膜淋雨或灌水，或在夏季休闲期 7～9 月，揭开棚膜，利用自然降雨淋洗土壤，并结合大水漫灌，对棚内土壤灌水 5～7cm 深，浸泡 10d 后排除，对于 EC>1.0mS/cm 的土壤，反复大水灌溉 2～3 次。

（2）栽培方式与地表覆盖　当土壤 EC<0.5mS/cm 时，平畦和高垄两种方式均可，当土壤 EC>1.0mS/cm 时，采用平畦栽培，栽培时用薄膜覆盖栽培畦，麦草和玉米秸秆覆盖走道，秸秆适宜用量每 667m² 600～800kg，当季覆盖 5 个月后，土壤 EC 可降低 15%～25%，覆盖 1 年后可降低 30%～40%。

（3）平衡施肥，减量施肥　底肥牛粪、羊粪、鸡粪的腐熟有机肥适宜施用量每 667m² 2 000～3 000kg，追肥时避免使用含氯的肥料，追肥用量在传统肥料基础上降低 30% 能保持原产量，并降低 EC 值 8%～10%。

（4）合理的灌溉方式和灌溉制度　对于轻度盐渍化土壤，采用滴灌、渗灌、痕量灌溉、微润灌溉，降低土壤水分含量，减少水分蒸腾，可防止盐分向土壤表层积累，另外改变之前夏季 5～7d、冬季 10～14d 的灌水周期，进行每天灌溉，且灌溉按照每天一次进行，或者按照每天两次（冬季 10:00 灌溉，15:00 前灌溉；夏季 9:00 灌溉，18:00 灌溉）进行。果菜类蔬菜早春茬种植，苗期按照每天每株 100～150mL 灌溉，开花期到三穗果核桃大小按照每天每株 300～400mL 灌溉，三穗果核桃大小到拉秧期按照每天每株 550～650mL 灌溉；秋茬则按照苗期每天每株 300～400mL，开花期到三穗果核桃大小按照每

天每株 700～800mL，三穗果核桃大小到拉秧期按照每天每株 1 000～
1 200mL。

3.设施土壤次生盐渍化的生物修复措施

（1）植物修复

①填闲作物种植。利用夏季休闲期，种植大豆、玉米（甜玉米）、小麦、
苏丹草、燕麦、苜蓿、葱、茼蒿、小白菜、苋菜等，种植玉米（甜玉米）选择
生育期短、生物量大的品种，其中生物量越大降盐效果越好，甜玉米种植50～
60d，土壤 EC 降低 20%左右。

②作物轮作。对于 EC>1.0mS/cm 的土壤，在 5～10 月进行菜—稻轮作，
水稻种植期间不喷洒除草剂，会影响下茬蔬菜作物生长。对于 EC<0.5mS/cm
的土壤，进行果菜类与叶菜类或豆类轮作，如黄瓜—豇豆、芹菜，番茄—芹
菜/豇豆。

（2）动物修复　利用蚯蚓促进土壤中>2mm 团聚体含量的增加，降低土
壤 EC 的作用，在休闲且不喷洒农药期间，深旋土壤，棚室灌水，土壤含水量
达田间最大持水量的 60%左右时，田间放置蚯蚓，每 667m² 放置 60～100kg，
用土层覆盖 5～10cm，保持适宜温度 20～27℃；或者利用蚯蚓肥（蚯蚓处理
后的牛粪、羊粪、鸡粪、植株残体）还田，还田量每 667m² 2 000～3 000kg。

（3）微生物修复　利用生物的生命代谢活动降低土壤环境中有毒有害物的浓度
或使其完全无害化，从而使污染了的土壤能够部分地或完全地恢复到原初状态。

4.设施土壤次生盐渍化的工程修复措施

（1）暗管排盐　有单层暗管排盐和双层暗管排盐。单层暗管排盐，暗管埋
设在畦面下 20～30cm 的土层，双行植株的中间位置。双层暗管排盐，浅层暗
管距地表 30cm，间距 1.5m，在每畦的畦底中央；深层暗管距地表 60cm，间
距 6m，随水下渗的盐分可随管排出，建立排水沟与储水池，储存排除的盐水。

（2）客土　在土壤因次生盐渍化而无法种植或种植效果极差时可采用此
法，将非盐渍化土壤、基质、沙子与盐渍化土壤按照 1∶1 或 2∶1 比例混合，
添加以糠醛与醋糟为原料的改良剂（pH=1），按照每 667m² 600kg 施用，或
每 667m² 施用脱硫石膏 1 800～2 100kg。

（3）无土栽培技术　土壤次生盐渍化发展成盐渍化土壤，无法进行栽培生
产时，利用无土栽培技术进行蔬菜生产。按照栽培畦面宽度，一般为 70～
80cm，下挖 20～30cm，为避免盐分的横向运移，底层铺设石子后铺设无纺
布、园艺地布，填充商品用复合基质，并保证填埋基质厚度不低于 20cm。

三、土壤根结线虫防治技术

根结线虫是分布最广和危害最严重的植物寄生线虫。根结线虫病，又称为

瘤子病，是一种主要侵害植物根部的病害，其在植物根部危害造成的伤口，为其他病原生物提供了侵入途径，可与真菌、细菌和病毒相互作用形成复合侵染。线虫寄主范围广泛，常危害瓜类、茄果类、豆类及萝卜、胡萝卜、莴苣、白菜等30多种蔬菜，还能传播一些真菌和细菌性病害。根结线虫主要危害各种蔬菜的根部，造成植株矮小甚至萎蔫，产量低，甚至造成植株提早死亡。根结线虫病一旦发生很难根除，必须严格实行"预防为主，综合防治"的植保方针，着重抓好农业、物理防治措施，配合化学及生物防治，才能有效地预防其危害。

1. 根结线虫病发生规律　根结线虫主要以卵、卵囊或二龄幼虫随病残体遗留于土壤中越冬，一般可存活1～3年，为翌年发病的主要侵染来源。病苗调运和机械旋耕可使线虫远距离传播，田间主要通过病土、病肥、病苗、灌溉水及农事操作传播。二龄幼虫从嫩根侵入，并刺激细胞膨胀，形成根结，幼虫在根结内继续发育、成熟，并交配产卵，线虫的数量呈对数增殖，故而生长季节，线虫世代交替，反复侵染。根结线虫多分布在20cm土层内，以3～10cm居多。根结线虫喜较干燥、通气好、结构疏松的土壤。根结线虫生长和繁殖最适宜的温度为25～30℃，温度低于5℃、高于40℃时很少活动，土壤湿度在40%～60%时，生长繁殖最快。根结线虫病害发生时间一般在每年的2～10月，危害时间一般在每年的4～9月。夏季和秋季危害严重，11月由于气温和地温低，发病基本停止。

2. 设施蔬菜根结线虫病发生程度评价　见表1-4。

表1-4　设施蔬菜根结线虫病发生程度评价

类　型	发病株率	线虫数量（以每克土壤中线虫数量计）
轻度发病棚室	发病株率<30%，Ⅰ级病株数占总发病株数的90%以上	2～3头/g
中度发病棚室	30%<发病株率<75%，Ⅳ级以下病株数占总发病株数的90%以上	8～10头/g
重度发病棚室	发病株率>75%，Ⅴ级以上病株数占总发病株数的80%以上	15～18头/g

注：其中发病级别参考方中达的《植病研究方法》的五级分类法。

3. 设施蔬菜根结线虫的农业防治

（1）清洁田园　清除染病植株及残体，除尽田间杂草，并运出棚外集中深埋或烧毁，同时翻晒土壤。

（2）选用抗病品种或嫁接　对于易感根结线虫的瓜类、茄果类蔬菜，选用抗根结线虫的品种，或通过嫁接换根防控根结线虫。

（3）选用无线虫的基质繁育壮苗　选择无线虫营养土育苗、无土育苗、水培育苗等方式。注意育苗场所环境，育苗盘不与育苗棚的土直接接触，育苗基质不要掺杂发生根结线虫的病土。

（4）合理轮作　采用抗（耐）根结线虫蔬菜作物，如韭菜、葱、蒜、辣椒、甘蓝等进行轮作，或与水稻、蕹菜、水芹、莲藕、豆瓣菜等进行水旱轮作，水旱轮作时注意始终保持土壤是水淹的状态，持续一个月以上可使线虫失去繁衍能力。

（5）种植易感蔬菜　种植易感根结线虫病的蔬菜，如小白菜、油麦菜等，待其感染后整体挖出，可带走土壤中大部分线虫。

（6）种植万寿菊　6月种植万寿菊，每667m² 种植 4 000～6 000 株，8 月中下旬将万寿菊粉碎后翻入土壤。

4. 设施蔬菜根结线虫的物理防治

（1）高温闷棚　在 6～7 月高温期，闷棚前灌水，待土壤水分达田间最大持水量的 60% 时，旋耕土壤，覆盖地膜，搭接严密无漏缝，封闭棚室并检查棚膜，修补破口漏洞，并保持清洁和良好的透光性。密闭后的棚室，保持棚内高温高湿状态 25～30d，其中至少有累计 15d 以上的晴热天气，高温闷棚期间应防止雨水灌入棚室内，闷棚可以持续到下茬作物定植前 5～10d，打开通风口，揭去地膜，进行晾棚。待地表干湿合适后，可整地做畦为下茬作物栽培做准备。每年同期进行高温闷棚处理一次，巩固棚室消毒效果。

（2）冷冻处理　11 月下旬至 12 月上旬，用不带有线虫的水漫灌染病土壤，不扣棚、不覆膜，土壤结冰冷冻保持 40～90d。

（3）秸秆腐熟熏蒸处理　将作物秸秆及农作物废弃物，如玉米秸、麦秸、稻秸等利用器械截成 3～5cm 长的段，玉米芯、废菇料等粉碎后，以每667m² 1 000～3 000kg 用料量均匀地铺撒在棚室内土壤表面；将鸡粪、猪粪、牛粪等腐熟或半腐熟有机肥每 667m² 3 000～5 000kg，均匀铺撒在有机物料表面，也可与作物秸秆充分混合后铺撒；在有机物料的表面每 667m² 均匀撒施氮、磷、钾有效含量为 15∶15∶15 的三元复合肥 30kg，或磷酸二铵 15kg 和硫酸钾15kg，或尿素 10kg 和过磷酸钙 40kg；有机物料速腐剂以每 667m² 6～8kg 的标准均匀撒施在有机物料表面；表土起垄，覆地膜，浇透水，盖紧棚膜，20～30d 后打开棚膜，秸秆发酵可杀死线虫，改良土壤。

5. 设施蔬菜根结线虫的化学药剂防治　目前设施蔬菜防控根结线虫的安全化学药剂分别为氰氨化钙、威百亩、噻唑膦，每种药剂安全用药标准如表1-5所示（GB/T 8321、GB/T 17980.38—2000）。

表 1-5　蔬菜根结线虫防治安全用药工作表

农　药	剂　型	用　法	每 667m² 用量
氰氨化钙	50%颗粒剂	土壤消毒	100kg
威百亩	35%水剂	沟施	4～6kg
噻唑膦	10%颗粒剂	土壤撒施	1.5～2kg
噻唑膦	10%乳剂	灌根	1～2L

6. 设施蔬菜根结线虫的生物防治

（1）淡紫拟青霉　每 667m² 施用每克含 2 亿孢子的淡紫拟青霉粉剂 1.5～2kg，进行穴施，或使用每克含 5 亿孢子的淡紫拟青霉颗粒剂 2.5～3.5kg 沟施，或施用每克含 2 亿孢子的淡紫拟青霉进行灌根，淡紫拟青霉药效 2～3 个月，果菜整个生育期需灌根 2～3 次。

（2）阿维菌素乳油　用 1.8%阿维菌素乳油，按照每 667m² 用量 1.0～1.2kg 进行灌根，或用 5%阿维菌素乳油，按照每 667m² 用量 0.3～0.4kg 进行灌根，阿维菌素产生抗药性明显，施用 3 年后，建议换用其他生防药剂。

（3）淡紫拟青霉与枯草芽孢杆菌的混合菌剂　淡紫拟青霉粉剂与枯草芽孢杆菌的混合菌剂，每千克土壤施用每毫升含 1 亿活菌的菌剂 50～100mL，保证每克土的活菌数达到 50 万～100 万，定植后随水滴灌即可。滴灌后及时覆盖一定土层，保证菌剂不见光，不受高温影响，根结线虫严重的棚室，在第一次施用 3 个月后再滴灌一次，用量与第一次相同。

（4）辣根素　利用 20%辣根素进行土壤消毒。使用辣根素前，为避免药剂扩散到深土层，先对土壤灌水，使土壤湿度保持在 70%。滴灌辣根素时，每 667m² 用适量清水对 20%辣根素水乳剂 3～5L，辣根素滴灌完后，继续灌水 1～2h，灌溉后覆盖薄膜，且四周要压实，次日即可定植。

需要注意的是，如果在生产过程中不能杜绝传染源，如通过种子、苗子、浇水，甚至是农具的交互使用等，都会造成线虫的感染，影响线虫的防治效果。至于线虫防治后能保持多长时间，也需要杜绝传染，这样防治后会维持一两年或更长时间。同时，防治线虫不是一家一户的事情，需要广大菜农联合起来进行防治。在生产实践中，要杜绝线虫的传播，采用多种方式相结合的方法共同防治线虫，如休棚期处理和熏蒸剂使用后，再使用较好的微生物菌剂进行巩固，可达到较好的防治效果，从而增加棚室收益。

四、土壤改良、修复措施

我国设施农业种植面积已达世界设施农业种植面积的 85%以上。设施农业是未来农业发展的主要方向，设施农业大面积建设，虽然带来了显著效益，但由于自身的制约，土壤缺乏雨水洗淋，温度、通风、湿度和肥料等与传统种植有较大的区别，而且设施农业本身具有高集约化、高复种率、高施肥量等特点，导致一系列土壤退化问题。土壤退化会造成土壤板结、肥力变差、微生物活性下降、蔬菜产量减少及质量下降等问题，进而影响生态环境以及人体健康，制约着设施农业可持续健康发展，因此土壤修复、改良成为设施农业中尤为重要的一部分。

（一）物理修复

1. 栽培模式

（1）轮作栽培模式　轮作能均衡利用土壤养分，改善土壤理化性状，调节土壤肥力，减轻病虫危害等。常见的有粮菜轮作、水旱轮作、果菜叶菜轮作等。粮菜轮作多在夏季休闲期，轮作一茬早熟品种的甜玉米；水旱轮作，春茬茄果类蔬菜一般在 5 月中旬完成收获，下一茬口种植水稻，或者在 7～9 月夏季休闲期，种植水生蔬菜和豆瓣菜，始终保持土壤表面湿润，种植水稻和水生蔬菜期间注意不能使用灭草剂，否则易影响下茬蔬菜的正常生长；果菜叶菜轮作，春茬多以经济价值高的果菜种植为主，主栽品种有黄瓜、番茄、辣椒、西葫芦、西瓜、甜瓜等，秋茬多轮作芹菜、油麦菜、甘蓝、芫荽、茼蒿、莴苣等叶菜类蔬菜，也轮作四季豆等。

（2）间作栽培模式　间作指在同一田地上于同一生长期内，分行或分带相间种植两种或两种以上作物的种植方式。一般用于间作的作物有玉米、三叶草、葱、蒜等。间作粮食作物，例如间作玉米，一般在果菜种植 1 个月后定植，在每株果蔬根系 5～10cm 处定植，定植 1～2 株，可避免果菜夏季栽培时光照过强引起的日灼；间作豆科三叶草等作物，一般在根系 5～10cm 处，根系周围种植三叶草，利用豆科的固氮作物，减少蔬菜的氮素供应和提高蔬菜的氮素利用；间作葱蒜类蔬菜，一般在根系 5～10cm 间作 3～5 株蒜或葱，蒜分泌大蒜素，大蒜素具有杀菌效果，能有效降低土壤病原微生物数量。

（3）套作栽培模式　套种指前季作物生长后期在株、行或畦间播种或栽植后季作物的种植方式。一般套作叶菜类、绿肥作物等。套作栽培在大行距栽培模式下应用广泛，传统栽培模式的栽培畦宽 70～80cm，走道宽 60～70cm，果菜株距 35～45cm，套作时大行距调整为栽培畦宽 70～80cm，走道 100～120cm，果菜株行距调整为 28～32cm。走道可套作小白菜、油菜、生菜、茼蒿等速生叶菜，也可套作芹菜等，速生叶菜生育期短，一般最多两个月完成采收，不影响果菜作物生长，芹菜一般 80d 左右收获，对果菜生长也无显著影响；另外走道可套种苜蓿、苏丹草、高丹草、鲜食大豆（毛豆）等可作为绿肥的豆科高氮作物，这类作物生长 50d 左右平茬一次，降低遮光，同时绿肥平茬还田可改良土壤。

2. 机械深翻 由于受传统耕作方式影响，土壤耕作层显著变浅，犁底层逐年增厚，耕地日趋板结，制约了作物产量的提高。现代农业的发展，迫切需要进行土地深松作业，打破犁底层，改善耕地质量，提高土地产出率。蔬菜连茬每 2～3 年实行深翻一次，深翻 35～40cm，有利于打破板结的土壤结构，增加土壤通透性，提高土壤转化分解温度，同时紫外线投射面积较大，能够提高微生物分解活性等。另外深翻的同时结合生物有机肥施用，能够更加有效改善土壤质量，例如应用农业废弃玉米秸秆、牛粪或羊粪按照质量比 1：3 制作的堆肥，一般依据菜田土壤肥力情况，每 667m² 可用 1.5～4t。

3. 合理灌溉 合理灌溉不仅可提高农田灌溉中的生产效率，还有利于节水农业的发展。灌水宜采用沟灌、滴灌、渗灌的方式，降低相对湿度，减轻病害。在土壤空间特性变化均一的温室中，园艺作物采用滴灌或渗灌。番茄种植滴灌管埋设深度为 10～20cm，小麦滴灌的最佳深度为 10cm，成龄葡萄滴灌对生长特性效果最佳的深度为 20cm、40cm，黄瓜滴灌管埋设深度 5～10cm、20～30cm 有较好的效果。设施菜地总灌水量在 1 640～2 300m³/hm²，整个生育期总灌水次数以 15～20 次为宜。黄瓜、花椰菜、芹菜等根系入土浅且喜湿润土壤，灌水数量和次数适当增加；根系入土较深的番茄、西葫芦、西瓜、甜瓜等耐旱性较强，应尽量少灌水，避免土壤过湿。苗期根系的吸水力弱，要求土壤湿度较高；发棵期要控制水分以蹲苗促根；结果期喜湿蔬菜要勤浇水，经常保持表土层湿度在相对含水量 85%。

（二）化学修复

土壤盐碱化已成为土地退化的主要因素之一，也是影响设施农业可持续生产的重要问题之一。土壤盐碱化主要是由于设施栽培长期处于高集约化和高肥的生产模式下，加之不合理的水肥管理导致。一般蔬菜最适土壤 pH 为 6.5～7.5，设施土壤的 pH 一般为 7.32～8.67，需加入适量的酸性改良剂降低土壤酸碱度来满足种植的需要。土壤改良剂分为脱硫石膏改良剂、矿土改良剂、复合改良剂。

（1）脱硫石膏改良剂 又称排烟脱硫石膏、硫石膏或 FGD 石膏，主要成分为石膏、二水硫酸钙 $CaSO_4 \cdot 2H_2O$（≥93%）。秋季施用脱硫石膏能显著提高作物出苗率和产量；深施（25cm）脱硫石膏效果更明显。脱硫石膏一次性均匀撒施在平整好的土壤表面，然后翻耕或灌溉，翻耕最好采用旋耕，保证脱硫石膏与土壤混合均匀；或将脱硫石膏均匀溶解于灌溉水中，脱硫石膏施用前必须进行平地，最好采用激光平地仪平地，做到同一块田高低相差不超过

5cm；或将脱硫石膏施用后灌冬水浸泡，每 667m² 灌水量 150～200m³，使其与土壤充分反应，在冬季土壤表层干土层 2～3cm 时，及时耙糖防止水分蒸发引起盐分上移，在作物生育期内灌水 2～3 次，每 667m² 每次灌水量 100～150m³，增强脱盐效果。施肥技术：施肥量可视土壤盐碱化程度、土壤肥力水平和目标产量而定。对于土壤碱化度高、含盐量高的低产田可适当降低施肥量，而碱化度低、含盐低的中高产田可增加施肥量，以提高产量。平田整地后，结合施用脱硫石膏，将农家肥（每 667m² 2～3t）均匀施于地表，采用旋耕机旋耕入土，使其与土壤充分混匀。根据种植的不同作物，基施氮、磷、钾肥和追施氮肥。脱硫石膏能调节土地 pH，是盐碱地改良优选材料，有利于提高产量，改善土壤结构。

（2）矿物质土壤调理剂 新型矿物质土壤调理剂是把成土母岩的矿物质元素整体转化为有效养分而制成的矿物质土壤调理剂。其含有钾和比较丰富的硅、钙、镁、铁、锰、锌、铝、硼等中微量元素。通过热化学转化法活化，把原料中的所有矿物质元素整体活化为能被作物吸收利用的有效营养形态，制成类似土壤团粒结构。在干旱条件下，按照每 667m² 60～120kg 使耕层土壤田间持水量增加 5%～15%。矿物质土壤调理剂可提高土壤保肥能力和增加土壤肥力，改良盐碱地，缓冲土壤 pH，更对修复改良土壤、治理土壤板结和重金属污染等起到重大作用，马铃薯等根茎类作物增产可达 8%～25%。

（3）复合改良剂 糠醛渣和醋糟与其他肥料配施后，可有效改善土壤理化性质，提高土壤有机质，降低土壤 pH 的同时促进土壤脱盐，为作物根系的生长创造适宜环境，提高作物产量。复合型有机酸性改良剂以糠醛渣和醋糟为主要原料，其中糠醛渣 pH 3.32，醋糟 pH 7.11，糠醛渣和醋糟等质量混合后pH 6.20，利用 1mol/L 稀硫酸浸泡调节其 pH 为 2 后，按照 15：15：3：40：11 比例复配糠醛渣、醋糟、玉米秸秆、稻壳和豆饼，每 667m² 施用 600kg 为该复合型有机酸性土壤改良剂的最佳施用量。施用复合改良剂可提高土壤养分和有机质含量，并改善土壤微生物含量，显著提高土壤全氮、有效氮、全磷和有机质含量。

（三）生物修复

1. 蚯蚓 蚯蚓能促进土壤中＞2mm 团聚体含量的增加，降低土壤 EC。在休闲且不喷洒农药期间，深旋土壤，棚室灌水，土壤含水量达田间最大持水量的 60% 左右时，田间放置蚯蚓，每 667m² 放置 60～100kg，用土层覆盖 5～10cm，保持适宜温度（20～27℃）；或者利用蚯蚓肥（蚯蚓处理后的牛粪、羊粪、鸡粪、植株残体）还田，还田量每 667m² 2 000～3 000kg。

2. 功能菌 利用微生物降解土壤中的有机污染物，使土壤中的有毒有害物质转化为无毒无害物质，达到土壤改良修复的目的。微生物也可修复连作障碍，并减轻病虫害的发生。微生物菌剂的主要成分有枯草芽孢杆菌、地衣芽孢杆菌、巨大芽孢杆菌、酵母菌等，以及微生物助长剂、氨基酸粉等（每克有效菌数≥2亿）。Abd-Alla在麦秆上接种分解纤维素真菌，施于盐碱土，提高了豆科植物的固氮能力和抗盐性，丛枝菌根真菌在盐性环境中能够增加植物对矿质营养的吸收，提高植物耐盐性。在保证每克有效菌数≥2亿的前提下，微生物做底肥时，每667m²用量2kg，耕地时均匀撒施；做追肥时，每667m²用量1～2kg；随滴灌冲施施入时，每667m²用2kg加200kg水浸泡，取清液配合常规肥料浇灌；做种肥时，每667m²种子需用量配合微生物菌剂1kg，按常规育苗或播种方法使用。另外，有机磷细菌、硅酸盐细菌、光合细菌等都是盐碱土改良利用的重要功能细菌。

参考文献

阿依肯·吐马别克，2011. 温室大棚卷帘机的安装与使用［J］. 农村科技（9）：76.

毕明明，李胜利，2016. 保花保果剂对番茄果实生长发育的影响［J］. 中国瓜菜，29（1）：27-29.

蔡桂荣，孙爱武，薛志根，2011. 温室大棚蔬菜生产中的湿度调控技术［J］. 南方农业，5（2）：16-17.

陈东，2012. 微喷灌在蔬菜地灌溉中的优点［J］. 农业与技术，32（5）：31.

陈茂春，2011. 选用遮阳网有讲究［J］. 科学种养（10）：62-63.

成铁刚，2008. 茄果类蔬菜保花保果技术［J］. 河北农业（11）：7-8.

程云湧，于丽杰，叶秋楠，2012. 大棚卷帘机的正确选择、安装及使用［J］. 农业科技与装备（5）：64-65.

戴雅东，王洪喜，房思强，等，2000. 减雾型棚膜在日光温室蔬菜生产中应用的研究［J］. 沈阳农业大学学报，31（1）：106-109.

单冰燕，2015. 简述遮阳网的应用技术及注意事项［J］. 河北农业（6）：29-30.

丁桂英，管青云，李美霞，2008. 遮阳网覆盖对环境条件的影响及配套技术［J］. 现代农业科技（15）：127-131.

董亚明，2012. 温室黄瓜冬春茬无公害栽培管理技术［J］. 吉林蔬菜（2）：13-14.

窦超银，李趋，陈伟，等，2015. 微喷带灌溉田间灌溉方式的选择与应用研究［J］. 江苏农业科学，43（11）：507-509.

封美琦，张亚红，2012. 日光温室后墙张挂不同材料对室内乳瓜生长特性及品质的影响［J］. 安徽农业科学，40（27）：13300-13303.

冯爱国，张汝坤，2004. 温室增温技术的研究进展［J］. 农村实用工程技术（温室园艺）（8）：24-25.

冯小鹿，2012. 夏秋使用遮阳网应注意的问题［J］. 新农村（7）：21.

傅理，张亚红，白青，2009. 日光温室内外环境特征及其变化规律 [J]. 黑龙江生态工程职业学院学报，22（4）：62-65.

贾冬梅，张海华，2000. 提高冬暖大棚温度八项措施 [J]. 农村百事通（21）.

李强，王秀峰，初敏，等，2010. 新型棚膜对温室内光温环境及番茄生长发育的影响 [J]. 山东农业科学（3）：41-45.

李仕强，2000. 温室蔬菜栽培的环境条件控制 [J]. 广西农业学（5）：252-254.

刘国信，2008. 五种保温被优缺点介绍 [N]. 中国花卉报.

刘旺，马伟，王秀，2011. 温室智能装备系列之二十八温室大棚保温被技术要求探讨 [J]. 农业工程技术（8）：40.

刘星，常义，张征，2017. 蔬菜遮阳网覆盖的作用、方式和栽培技术 [J]. 长江蔬菜（19）：39-40.

刘玉梅，白龙强，慕英，等，2016. 新型白色遮阳网对番茄育苗环境及幼苗生长的影响 [J]. 中国蔬菜（10）：44-51.

罗朋，赵印英，2015. 温室大棚蔬菜生长的温湿度调控试验研究 [J]. 山西水利（4）：87-90.

马凌，赵德峰，郭立新，等，2011. 日光温室增温补光技术研究 [J]. 现代农业（4）：10.

潘冬玲，刘义军，2009. 生物能温室增温技术研究 [J]. 安徽农业科学，37（22）：10628-10629.

沈明卫，郝飞麟，2003. 外遮阳对连栋塑料温室内光环境的影响研究 [J]. 农业工程学报，19（6）：245-247.

舒占涛，李清海，齐振荣，等，2014. 日光温室应用秸秆反应堆对地温的影响 [J]. 内蒙古农业科技（2）：37-38.

孙利忠，2009. 棚室蔬菜巧用保花保果剂 [J]. 农药市场信息（4）：1.

孙志强，2014. 大棚卷帘机安装与安全操作规程 [J]. 湖北农机化（2）：41.

王海燕，2011. 塑料大拱棚番茄栽培技术 [J]. 中国农业信息（1）：25-26.

王景英，洪卫卫，刘洋，等，2000. 土壤熏蒸剂——氯化苦在蔬菜上的应用 [J]. 蔬菜（4）：23-24.

王静，崔庆法，林茂兹，2002. 不同结构日光温室光环境及补光研究 [J]. 农业工程学报，18（4）：86-89.

王拴马，2016. 蔬菜保花保果技术 [J]. 河北科技报（9）.

王耀林，1997. 聚氯乙烯（PVC）和聚乙烯（PE）农膜 [J]. 农村实用工程技术（6）：9.

王一博，2017. 低水头微喷带喷洒特性试验研究 [D]. 郑州：华北水利水电大学.

王英师，陈建忠，程永杰，2014. 揭帘、盖帘时间与日光温室内气温变化的关系 [J]. 湖北农业科学，15（7）：24-27.

王永志，赵志萍，2015. 镀铝聚酯膜反光幕在高寒地区的应用效果 [J]. 青海农林科技（3）：21-23.

韦峰，江力，白青，2014. 日光温室后墙张挂不同材料对室内环境因子的影响 [J]. 北方园艺（2）：44-48.

温庆文，米芝英，钟霞，等，2007. 蔬菜夏季遮阳网育苗技术［J］. 西北园艺（蔬菜）（3）：
    21-22.

吴国兴，陈巧芬，1987. 用反光幕改善温室光照条件［J］. 农村实用工程技术（农业工程）
    （6）：19.

肖庆涛，2008. 浅谈土壤消毒［J］. 现代农业（7）：35-36.

胥芳，蔡彦文，陈教科，等，2015. 湿帘-风机降温下的温室热/流场模拟及降温系统参数优
    化［J］. 农业工程学报，31（9）：201-208.

杨红，2013. 日光温室卷帘机械的正确使用［J］. 农业科技与装备（8）：66-68.

杨军，吴建华，王补生，等，2012. 日光温室蔬菜栽培中的地温调控技术研究［J］. 北方农
    业学报（3）：99-100.

叶剑波，钟修洪，刘德盛，等，2011. 遮阳网的种类、性能及利用方式［J］. 现代园艺
    （2）：54.

余祖和，2004. 花卉土壤消毒法［J］. 湖南林业（5）：19.

禹夏清，2016. 四种日光温室保温覆盖物的保温效果及性能评价［D］. 银川：宁夏大学.

张洪才，崔敬谦，刘新民，2009. 温室大棚保温被专用电动卷帘机［J］. 农业知识（11）：56.

张建忠，2017. 大棚悬壁走动式卷帘机使用技术［J］. 农村百事通（10）：48-49.

张丽华，2011. 作物叶面肥喷施技术［J］. 农民致富之友（20）：42.

张树阁，束卫堂，滕光辉，等，2006. 湿帘风机降温系统安装高度对降温效果的影响［J］.
    农业机械学报，37（3）：91-94.

张星，栗岩峰，李久生，2016. 滴灌水热调控对土壤温度及白菜生长和产量的影响［J］. 节
    水灌溉（8）：48-53.

张治山，米克进，马成远，2013. 卷帘机在日光温室中的安装与应用［J］. 农业技术与装备
    （18）：58-60.

赵军会，2015. 保护地无公害番茄保花保果技术［J］. 农民致富之友（4）：1.

赵清友，2012. 日光温室增温防寒技术研究［J］. 园艺与种苗（3）：37-38.

赵淑梅，山口智治，周清，等，2007. 现代温室湿帘风机降温系统的研究［J］. 农机化研究
    （9）：147-152.

周长吉，2011. 合理选用日光温室保温被［N］. 中国花卉报.

邹建民，2010. 苗圃土壤消毒方法［J］. 中国林业（4）：55.

邹志荣，2008. 设施环境工程学［M］. 北京：中国农业出版社.

　　我国是水资源缺乏的国家,又是水资源使用最多的国家。农业用水是我国经济社会用水的重要组成部分,实施水肥一体化技术是解决大量水资源被浪费在农业灌溉上的重要措施。近年来,国家出台了多个文件支持水肥一体化技术的应用推广。

　　据 2013 年农业部发布的《中国三大粮食作物肥料利用率研究报告》,目前我国水稻、玉米、小麦三大粮食作物氮肥、磷肥和钾肥当季平均利用率分别为 33％、24％、42％。复合肥的使用量不断增加,对于平衡施肥,提高肥料利用率有着十分重要的作用。与发达国家相比,我国主要粮食作物肥料利用率仍然处于较低的水平,还有较大的提升空间,提高肥料利用率、减少由于肥料损失带来的环境污染是长期以来共同关注的课题。水肥利用率不高,过量施肥现象还比较普遍,使用水肥一体化技术施肥的比例还比较低。

　　2015 年农业部发布《关于打好农业面源污染防治攻坚战的实施意见》,提出了"一控两减三基本"的要求。其中:"一控",即严控农业用水量,农田灌溉水有效利用系数达 0.55;"两减",即减少化肥和农药使用,确保肥料、农药利用率均达到 40％以上。"控水减肥"就是水肥一体化技术的核心特点之一,也是现代农业发展的必然选择(易文裕,2017;张凌飞,2016)。近年来,随着设施农业的不断发展,设施面积不断扩大,设施水肥一体化也得到了长足的发展和进步。

第一节　设施水肥一体化规划设计

　　目前,设施农业要做好、用好水肥一体化技术,使设施蔬菜增产增收增效,前期的规划与设计非常重要。合理正确的设计方案和设计规划,能在用户的使用过程中达到最优组合,起到节能、节本、省工的效果。

一、设施水肥一体化信息采集与设计

（一）用户信息采集

1. 用户基本参数的采集　第一步，要了解用户计划栽培的蔬菜品种以及种植面积，不同的蔬菜种类对水肥的需求不一样，在设计中需要进行适当调整。

第二步，要了解用户的种植形式。主要形式有：①公司股份制形式规模经营；②独资规模经营；③多家种植户的合作社形式，统一平台，多家生产组合；④自己较小面积生产。不同的经营模式，其生产管理方式有所不同，水肥一体化设计要根据栽培管理模式并结合设计原则来确定，这样才能做到水肥一体化设施投资经济实惠、便捷、高效。

2. 用户投资意愿　在设施水肥一体化的项目实施过程中，每位投资者和使用者受教育背景不同及意识不同，设计者及施工者要对投资人、使用人详细介绍设计理念，并给出适当建议（表 2-1）。

表 2-1　实施用户投资意愿

类型	投资意愿
科技项目示范型	1. 近年来不光国家对农业投资力度加大，地方政府职能部门的科技项目有较充足的项目资金，要求项目建成后有科技示范推广作用，更要体现其技术的先进性和领先性 2. 既要考虑应用推广效果，又要考虑"门面"效应。有很多的水肥项目都配套到农业建设项目中，从而进一步提高农业科技项目的经济效益 3. 在这种类型设计过程中，需讲究设备布局的美观、细节的把握、设计的科学性，要严格按照国家或行业的标准进行设计规划，做到合理规范
增产增收示范型	1. 规模较大的农场需要较大的投资，利用水肥一体化设施可以有效地降低工程造价，提高经济效益 2. 这种以农场为经营模式的设计，要体现大农业的效率，做到统一管理，方便操作，设备使用寿命长，后续维护费用低，设备使用技术简单实用 3. 后续谋划扩大种植面积，创立自己的品牌，实现产业升级
省工省力节能型	1. 近年来临时工工资上涨，用工成本显著增加，安装水肥一体化设施的主要目的是为了减少劳动力 2. 这种类型的设计要简化，尽可能降低成本，设备简单易操作，且性能稳定 3. 面积不大的用户，一般投资者自己为主要劳动力，偶尔请临时工帮忙，最大限度降低劳动成本

（二）设施菜田田间数据采集

1. 当地气候、水源条件的数据采集

①在规划之前就应详细了解当地的气候状况，包括年降水量及分配情况、多年平均蒸发量、月蒸发量、平均气温、最高气温、最低气温、湿度、风速、风向、无霜期、日照时间、平均积温、冻土层深度等。因为，当地气候情况（如降水量）等因素决定水源的供水量。水中杂质的种类不同，其过滤设备及级数不同。水库、河流、机井等均可作为滴灌水源，但是，滴灌对水质要求很高。

②选择滴灌水源时，应分析水源种类（井、河、库、渠）、可供水量及年内分配、水资源的可开发程度，并对水质进行分析，以了解水源的泥沙、污物、水生物、含盐量、悬浮物情况和 pH 大小，以便针对水源的水质情况，采取相应的过滤措施，防止滴灌系统堵塞。此外，还要了解可用水源与田间现场间的距离，充分考虑是否需要分级供应及取水点距离影响干管的口径设计。

2. 当地地形、土壤资料的数据采集

①在规划之前务必要充分考虑实施地点的地形特点，例如经纬度、海拔高度、自然地理特征等基本资料，精确绘制总体灌区图、地形图，图上应标明灌区内水源、电源、动力、道路等主要工程的地理位置。

②搜集实施地点的地质资料，如包括土壤类别及容重、土壤 pH、田间持水量、饱和含水量、永久凋萎系数、土层厚度、渗透系数、土壤结构及肥力（有机质含量、养分含量）等情况和氮、磷、钾含量，以及地下水埋深和矿化度的详细数据及实际情况。

3. 当地田间测量的数据采集

①在项目实施前，要标清项目实施菜地的边界线及线内的道路沟渠布局，田间水沟宽及路宽。田间测量是非常重要的一环，测量数据要准确详细，为下一步具体设计和实施提供重要依据。

②同时，要收集田间种植作物的种类、品种、栽培模式、种植比例、株行距、种植方向、日最大耗水量、生长期、轮作倒茬计划、种植面积、耕作层深度、种植分布图，以及原有的高产农业技术措施、产量及灌溉制度等详细数据。

4. 设施电源、动力等资料的数据采集

①首先，要查看项目实施现场及附近有无可用电源，再确定是 220V 还是 380V，电压是否正常，与水泵的距离等问题。若没有电源可用，就要考虑汽油泵；若没有 380V 电源，就要考虑 220V 水泵。

②其次，要详细了解当地拥有的动力及机械设备，如拖拉机、柴油机、电动机、汽油器、变压器等的数量、规格和使用情况，要了解如输变电线路、变

压器数量、容量及现有动力装机容量等详细情况。动力资料，如电动机、柴油机、变压器等，以及电网供电情况、动力设备价格、电费和柴油价格等设备情况。

（三）设施水肥一体化田间布局图的绘制

依照上述测量的具体参数，结合用户的要求，设计绘制合适的水肥一体化设备类型，绘制田间布局图。主要根据灌水器流量和每路管网的长度，计算并建立水力损失表；分配干管、主管、支管的管径，结合水泵的功率等参数，确定及分好轮灌区，在图上对管道和节点等进行编号，对应编号数值列表备查。最后配置灌溉首部设备和施肥设备。

（四）设施水肥一体化造价及预算

综上所述，根据市场价格，列出各部件的清单，结合清单给出造价预算单。然后结合实际情况再进行优化修改、定稿。通常面积越小，造价越低；面积越大，造价越高。

二、设施水肥一体化灌溉系统规划与设计

（一）水肥一体化技术

水肥一体化技术是指以微灌、喷灌等技术为依托，以管道输水为基本条件，配以溶解可调节施肥装备，将灌溉水和作物所需要的肥料一次性输送至土壤作物根部的灌溉施肥技术体系。水肥一体化技术是随着微灌技术的发展逐渐发展起来的，是与滴灌、喷灌等配套的水肥一体化技术体系，包含水肥一体化硬件和水肥一体化软件两部分，硬件包括各种施肥机、肥料罐和施肥罐等设备，软件主要是与作物和当地气候相配套的灌溉和施肥相互耦合的技术体系。其基本原则是灌溉的同时将作物所需要的肥料输送至田间，实现大田和日光温室等精准灌溉的施肥技术体系（金建新，2015）。

（二）水肥一体化灌溉系统设计方案

1. 水肥一体化控制系统

①水肥一体化其优势在于省工和提高劳动效率，因此研制一种适用于设施温室的首部控制系统具有重要作用。目前水肥一体化首部控制系统均是基于计算机微控制器，将灌溉制度和施肥制度按照一定的算法编入首部控制器，同时将人工型号在接口以特定的信号输出，直接控制田间电磁阀和灌水器。在ARM＋MCU控制系统的基础上，融入Linux操作系统和Qt库用于开发友好

简洁的人机交换界面，并且用串级控制系统来消除环境、土壤、作物等对系统信号的影响误差，设计了可设定温室温度、湿度、CO_2浓度及运行时间的远程控制操作系统。研制以 STM32 微型控制器为控制体核心的水肥一体化控制系统，实现了对灌区土壤质地、地形以及作物需水需肥规律可存储和可计算的灌溉施肥方案，可通过触摸电子 LED 屏和数字信号隔离模块等手段，对人工发出的命令进行采集和分析，进而对灌溉施肥参数进行调整和存储，实现可控的灌溉管理首部系统（任博，2010；郭强，2015）。

②设计用干电池控制的柑橘水肥一体自动控制首部，发挥系统休眠机制和电池管理技术，实现了对清水池和肥液池的交替灌溉，从而实现施肥的可控，而且大大降低耗能，只需 9.35V 的干电池即可，具有低耗能低成本，操作简便的特点。利用单片机控制和变频调节技术，配套电导率、pH 及灌溉水温等探测和监控技术，现已开发出一种多通道、酸碱度可控的灌溉施肥设备，对现有的硬件和软件设备进行优化组合和合理组装，既实现对施肥和灌溉量的精准控制，又实现对施肥浓度和酸碱度的调节，并且造价低廉，可以大面积推广和应用（李加念等，2012）。

③开发以田间土壤墒情监测、数据采集与处理、信号转变传输、中心主机控制系统为基本结构的水肥一体化远程自动控制系统，该系统能对田间微气候和土壤情况进行适时监测，通过中心主控系统发出信号，控制田间电磁阀和首部灌溉施肥通道进行灌溉和施肥，也可根据当地气候条件和作物需水需肥规律，在主控微机上制定合理科学的灌溉制度和施肥制度，通过田间管网系统进行灌溉和施肥（刘春阳，2015）。

2. 水肥一体化灌溉架构　设施园区可现场通过 3G/4G 网络和光纤实现与数据平台的通信；数据平台主要实现环境数据采集、阈值告警、历史数据记录、远程控制、控制设备状态显示等功能；数据平台进一步通过互联网实现与远程终端的数据传输；远程终端实现用户对园区的远程监控。可以根据灌溉设备以及灌溉管道的布设和区域划分，布设核心控制器节点，通过现有网络形成一个小型的局域网，通过实现设备定位，然后再通过嵌入式智能网关连接到网络的基站，进而将数据传输到服务器；摄像头视频通过光纤传输至服务器；服务器通过互联网实现与远程终端的数据传输。

3. 水肥一体化灌溉系统组成　水肥一体化灌溉系统由 4 个子系统组成，分别是作物生长环境监测系统、远程设备控制系统、视频监测系统和用户管理系统。

（1）作物生长环境监测系统　主要是土壤墒情监测系统。设施园区用户根据种植作物的实际需求，将采集到的土壤墒情等参数为依据实现智能化灌溉。通过无线网络传输给用户，并对用户进行可行性指导。

（2）远程设备控制系统　主要是对固定式喷灌机以及水肥一体化基础设施的远程控制。根据实时采集到的土壤含水量数据，预先设置喷灌机开闭的阈值，生成自动控制指令，实现自动化灌溉功能。同时，通过手动或者定时等不同的模式实现喷灌机的远程控制，并且能够实现喷灌机的开闭状态。

（3）视频监测系统　主要是对园区关键部位的可视化监测，根据园区的具体布局安置高清摄像头，视频数据通过光纤传输至监控界面，园区管理者可通过实时观测查看作物生长状态及灌溉效果等。

（4）用户管理系统　主要是用户利用个人计算机和手持移动设备，通过Web浏览器登录用户管理系统。园区主要负责人可以查看信息、对比历史数据、配置系统参数、控制设备等；一般管理员可以查看数据信息、控制设备、记录作物配肥信息和出入库管理等；访问者可以查看产品生长信息、园区作物生长状况等。用户管理系统安装在园区的管理中心，可供实时查看园区作物生长情况。

4. 水肥一体化灌溉系统的功能　传统的灌溉一般采取畦灌和大水漫灌，水量常在运输途中或非根系区内浪费，而水肥一体化技术使水肥相融合，通过可控管道滴状浸润作物根系，减少水分的下渗和蒸发，提高水分利用率，通常可节水30%～40%。水肥一体化技术采取定时、定量、定向的施肥方式，除减少肥料挥发、流失及土壤对养分的固定外，实现了集中施肥和平衡施肥。在同等条件下，一般可节约肥料30%～50%。设施蔬菜棚内因采用水肥一体化技术可使其湿度降低8.5%～15.0%，从而在一定程度上抑制病虫害的发生。此外，设施内由于减少通风降温的次数而使温度提高2～4 ℃，使作物生长更为健壮，增强其抵抗病虫害的能力，从而减少农药用量。

实施水肥一体化的作物因得到其生理需要的水肥，其果实饱满，个头大，通常可增产10%～20%。此外，由于病虫害的减少，腐烂果及畸形果的数量减少，果实品质得到明显改善。以设施栽培黄瓜为例，实施水肥一体化技术施肥后的黄瓜比常规畦灌施肥减少畸形瓜21%，黄瓜增产4 200kg/hm²，产值增加20 340元/hm²。水肥一体化技术使土壤容重降低，孔隙度增加，土壤微生物活性增强，养分淋失减少，从而降低了土壤次生盐渍化发生和地下水资源污染，耕地综合生产能力大大提高（高鹏，2012）。

5. 水肥一体化灌溉系统设计　要根据园区种植作物种类的不同及各种作物对土壤含水量需求的不同，布设土壤湿度传感器；根据园区内铺设的灌溉管道、固定式喷灌机位置及作物的分时段、分区域供水需要安装远程控制器设备，每套控制器设备依据就近原则安装在固定式喷灌机旁，实现园区灌溉的远程智能控制功能；除此之外，还可以通过控制设备自动检测固定式喷灌机开闭状态信号及视频信号，远程查看、实时掌握灌溉设备的开闭状态。

（三）设施水肥一体化设备

一套水肥一体化设备主要包括喷灌设备、微灌设备和施肥设备。

1. 喷灌设备　喷灌设备又称喷灌机具，主要包括喷头、水泵、喷灌管材及喷灌机等。

（1）喷头喷洒原理　在喷洒过程中，喷头将具有压力的水喷射到空中，形成水滴或水雾均匀地散布在所控田地。喷嘴一般采用收缩管嘴。水射出后在空中形成水流，空中的水流由密实、碎裂、雾化三个区域组成一道弯曲的水舌。密实部分水流连续，呈透明的圆柱状；碎裂部分空气逐渐渗入，水流受表面张力作用而碎裂；水流分散受自身重力、空气阻力、表面张力等综合作用，最后雾化成水滴，降落在菜田上。

（2）喷头的类型　喷头的种类很多，通常按喷头的工作压力和结构形式进行分类：

①按工作压力分类，可以把喷头分为低压喷头、中压喷头和高压喷头，其中低压喷头的工作压力小于 200 kPa，射程小于 15.5m，流量小于 2.5 m^3/h；中压喷头的工作压力为 200～500 kPa，射程为 15.5～42m，流量为 2.5～32 m^3/h；高压喷头的工作压力大于 500 kPa，射程大于 42m，流量大于 32 m^3/h。

②按结构分类，可以把喷头分为旋转式喷头、固定式喷头和喷洒管 3 类。

旋转式喷头：其特点是一边喷洒一边旋转，水从喷嘴射出比较集中，射程较远、流量大，喷灌强度低，是我国农田灌溉中应用非常普遍的一种喷头。

固定式喷头：其特点是水流呈圆周形或扇形喷洒，射程短，湿润圆半径一般只有 3～9m，喷灌强度较高，一般为 15～20 m^3/h，多数喷头的水量分布不均匀，近处喷灌强度大于平均喷灌强度，通常雾化程度也比其他类型高。

喷洒孔管：其特点是由一根或几根较小直径的管子组成，在管子的顶部分布一些小的喷水孔，喷灌头孔径为 1～2mm。根据喷水孔径的分布，可分为单列孔管和多列孔管。

（3）喷头的选择　喷头的选择包括喷头型号、喷嘴直径和工作压力的选择。

①喷头的选择原则，应按照国家标准 GB 50085—2007《喷灌工程技术规范》的规定：组合后的喷灌均匀系数不低于规范规定的数值；雾化指标值应符合作物要求的数值；组合后的喷灌强度不超过土壤允许的强度值；有利于减少喷灌工程的年费。

较小的喷头工作压力较低，能量消耗较小，所以运行成本较低，但是，其射程小，管道布置的较密，管道用量较大。较大的喷头，射程远，管道间距大，要求的工作压力大，能耗较大，运行成本高。

2. 微灌的组成及分类 微灌工程主要是由水源工程、首部枢纽、输配水管网和灌水器四部分组成。主要可分为地面固定式微灌系统、地下固定式灌水系统、移动式微灌系统和间歇式微灌系统。

（1）微灌原理 微灌工程是一个完整的系统工程，从灌溉受水点到水源，一般由灌水器、各级输水管道和管件，各种控制和测量设备，过滤器、施肥装置和水泵电机安装组成。

（2）灌水器的类型

①按灌水器与毛管的连接方式分类。

管间式：把灌水器安装在两段毛管之间，使灌水器本身成为毛管的一部分。

管上式：直接插装在毛管壁上的灌水器，如旁插式滴头、微管、涌水器、孔口滴头及微喷头等。

②按灌水器出水方式分类。

滴水式：滴水式灌水器的出流特征是毛管中的压力水流经过消能后，以不连续的水滴向土壤灌水。

喷水式：压力水流通过灌水器的孔口以喷射方式向土壤灌水，一般分为射流旋转式和折射式两种。

涌泉式：毛管中的压力水流以涌泉的方式通过灌水器向土壤灌水。

渗水式：毛管中的压力水流通过毛管壁上的许多微孔和毛细管渗出管外进入土壤。

间歇式：毛管中的压力水流以间歇及脉冲的方式流出灌水器进入土壤。

③按灌水器消能方式分类。

孔口式消能：以孔口出流造成的局部水头损失来消能的灌水器，如孔口滴头、多孔毛管。

涡流式消能：水流进入灌水器的涡室内形成旋涡流。水流旋转产生离心力迫使水流趋向涡室的边缘，在涡流中心产生低压区，使中心的出水口压力较低，出水量较小。

压力补偿式消能：灌水器借助水流压力使弹性体部件或流道改变形状，从而使过水断面面积大小变化，使出流量稳定。

④按灌水器水流流态分类。

层流式：水流在灌水器中的流态为层流，如孔管、内螺纹式滴头。

紊流式：水流通过灌水器的流态为紊流，如孔口滴头、迷宫式滴头、微喷头。

3. 施肥设备 在水肥一体化技术中常用到的施肥设备主要为旁通式施肥罐、文丘里施肥器、重力压力施肥设备、泵吸施肥设备、泵注法施肥设备。

（1）旁通式施肥　旁通式施肥罐也称压力差施肥罐，主要原理是将两根细管与主管相连，在主管上两条细管接点之间设置一个截止阀以产生一个较小的压力差，使一部分水流流入施肥罐，进水管直达罐底，水溶肥由另一根细管进入主管道，将肥料带到根区。

旁通式施肥罐成本低，操作简单，维护方便，效率高，占地面积小，适合施用液体肥料和水溶性固体肥料。可以包括温室大棚及露地等多种水肥一体化灌溉系统。

（2）文丘里施肥　文丘里施肥器主要由阀门、文丘里、三通、弯头等几个部分连接而成，是由水流运动时流速不同而产生压力差，利用压力差将液体压入输水管网的一种施肥装置。

文丘里施肥器施肥省力、省工，设备成本低，维护费用低，可降低施肥对作物根系的损伤，使肥料量达到均匀一致、深度一致，减少土壤板结，降低环境污染。

（3）重力压力施肥　重力压力式施肥法多应用于重力滴灌和微灌。通常将水引到高处，或在水池旁建一个高于水池的敞口式混肥池，方形或圆形均可，主要方便搅拌和溶解肥料就可。

重力压力式施肥法适用广泛，设备成本低，简单易于操作，而且可以沉淀水中泥沙等杂志，在温室园区、丘陵地带、山坡地适用较广。

（4）泵吸施肥　泵吸施肥是有泵加压的灌溉系统，主要用于统一管理的种植区，水泵一边吸水，一边吸肥，可以用离心泵和潜水泵两种。离心泵施肥面积较大，为 $0.2\sim1.33hm^2$，潜水泵施肥面积 $0.2\sim0.33hm^2$。

泵吸施肥不需要外加动力，结构简单，操作方便，不需要调配肥料浓度。施肥时可以通过调节阀门控制施肥速度和精确施肥浓度。

（5）泵注法施肥　泵注法施肥主要是利用加压泵将肥料溶液注入有压力的管道，通常水泵产生的压力必须要大于输水管的水压，否则肥料无法注入，在大型设施园区和大面积灌区应用比较多。

泵注法施肥可控性强，施肥浓度均匀一致，操作方便，不消耗系统压力，但是泵注法施肥需要单独配置施肥泵，成本较高。泵注法施肥适用范围较广，在深井泵和潜水泵抽水直接灌溉的各类大型设施园区均可采用。

三、设施水肥一体化输水管网规划与设计

（一）喷灌的管道及附件

喷灌管道是喷灌工程的主要组成部分，其作用是向喷头输送具有一定压力的水流，所以喷灌用管道必须能够承受一定的压力，保证在规定工作压力下不

发生开裂及爆管现象，以免造成人身伤害和财产损失。

1. 喷灌管道分类 适用于喷灌系统的管道种类很多，可按不同的方法进行分类，按材料可将喷灌管道分为金属和非金属管道两类。如耐压性、韧性、耐腐蚀性、抗老化性等，还如金属管道、钢筋混凝土管、聚氯乙烯管、聚乙烯管、改性聚丙烯管等，这几种宜作为固定管道埋入地下，而薄壁铝合金管、薄壁镀锌钢管、涂塑软管则通常作为地面移动管道使用。

2. 喷灌固定管道及附件

（1）钢筋混凝土管 钢筋混凝土管有自应力钢筋混凝土管和预应力钢筋混凝土管两种，都是在混凝土烧制过程中，使钢筋受到一定拉力，从而使其在工作压力范围内不会产生裂缝，可以承受 $0.4\sim1.2MPa$ 的压力。优点是不易腐蚀，经久耐用，使用寿命比铸铁管长，一般可用 50 年以上；安装施工方便；内壁不结污垢，管道输水能力稳定；采用承插式柔性接头，密封性好，安全简便。缺点是自重大，运输不便，且运输时需要包扎、垫地、轻装以免受损伤；质脆，耐撞击性差；价格较高等。

（2）钢管 钢管一般用于裸露的管道或穿越公路的管道，能承受较高的工作压力；具有较强的韧性，不易断裂；管壁较薄，管段长而接头少，铺设安装简单方便。缺点是价格高；使用寿命较短，常年输水的钢管使用年限一般不超过 20 年；另外钢管易腐蚀，埋设在地下时，须在其表面涂有良好的防腐层。

（3）铸铁管 铸铁管承压能力大，一般可承压 1MPa，工作可靠，使用寿命可长达 $30\sim60$ 年，管件齐全，加工安装方便等。缺点是管壁厚，重量大，搬运不方便，价格高；管子长度较短，安装时接头多，增加施工量；长期使用内壁会产生锈瘤，使管道内径缩小，阻力加大，导致输水能力大大降低，一般使用 30 年后需要进行更换。

（4）聚乙烯管（PE） 聚乙烯管根据聚乙烯材料密度的不同，可分高密度聚乙烯管（简称 HDPE 或 UPE 管）和低密度聚乙烯管（简称 LDPE 或 SPE 管）。前者为低硬度管，后者为高硬度管。喷灌中所用高密度聚乙烯管材的公称压力和规格尺寸是参照 GB/T 13663—2000《给水用聚乙烯（PE）管材》标准来要求的。

（5）硬聚氯乙烯管（PVC 管） 硬聚氯乙烯管是目前喷灌工程使用最多的管道，它是以聚氯乙烯树脂为主要原料，加入符合标准的、必要的添加剂，经挤出成型的管材。硬聚氯乙烯管的承压能力因管壁厚度和管径不同而异，喷灌系统常用的为 0.6MPa、1.0MPa、1.6MPa。

3. 移动管道及附件 常见喷灌用的移动管材有薄壁镀锌钢管、塑软管和薄壁铝管。移动式、半固定式喷灌系统管道的移动部分由于需要经常移动，因而它们除了要满足喷灌用的基本要求外，还必须具有重量轻、移动方便、连接管件易于拆装、耐磨耐撞击、抗老化性能好等特点。

（1）薄壁镀锌钢管　薄壁镀锌钢管是用钢辊压成型，高频感应对焊成管，并切割成所需要的长度，在管端配上快速接头，然后经镀锌而成。优点是重量轻，搬运方便；强度高，可承受 1.0MPa 的工作压力；韧性好，不易断裂；抗冲击力强，不怕一般的碰撞；寿命长，质量好的热浸镀锌薄壁钢管可使用10～15 年。

（2）涂塑软管　涂塑软管是用锦纶纱、维纶纱或其他强度较高的材料织成管坯，内外壁或内壁涂敷氯乙烯或其他塑料制成。用于喷灌的涂塑软管主要有锦纶丝塑料管和维塑软管两种。锦纶丝塑料管是用锦纶丝织成网状管坯后，在内壁涂一层塑料而成，具有质地强、耐酸碱、抗腐蚀、管身柔软、使用寿命较长、管壁较厚等特点；维塑软管是用维纶丝织成管坯，并在内、外壁涂注聚氯乙烯而成。

（3）薄壁铝管　薄壁铝管的优点：重量轻，搬运方便；强度高，能承受较大的工作压力；韧性强，不易断裂；不锈蚀，耐酸性腐蚀；内壁光滑，水力性能好；寿命长，正常条件下使用寿命长，被广泛用作喷灌系统的地面移动管道。但其硬度小，抗冲击力差，发生碰撞容易变形，且价格较高，耐磨性不及钢管，不耐强碱性腐蚀，寿命价格比略低于塑料管，但废铝管可以回收。

（二）微灌的管道及管件

1. 微灌用的管道　由于地面管道系统暴露在阳光下容易老化，缩短使用寿命，因而微灌系统的地面各级管道常用抗老化性能较好、有一定柔韧性的高密度聚乙烯管，尤其是微灌用毛管，基本上都用聚乙烯管，微灌系统的地面用管较多，其规格有 12mm、16mm、20mm、25mm、32mm、40mm、50mm、63mm 等，其中 12mm、16mm 主要作为滴灌管用。连接方式有内插式、螺纹连接式和螺纹锁紧式 3 种，内插式用于连接内径标准的管道，螺纹锁紧式用于连接外径标准的管道，螺纹连接式用于 PE 管道与其他材质管道的连接。

2. 微灌用的管件　微灌用的管件主要有直通、三通、旁通、管堵、胶垫。直通用于两条管的连接，有 12mm、16mm、20mm、25mm 等规格。按结构分类分别有承插直通（用于壁厚的滴灌管）、拉扣直通和按扣直通（用于壁薄的滴灌管）、承插拉扣直通（用于薄壁与厚壁管的连接）。三通用于 3 条滴灌管的连接，规格和结构同直通。旁通用于输水管（PE 或 PVC）与滴灌管的连接，有 12mm、16mm、20mm 等规格，并有承插和拉扣两种结构。

第二节 设施栽培水肥一体化安装技术

一、设施水肥一体化喷灌设备安装与调试技术

不同蔬菜作物的生物学特征不同，蔬菜作物栽培的株距和行距也不同，叶菜类株行距较小，瓜菜类株行距较大，为了达到灌溉均匀的目的，所要求滴灌带滴孔距离规格也不一样。所以要求滴灌设施实施过程中，需要考虑使用单条滴灌带端部首端和末端滴孔出水量均匀度相同且前后误差在10％以内的滴灌带。在铺设滴管过程中，需要根据实际情况，选择合适规格的滴灌带，还要根据这种滴灌带的流量等技术参数，确定单条滴灌带的铺设最佳长度。

1. 滴灌设备安装

（1）滴灌器选型 温室大棚栽培一般选用内镶滴灌带，其直径为16mm，孔间距100mm、200mm或300mm，可根据农户投资需求选择不同壁厚的滴灌带，主要有0.2mm、0.4mm、0.6mm几种类型。

（2）滴灌带数量 以作物种植要求和投资意愿而决定每畦铺设的滴灌带条数，通常每畦铺设1～2条。

（3）滴灌带及棚头横管的安装 棚头横管用DN25（公称直径25mm）的PE管，每棚一个总开关，每畦另外用旁通阀，在多雨季节，大棚中间和棚边土壤湿度不一样，可以通过旁通阀调节灌水量。滴灌带尾部折叠并用细绳扎住，打活结，以方便冲洗。铺设滴灌带时，首部连接旁通或旁通阀，要求滴灌带用剪刀裁平，如果附近有滴头，则剪去不要，把螺帽往后退，把滴灌带平稳套进旁通阀的口部，适当揾住，再将螺帽往外拧紧即可。

2. 设备调试技术

（1）滴灌带通水检查 在滴灌带正常工作时，正常滴孔出水呈滴水状，如出水为喷水状，膜下则有水柱冲击声，发现后及时修补。在滴灌带铺设前，对害虫进行灭杀。

（2）灌水时间 初次灌水时，由于土粒疏松，水滴易通过土壤孔隙下渗，不能实现畦面的横向湿润。因此用少量多次灌水的方法使畦面土壤形成毛细管，促使水分横向湿润。瓜果类作物营养生长阶段，应适当控制水，防止枝叶生长过旺，坐果后，滴灌时间要根据土壤湿度、滴头流量、施肥间隔等情况决定。一般土壤较干时滴灌3～4h，而当土壤湿度居中时，仅以施肥为目的的，水肥同灌约1h较合适。

（3）灌溉设备清洗 灌溉完成后需清洗过滤器。每3～4次灌溉后，特别是水肥灌溉后，需要把滴灌带堵头打开冲水，将残留在管壁内的杂质冲洗干净。作物采收后，集中冲水一次。

二、设施水肥一体化微灌设备安装与调试技术

微喷灌是以低压小流量喷洒出流的方式将灌溉水供应到作物根区土壤的一种灌溉方式。微喷灌技术是与微喷灌这一灌溉方式有关的设备、系统设计、系统配套及运行管理等综合技术的统称。微喷灌是利用直接安装在毛管上，或与毛管连接的微喷头将水流以喷洒状湿润土壤。微喷头孔径较滴灌灌水器大，比滴灌抗堵塞，供水快。微喷灌系统包括水源、供水泵、控制阀门、过滤器、施肥阀、施肥罐、输水管、微喷头等。

1. 材料选择及安装 微喷灌主要由主管（干管）、吊管、支管及毛管组成。主管一般选用 DN32（公称直径 32mm）的 PVC 管，管径宜分别选用 4～5mm、8～20mm，微喷头间距 2.8～3m，工作压力 0.18MPa 左右，单相供水泵流量 8～12L/h，要求管道抗堵塞性能好，微喷头射程直径为 3.5～4m，喷水雾化要均匀，布管时两根支管间距 2.6m，把膨胀螺栓固定在温棚长度方向距地面 2m 的位置上，将支管固定，把微喷头、吊管、弯头连接起来，倒挂式安装好微喷头即可。

（1）安装工具 钢锯、轧带、打孔器、手套等。

（2）安装方式 设施大棚内，微喷一般是倒挂安装，这种安装方式不占地，方便田间作业。根据田间试验和实际应用效果，微喷头间距以 2.5～2.6m 为宜，下挂长度以地面以上 1.8～2m 较合适，一般选择 G 形微喷头，这样喷出的水滴可以互补，提高均匀度。

（3）防滴器安装 在安装过程中，可以安装防滴器，使微喷头在停止喷水的时候，阻止管内剩余的水滴落，以免影响作物生长。

（4）端部加喷头 大棚的端部同时安装两个喷头，高差 10cm，其中一个喷头流量 40L/h。其作用是使大棚两端湿润更均匀。

（5）喷头预安装 裁剪毛管，以预定长度均匀裁剪，然后与喷头安装对接。

（6）固定黑管 把黑管沿大棚方向纵向铺开，调整扭曲部分，使黑管平顺铺在地上，按预定距离打孔，再安装喷头，从大棚末端开始预留 2m 把装好喷头的黑管捆扎固定在棚管上，注意不宜用铁丝类金属丝捆扎，在操作中容易丝钩外翘，扎破大棚膜或者生锈。

2. 安装选型

（1）喷道选择 一栋大棚安装几道微喷，要根据大棚宽幅确定。8m 宽大棚两道安装，喷头选择 70L，双流道，型号为 LF-GWPS6000，喷幅 6m，两道黑管距离 4m 左右，喷头间距 2.5～2.6m，交叉排列。6m 宽大棚单道安装，喷头流量 120L，单流道，型号 LFG-WP8000，喷幅 8m，间距 2.5～2.8m。大

棚两端安装双喷头，高差 10cm，其中一个喷头流量 70L/h。

（2）喷管选择　喷灌通常选用黑色低密度聚乙烯管，简称黑管。这种管材耐老化，能适应严酷的田间气候环境，新料管材能在田间连续使用 10 年以上。

（3）管径选择　根据温室微喷头流量、微喷头的数量和温室长度计算和选择所需管道的口径，一般长度 30m 以内的温室可选择外径 16mm 的 PE 管，30～50m 长的温室可用外径 20mm 的 PE 管。50～70m 长的温室用外径 25mm 的 PE 管，70～90m 长的温室用外径 32mm 黑管，长度 100m 以上的温室，为了节约成本，建议从中间开三通过水。

3. 使用及注意事项

①微喷系统安装后，先检查供水泵，冲洗过滤器和主、支管道，放水 2min，封住尾部，如发现连接部位有问题应及时处理。发现微喷头不喷水时，应停止供水，检查喷孔，如果是沙子等杂物堵塞，应取下喷头，除去杂物，但不可自行扩大喷孔，以免影响微喷质量，同时要检查过滤器是否完好。

②喷灌时，通过阀门控制供水压力，使其保持在 0.18MPa 左右。微喷灌时间一般宜选择在上午或下午，这时进行微喷灌后地温能快速上升。喷水时间及间隔可根据作物的不同生长期和需水量来确定。随着作物长势的增高，微喷灌时间逐步增加。经测定，在高温季节微喷灌 20min，可降温 6～8℃。因微喷灌的水直接喷洒在作物叶面，便于叶面吸收，促进作物生长。

三、设施水肥一体化首部枢纽安装与调试技术

集中安装于系统进口部位的加压、调节、控制、净化、施肥（药）、保护剂测量等设备的集成称为首部枢纽。首部枢纽的设计主要是为了正确选择和合理配置有关设施设备，从而保证滴灌系统实现设计目标。首部枢纽主要包括水泵、过滤器、水表、压力表、进水阀和排水阀等。

（一）离心自吸泵安装

1. 安装使用方法

①建造水泵房和进水池，泵房占地 3m×5m 以上，并安装防盗门一扇，进水池 2m×3m。

②安装 ZW 型卧式离心自吸泵，进水口连接进水管到进水池底部，出口连接过滤器，一般两个并联。外装水表、压力表及排气阀。

③安装吸肥管，在进水管三通处连接阀门，再接过滤器，过滤器与水流方向要保持一致，连接钢丝软管和底阀。

④施肥桶可以配 3 只左右，每只容量 200L 左右，通过吸肥管分管分别放进各肥料桶内，可以在吸肥时，把不能同时混配的肥料分桶吸入，在管道中

混合。

⑤根据进出水管的口径，配置吸肥管的口径，保持施肥浓度在 5%～7%。通常 4mm 进水管、3mm 出水管水泵配 1mm 吸肥管，最后施肥浓度在 5%左右。肥料的吸入量始终随水泵流量大小而改变，而且保持相对稳定的浓度。

2. 注意事项　施肥过程中，当施肥桶内肥液即将吸干时，应及时关闭吸肥阀，防止空气进入泵体产生气蚀。施肥时要保持吸肥过滤器和出水过滤器畅通，如遇堵塞，应及时清洗。

（二）潜水泵安装

1. 安装方法　水泵在水池底部需要垫高 0.2m 左右，防止淤泥堆积，影响散热。拆下水泵上部出水口接头，用法兰连接止回阀，止回阀箭头指向水流方向。管道垂直向上伸出池面，经弯头引入泵房，在泵房内与过滤器连接，在过滤器前开一个 DN20（公称直径 20mm）施肥口，连接施肥泵，前后安装压力表。

2. 施肥方法

①开启电机，使管道正常供水，压力稳定。

②开启施肥泵，注肥管压力要比出水管压力稍大一些，保证能让肥液注进出水管，但压力不能太大，以免引起倒流。调整压力，开始注肥时需要有操作人员照看，随时关注压力变化及肥量变化。肥料注完后，再灌 15min 左右的清水，把管网内的剩余肥液送到作物根部。

参考文献

陈广锋，杜森，江荣风，等，2013. 我国水肥一体化技术应用及研究现状 [J]. 中国农技推广，29（5）：39-41.

陈小彬，2014. 水肥一体化技术在设施农业中的应用调查 [D]. 福州：福建农林大学.

高鹏，简红忠，魏样，等，2012. 水肥一体化技术的应用现状与发展前景 [J]. 现代农业科技（8）：250，257.

高祥照，杜森，钟永红，等，2015. 水肥一体化发展现状与展望 [J]. 中国农业信息（4）：14-19.

郭强，汤璐，郭佳，等，2015. 基于 STM32 的智能水肥一体化控制系统的设计 [J]. 工业控制计算机，28（4）：38-42.

金建新，桂林国，何进勤，等，2015. 水肥一体化技术应用现状及发展对策 [J]. 宁夏农林科技，56（12）：37-63.

梁飞，等，2017. 水肥一体化实用问答及技术模式、案例分析 [M]. 北京：化学工业出版社.

刘建英，张建玲，赵宏儒，2006. 水肥一体化技术应用现状、存在问题与对策及发展前景
　　［J］. 内蒙古农业科技（6）：32-33.

刘文忠，2013. 水肥一体化技术应用的现状及发展前景［J］. 科技与企业（14）：334.

刘阳春，张春贤，张凤珠，等，2015. 水肥一体化远程自动控制系统的应用［J］. 科技创新
　　与生产力（3）：57-58.

任博，郭佳，张侃谕，2010. 基于 ARM＋MCU 的智能温室控制系统的设计［J］. 控制系统
　　（10）：34-37.

宋志伟，翟国亮，等，2018. 蔬菜水肥一体化实用技术［M］. 北京：化学工业出版社.

王凯，2016. 我国滴管水肥一体化技术研究与发展现状［J］. 乡村科（12）：61-62.

徐卫红，等，2015. 水肥一体化实用新技术［M］. 北京：化学工业出版社.

易文裕，程方平，熊昌国，等，2017. 农业水肥一体化的发展现状与对策分析［J］. 中国农
　　机化学报，38（10）：111-120.

张凌飞，马文杰，马德新，等，2016. 水肥一体化技术的应用现状与发展前景［J］. 农业网
　　络信息（8）：62-64.

第三章
设施蔬菜栽培
茬口安排及立体栽培模式

第一节　日光温室蔬菜栽培茬口安排

一、越冬一大茬长季节栽培

越冬一大茬长季节栽培从夏末秋初开始育苗一直到翌年夏季拉秧清棚，主要种植茄果类蔬菜，此茬口对技术要求较高，难点在于整个生产过程中要适应外界环境的复杂变化，对品种的抗病性、耐寒性要求较高，多数品种需要嫁接育苗。

1. 番茄　7月下旬育苗，8月下旬定植，12月初开始采收，直至翌年的6月拉秧。生产过程中要进行吊蔓、落蔓整枝，坐果约20层，每667m²产量4 000kg左右。应选择抗寒性较强、品质佳、耐储藏、货架期长的品种。

2. 黄瓜　9月下旬至10月上旬嫁接育苗。定植前充分施足基肥，采收期多次追肥，及时进行吊蔓、整枝落蔓，翌年5月拉秧，采收期约5个月。旺采期正值元旦、春节期间，产品价格较高。

二、一年两茬栽培

从秋季开始主要种植芹菜、黄瓜或茄果类蔬菜，下茬可以种植多种喜温蔬菜，使其苗期避开严寒的冬季。这种方式应用广泛，生产安全性强，可以使多种蔬菜互相搭配，还可以采取间、套作和混作方式栽植。

1. 秋冬茬—早春茬（番茄—叶菜—西瓜、甜瓜种植模式）

番茄：5月中旬育苗，6月中旬定植，12月下旬拉秧。

叶菜：12月下旬至翌年2月下旬种植叶菜。

西瓜、甜瓜：1月下旬育苗，2月下旬定植，5月中下旬拉秧。

2. 秋冬茬—早春茬（番茄—叶菜—西葫芦种植模式）

番茄：5月中旬育苗，6月中旬定植，12月下旬拉秧。

叶菜：12月下旬至翌年2月下旬种植叶菜。

西葫芦：1月下旬育苗，2月下旬定植，6月上中旬拉秧。

3. 秋冬茬—早春茬（番茄—闲置歇地—西瓜、甜瓜种植模式）

番茄：5月中旬育苗，6月中旬定植，12月下旬拉秧。

闲置歇地：12月下旬至翌年2月下旬闲置歇地。

西瓜、甜瓜：1月上旬育苗，2月上中旬定植，5月下旬拉秧。

4. 秋冬茬—早春茬（番茄—闲置歇地—西葫芦种植模式）

番茄：5月中旬育苗，6月中旬定植，12月下旬拉秧。

闲置歇地：12月下旬至翌年2月下旬闲置歇地。

西葫芦：1月上旬育苗，2月上中旬定植，6月上旬拉秧。

5. 秋冬茬—早春茬（黄瓜、辣椒—叶菜—西瓜、甜瓜种植模式）

黄瓜、辣椒：6月下旬育苗，7月下旬至8月初定植，12月下旬拉秧。

叶菜：12月下旬至翌年2月下旬种植叶菜。

西瓜、甜瓜：1月下旬育苗，2月下旬定植，5月中下旬拉秧。

6. 秋冬茬—早春茬（黄瓜、辣椒—叶菜—西葫芦种植模式）

黄瓜、辣椒：6月下旬育苗，7月下旬至8月初定植，12月下旬至翌年1月下旬拉秧。

叶菜：12月下旬至翌年2月下旬种植叶菜。

西葫芦：1月下旬育苗，2月下旬定植，6月上中旬拉秧。

7. 秋冬茬—早春茬（黄瓜、辣椒—闲置歇地—西瓜、甜瓜种植模式）

黄瓜、辣椒：6月下旬育苗，7月下旬至8月初定植，12月下旬拉秧。

闲置歇地：1月下旬至2月下旬闲置歇地。

西瓜、甜瓜：1月上旬育苗，2月上中旬定植，5月下旬拉秧。

8. 秋冬茬—早春茬（黄瓜、辣椒—闲置歇地—西葫芦种植模式）

黄瓜、辣椒：6月下旬育苗，7月下旬至8月初定植，12月下旬拉秧。

闲置歇地：1月下旬至2月下旬闲置歇地。

西葫芦：1月上旬育苗，2月上中旬定植，6月上旬拉秧。

第二节　日光温室蔬菜立体栽培模式及休闲时的利用

一、日光温室蔬菜立体栽培模式

立体栽培也称为垂直栽培，是立体化的无土栽培。这种栽培是在不影响平面栽培的条件下，通过四周竖立起来的栽培柱或者以搭架、吊挂形式按垂直梯度分层栽培，充分利用温室空间和太阳光照，可以提高土地利用率3～5倍，提高单位面积产量2～3倍。

1. 番茄大行距立体栽培模式

（1）番茄大行距—草莓立体栽培模式　茬口安排：上茬草莓下茬番茄。草莓4月上旬育苗，8月中下旬定植，12月开始收获至翌年4月；番茄11月中下旬播种育苗，翌年1月底至2月初定植，3月下旬开始收获至7月底拉秧。

（2）番茄大行距—叶菜立体栽培模式　茬口安排：番茄12月上旬育苗，翌年2月上旬定植，6月下旬拉秧；叶菜可选甘蓝、芹菜、青花菜、花椰菜、蒜苗、菠菜、萝卜等，可提前进行育苗，6月下旬定植（菠菜6月下旬直播，8月中旬采收结束）。

2. 盆栽蔬菜多层立体栽培模式　盆栽蔬菜主要包括草莓、韭菜、生菜、西芹、蒜苗和菠菜，采用活动式栽培架多层栽培。

二、日光温室休闲时的利用

日光温室生产农户在6月中下旬拉秧后，将棚膜收起，一般不采取任何改良土壤的措施，大部分将土地闲置2个月（6月中旬到8月中旬）。而设施土壤由于长期进行周年密集多茬次的栽培，尤其是茄果类、瓜类蔬菜的长期连作，化肥和农家肥的大量施入，土壤得不到有效的休整和恢复，导致土壤板结，次生盐渍化的情况日趋严重。可利用日光温室的休闲期及时进行适当管理，以延长其使用寿命，改良其土壤性能，为下茬栽培做好准备。

1. 种绿肥植物　绿肥植物作为一种优良的土壤改良材料已为全世界各地所采用。它是一种优质有机肥料，适应性广，生长周期短，鲜草产量高，含养分丰富齐全，分解迅速，有效性好，具有共生固氮和富集土中磷、钾等多种矿质养分的特殊功能，能调整有机肥与化肥之间的结构，促进氮、磷、钾养分的平衡。

供试绿肥植物为白花三叶草、黑麦草、小油菜、大豆，均在6月8日撒播，8月1日整地翻压到土壤中，同时根据下茬栽培不同作物施用不同用量底肥，2周后定植作物。

2. 高温闷棚　夏季日光温室休闲期正是土壤高温闷棚杀菌消毒的最佳时期。种植3年以上的日光温室土传病害日趋严重，出现真菌性病害、细菌性病害、根结线虫病、土壤板结等问题，可利用夏日高温＋石灰氮＋秸秆在夏季日光温室休闲时进行土壤消毒。

具体方法：在地表撒上碎稻草或麦秸（$1m^2$撒$1kg$）与石灰氮（$1m^2$施$0.1kg$），与土壤充分混合（用旋耕犁旋二遍），起垄（垄宽$60cm$，高$40cm$），并盖上地膜，沟内灌水，日光温室密闭。白天地表温度可达$70℃$，$20cm$土层温度$40\sim50℃$，持续$20\sim30d$，消毒时间可从6月中旬至8月底。温度越高杀虫、灭菌效果越好。

3. 歇地 指在一定时期内不种作物，但仍进行管理，借以休养地力的耕地。在 6 月拉秧后用药剂进行消毒处理。首先进行高温闷棚，在使用前一个月内，选一两个晴天，用薄膜将全室密闭，使室内形成高温缺氧的小环境，以杀死低温型好气性微生物和部分害虫、卵、蛹；其次进行土壤消毒，土壤消毒可采用药液喷施或药土撒施。药液喷施可用 60％代森锰锌 400～500 倍液，均匀喷洒在土表和墙体上。药土撒施则每 667m² 用 65％代森锰锌 1.5kg，与 50kg 干细土混合，均匀撒于土表后深翻土地；最后进行空间处理，空间处理用烟雾法或粉尘法。烟雾法是将 40％百菌清烟剂 200～250g 置于温室四角，用暗火点燃发烟熏蒸一夜。粉尘法用喷粉器喷洒 50％百菌清粉尘剂。每 667m² 每次 1kg。5～7d 后再喷第二次。灌水后密闭温室提高温度。地面见干后撒施足量有机肥作为基肥，然后深翻，将有机肥翻入土中，掺和均匀后整细耙平，为定植做准备。

第三节　塑料大棚蔬菜栽培茬口安排

一、一年一茬栽培

一年一茬一般栽培果菜类如黄瓜、番茄、茄子、辣椒或甜椒等，1～2 月上旬播种，3 月中下旬至 4 月中下旬定植，5 月中下旬开始采收上市。延晚栽培可采收至 9 月上旬。

二、一年两茬栽培

1. 瓜类（西瓜、甜瓜、黄瓜）茬口安排 3 月底至 4 月初定植，6 月底至 7 月初拉秧；6 月底定植番茄，9 月初上市，11 月上旬拉秧。

2. 茄果类（番茄、辣椒、茄子）茬口安排 3 月底至 4 月初定植，7 月中旬拉秧；7 月底定植黄瓜，8 月中旬上市，10 月中旬拉秧。

3. 一年多茬 复种套种 1 年 3 茬。第一茬种速生蔬菜如小白菜、茼蒿等，3 月底播种或定植，4 月下旬收获；第二茬种喜温果菜类如番茄、茄子、辣椒等，4 月上旬套栽于速生菜畦上，7 月上旬收获结束；第三茬栽种果菜或叶菜如番茄、黄瓜、芹菜、花椰菜等，7 月中旬定植，10 月底收完。

参考文献

艾嘉琼，顾秋丽，雷娟，等，2015. 大棚蔬菜高产高效栽培关键技术 [J]. 农村科技（10）：40-41.
别之龙，2005. 蔬菜设施栽培专题讲座　第十讲　南方地区设施蔬菜周年茬口安排 [J]. 长

　　江蔬菜（11）：51-52.

韩国先，2013. 辣椒—叶菜—南瓜 1 年 3 熟高产栽培技术 [J]. 中国园艺文摘，29（1）：
　　166-167.

蒋宏，2009. 日光温室夏季高温消毒技术措施 [J]. 农业科技与信息（13）：44-45.

刘继印，2012. 如何科学安排蔬菜茬口 [J]. 现代农村科技（3）：21.

宋胭脂，2006. 如何安排日光温室蔬菜茬口 [J]. 西北园艺（蔬菜）（4）：6-7.

杨冬艳，郭文忠，杨自强，等，2009. 绿肥种植及翻压对日光温室土壤环境的影响 [J]. 北
　　方园艺（10）：146-148.

第四章
蔬菜穴盘苗嫁接技术

第一节　黄瓜穴盘苗插接技术

一、材料选择、处理与准备

1. 品种选择

（1）接穗品种选择　因地制宜选择适合的黄瓜品种，是其取得高产高效益生产的重要因素。根据不同地区的不同气候类型和不同茬口及市场需求等特点选择品种：春露地黄瓜宜选用较耐低温、较早熟、丰产性好的品种，同时应具有抗病性，如德尔 LD-1 等；春大棚早熟黄瓜宜选用早熟、耐寒、单性结实力强、丰产、抗病的品种，如博美 626、德尔 100、德尔 88 等；日光温室冬茬宜选用耐低温、耐弱光、抗病、单性结实能力强、品质好的品种，如博美 626、改良 626、德尔 100 等优良品种。

（2）砧木品种选择　黄瓜的砧木主要有白籽南瓜和亮瓜型的博强等，其特点为子叶肥大、下胚轴粗短，便于嫁接，与黄瓜的亲和力和共生力强，耐低温能力强，抗病性好，对黄瓜果实的风味和品质无不良影响。

2. 设施准备　穴盘育苗多在日光温室或连栋温室内进行，应配有遮阳网、防虫网。育苗前 3～4d 进行熏蒸消毒，可每 667m² 用 75% 百菌清 500g 加 80% 敌敌畏乳油 50g 与锯末混匀后，分多处，从最里面开始，依次点燃，密闭温室，熏蒸昼夜。

3. 穴盘准备　黄瓜种子一般选用 72 孔穴盘，其砧木种子也播种于 72 孔穴盘。新穴盘可直接使用。旧穴盘要进行消毒处理，先用刷子将旧穴盘刷洗净，再用高锰酸钾 1 000 倍液浸泡 1h（或用百菌清 500 倍液浸泡 5h，还可用多菌灵 500 倍液浸泡 12h）以达到消毒目的，最后用清水冲洗干净。

4. 基质准备　目前用于穴盘育苗的基质材料主要是草炭、蛭石和珍珠岩。采用的基质为草炭、珍珠岩、蛭石按 3：1：1 的比例配制，冬季可以用2：1：1的比例，或草炭：蛭石＝3：1。也可用正规厂家生产的经过本地使用

获得成功的优质成品基质。1m³ 基质加 100g 多菌灵，用塑料薄膜盖好闷 12h
进行消毒。配制时 1m³ 基质加入 15：15：15 氮磷钾三元复合肥 2～2.5kg 或
1kg 尿素和 1kg 磷酸二氢钾，将肥料和基质混拌均匀，用适量水拌和基质，使
其含水量达到 60％ 左右（即达到手捏成团、落地即散的要求）。

5. 装盘 将混合均匀的基质装入穴盘，注意不要用力紧压，要尽量保持
基质原有的物理性状，用刮板从穴盘一端刮向另一端，每一个穴坑中都要装满
基质，尤其四角与盘边，装盘后的穴盘各个格室应清晰可见。而后，把相同型
号的 4～5 个装满基质的穴盘垂直叠放在一起，最上面放一个空穴盘，双手平
放在穴盘上轻轻下压，这样就会在下面穴盘基质表面压出 1～1.5cm 的凹穴。

6. 浸种催芽 多采用温汤浸种的方法对种子消毒。将种子放入 50～55℃
恒温水中浸泡 15～20min，期间不断搅拌，使水温降至 25～30℃ 后继续浸种
（8～12h）至种子吸胀。然后取出，用湿棉布或毛巾将浸泡好的种子包好，置
于催芽室内，将温度控制在 25～30℃，催芽 1～1.5d，中间要观察几次，防止
出芽太长，只要种子露白即可播种。在观察中，可根据出芽情况调节温度，同
时要保证棉布或毛巾湿润。若出芽后不能马上播种，或者播种量太大，可适当
降低温度，防止出芽太长，以免播种时折断。

7. 播种 采用插接法嫁接的黄瓜要比砧木迟播 3～4d。播种时，用镊子将
种子放入孔穴中，每孔点播 1 粒，播种后覆盖基质。之后用水壶均匀喷洒至水
从穴盘底孔滴出（使基质最大持水量达到 200％ 以上），穴盘上可盖地膜以保
温保湿促进种子萌发，然后移入温室。

二、嫁接管理

1. 嫁接前管理 出苗前白天 25～30℃，夜间 15～20℃ 为宜，基质水分保
持 65％～80％。当 60％ 以上种芽破土时，及时揭去地膜。幼苗出土后，适当
降低温度，白天温度控制在 25～28℃，夜间控制在 15～18℃，基质含水量
50％～65％。当黄瓜苗两片子叶全展，心叶未露出或出露，砧木苗两片子叶充
分展开、第一片真叶显露至初展，粗 0.5～0.8cm 时即可插接。

2. 嫁接方法 从穴盘中取出黄瓜苗（不要带露起苗），砧木苗可直接插
接。嫁接时，选择晴天（散射光或遮光条件下），用刀片将砧木的生长点去掉，
用竹签紧贴子叶基部向另一子叶柄基部成 30°～45° 角斜插 0.8～1cm 深的插孔，
不可刺破表皮，插后不拔竹签。取一黄瓜苗，在子叶下部 0.5cm 处用刀片斜
切 1 个 0.8～1cm 的楔形切口，长度大致与砧木刺孔的深度相同，拔出竹签，
立即将接穗插入砧木孔内，使砧木、接穗子叶交叉呈"十"字形，用嫁接夹夹
住。注意：选苗茎粗细适宜的插接。

3. 嫁接后管理 嫁接苗移栽入育苗棚后马上喷水。嫁接后前 3d 空气相对

湿度应保持在 90%～95%，光照度维持在 5 000lx，白天温度保持 24～27℃，不超过 27℃，夜间 18～20℃，不低于 15℃。3d 后逐渐加大通风时间和换气量，白天温度 22～25℃，夜间 14～17℃。7～10d 后空气湿度保持在 50%～60%。如秧苗发蔫，则停止通风，及时喷水遮阴。棚膜上覆盖黑色遮阳网，前 2～3d 晴天可全天遮光，之后先逐渐增加早、晚见光时间，后缩短午间遮光时间，直至完全不遮光。嫁接后若遇光照弱、阴雨天可不遮光。嫁接后 6～7d 内保持棚内白天温度 25～28℃，夜间 18～20℃，7d 后，保持棚内白天温度 20～28℃，夜间 15～18℃。苗床通风后，将未彻底切干净的砧木生长点和腋芽去掉；嫁接 5～7d 后浇 1 遍肥水。

4. 壮苗标准　秧苗生长健壮，嫁接口愈合正常；苗生长整齐，有 2～3 片真叶，叶色正常，无叶病；无检疫性病虫害，无损伤；苗高 15～20cm，茎粗 0.4～0.6cm，嫁接口高 6～8cm；砧木子叶、接穗子叶完好；根系完整量多，根白色；生长势强，对不良环境条件有较强的适应性。

5. 出圃　嫁接后，夏季一般经过 10～12d，冬季经过 15～20d，当黄瓜苗 3 叶 1 心时即可定植。定植前 1 周，进行低温炼苗管理。

第二节　西瓜穴盘苗嫁接技术

近年来，随着温室、大棚瓜菜生产规模化发展，大棚西瓜种植面积不断扩大，但西瓜连作栽培受枯萎病的危害很大，瓜田一旦发生枯萎病，轻者减产 20%～30%，重者绝收。通过嫁接试验证明，利用对枯萎病有高抗特性、与西瓜亲和性强的葫芦、南瓜类作为根砧，可以大大减少西瓜枯萎病的发生与危害，提高产量和品质，在大棚内可以连年栽植。同时嫁接后的西瓜耐寒力提高，可在较低温度下正常生长，这样有利于大棚西瓜早栽早上市，同时提高土地利用率，经济效益增长显著（闫丰彩，2016）。

一、材料选择、处理与准备

1. 穴盘与基质的准备

（1）穴盘选择　砧木育苗可选用 72 孔、98 孔、100 孔穴盘，接穗育苗可选用 98 孔穴盘、塑料方形平底盘、50 孔穴盘，或直接在棚内利用基质做畦播种。若穴盘重复使用，应用 2% 漂白粉溶液浸泡 30min 进行消毒处理，清水漂净备用。

（2）育苗基质　草炭与蛭石按 2：1 的体积比混合，或草炭与蛭石与发酵好的废菇料以 1：1：1 的比例混合。再按每立方米基质加入氮磷钾三元复合肥（15-15-15）2～2.5kg，或加入 1kg 尿素和 1kg 磷酸二氢钾或 1.5kg 磷酸二铵。

肥料与基质混拌均匀后备用；或直接选用商品育苗基质育苗，如壮苗 2 号。1 000 盘备用基质 4.65m³。

（3）基质消毒 用 50%多菌灵 500 倍液喷洒基质，拌匀，盖膜堆闷 2h，待用。

2. 栽培茬口

（1）早春茬 嫁接苗在 1～2 月出圃，提前 45～50d 播种；在 3 月出圃，提前 35d 左右播种；4 月出圃，提前 25d 左右播种。如 12 月上旬育苗，12 月中旬嫁接，翌年 1 月下旬定植，4 月中下旬上市。

（2）秋冬茬 嫁接苗在 9 月出圃，提前 25d 左右播种；在 10 月出圃，提前 35d 左右播种；在 11～12 月出圃，提前 45～50d 播种。如 8 月上旬育苗，8 月中旬嫁接，9 月中旬定植，12 月上旬上市。

3. 砧木品种的选择 选亲和力强、抗枯萎病、耐根腐病、抗地下害虫、对西瓜品质无不良影响的砧木品种，如葫芦（瓠瓜）、白籽南瓜（雪藤木 2 号）、野生西瓜。南瓜较耐低温，适合早春早熟西瓜品种嫁接时做砧木；葫芦较耐高温，适合中晚熟西瓜品种做砧木（杨卫琼，2016）。黑籽南瓜不用于西瓜的嫁接，因为其作为砧木嫁接后的西瓜有泔水味。

4. 西瓜接穗的选择 根据种植地土壤、上市时间、产量、瓜形等，选择当地主栽的早、中、晚熟优质西瓜品种作为接穗，如美丽、嘉丽、黑金刚、小铃、华铃、小天子等。

5. 西瓜砧木和接穗的浸种与催芽

（1）温汤浸种 在清洁的容器中装入种子体积 4～5 倍的 55℃温水，把种子投入，不断搅拌，并保持 50～55℃的温度 15min，然后加冷水至 30℃停止搅拌，继续浸泡种子。包衣种子不需温汤浸种消毒，直接浸种处理即可。

（2）干热处理 把干种子放入 70℃的恒温箱中，干热处理 12h。

（3）石灰水消毒 用 1%～2%的石灰水处理种子 25～35min。

以上 3 种种子消毒方法可选其一。

（4）浸种 用清水将消毒后的种子冲洗干净后在室温下浸种，南瓜砧木需浸种 4～5h，葫芦砧木需浸种 8～24h，西瓜和野生西瓜砧木需浸种 6～8h。

（5）砧木催芽 先将种子平铺在铺有湿纱布或湿棉布的盘内，再盖上一层湿纱布或湿棉布，置于恒温箱或培养箱内，温度设置至 30～33℃。南瓜种子催芽 18～20h 开始露白，一般催芽 22～24h 种子 70%以上露白，即可播种。葫芦发芽不整齐，催芽 22～24h 后开始露白，露白后每隔 3～4h 挑选露白种子 1 次，置于常温 10℃以上存放，待 70%以上种子露白后一起播种或露白种子分批播种（杨卫琼，2016）。

（6）接穗催芽 将西瓜种子平铺在铺有纱布或棉布的盘内，再盖上纱布或棉布，置于恒温箱或光照培养箱内，温度设置至 30～33℃，西瓜种子催芽 16～

18h开始露白，每隔2～3h观察1次，露白60%以上即可播种（杨卫琼，2016）。

6. 播种

（1）砧木播种　通常用50孔穴盘播种，将基质平铺于穴盘上，不必压实，用1根竹片贴在穴盘上将多余的基质推到穴盘外，用另一装好基质的穴盘用力往下压，将下面穴盘的基质压紧，压到基质为穴盘的1/2～2/3高度，然后将葫芦砧木种子平放于穴盘内，再铺上基质压紧，用竹片贴在穴盘上将多余的基质推到穴盘外，摆放到畦上或架上并浇透水（杨卫琼，2016）。

（2）接穗播种　西瓜种子可用穴盘播种，先将基质装入穴盘1.0～2.0cm厚，西瓜种子均匀地撒在基质上，尽可能不要叠在一起，然后再用基质覆盖种子，厚度为1cm左右，最后浇透水即可。一般西瓜接穗种子比砧木种子迟3～4d播种（杨卫琼，2016）。

7. 播种后管理

（1）砧木播种后管理　播种、覆盖后，均匀喷水，水量不宜过多，约为饱和持水量的80%，然后搭建小拱棚，覆膜保温。幼苗出土后容易"戴帽"，应及时在早上湿度较高时人工摘除（以白天25～30℃，夜间18～20℃为宜）。当70%的种子出苗时，用95%噁霉灵可湿性粉剂3 000倍液加72.2%霜霉威盐酸盐水剂600倍液喷洒1次，并降低温度，白天22～25℃，夜间10～12℃，要特别注意连阴天温度管理不要出现昼低夜高逆温差。使用葫芦砧木时，可在嫁接前3～5d去除真叶生长点，使下胚轴增粗。

（2）接穗播种后管理　接穗种子推荐撒播于塑料平底盘或棚内基质做的畦中。底部均匀铺1层厚4～7cm的基质，然后将种子均匀撒在基质上，保证种子不重叠，覆盖1cm厚基质。覆盖基质后浇透底水，用95%绿亨1号可湿性粉剂3 000～4 000倍液喷洒苗床，覆膜保温。出土后注意及时脱帽。

二、嫁接方法

选用与西瓜嫁接亲和力强、抗病性及抗逆性强的葫芦做砧木。接穗、砧木的育苗方法同穴盘育苗，错开接穗、砧木播种时间，掌握最佳嫁接时期。

1. 插接

（1）嫁接工具　选用双面刮胡刀片，纵向折成2片，取其中一片使用。嫁接签多以竹片或筷子制成，粗度与西瓜下胚轴粗细相当或略粗，约3mm，两端削成楔形，断面半圆形，先端渐尖，用火燎一下，使其光滑，避免毛刺。特殊情况下为使砧木与接穗切面紧密贴合，在嫁接部位用塑料嫁接夹固定。

（2）嫁接前准备　用葫芦做砧木，砧木以子叶展开、第一片真叶展开、第二片真叶初露时嫁接为宜，即播种后10～13d；接穗以出苗后3d，在子叶将展未展之际嫁接为宜。用南瓜做砧木，接穗比砧木晚播3～4d，也可同时播种，以真叶露心为宜。当外界气温较低时，可增加砧木与接穗播种的间隔时间，以确保嫁接时砧木大小合适。

嫁接在温室或棚内进行，嫁接环境要遮阴背风，温度控制在 20～25℃ 为宜（嫁接前要搭建嫁接棚，棚宽应根据苗床大小而定，尽可能充分利用苗床空间，棚高一般在 0.9m。棚架上依次覆盖棚膜和遮阳网）。

（3）嫁接操作 在嫁接前 1d，将砧木两片子叶各剪去 1/3～1/2。取出接穗苗，用水洗净根部放入白瓷盘，湿布覆盖保湿。用手摘或用刀片削除砧木真叶和生长点。将嫁接签紧贴砧木一片子叶叶柄中脉基部内侧向另一片子叶叶柄基部以与胚轴成 45°左右的角度斜插 0.5～1.0cm，以手指感觉嫁接签尖端即将穿透胚轴表皮但不要穿破为度。插入时避开砧木胚轴中心空腔，插入迅速准确，嫁接签暂不拔出。用刀片在接穗子叶节下 0.5～1cm 处双向斜切除根，并将接穗削成楔形，切口长度 0.5～0.8cm。切削接穗速度要快，刀口要平、直。刀刃变钝时要及时更换。拔出砧木上的嫁接签，将切好的接穗以砧穗子叶伸展方向为"十"字形迅速准确地斜插入砧木接孔中，使砧木与接穗密接。若两者不能密接，使用嫁接夹固定砧木与接穗，使切面紧密贴合。

西瓜插接操作见图 4-1。

去萌（去掉砧木生长点）

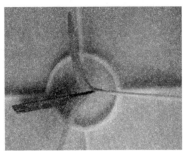
竹签插入砧木

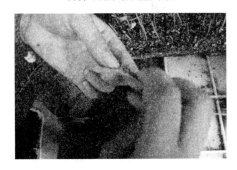
削接穗

嫁接

图 4-1 西瓜插接操作流程示意

2. 靠接

（1）嫁接工具　所用工具有圆形嫁接夹或1cm宽的薄膜条、刀片、药棉、酒精、曲别针。刀片应始终干净，并每用1次用药棉蘸酒精涂抹消毒1次。

（2）嫁接前准备　用南瓜做砧木，接穗比砧木早播5～7d。砧木苗的子叶展开、第一片真叶初露，接穗苗子叶完全展开、第一片真叶微露时，为嫁接的最佳时机。用葫芦做砧木，接穗和砧木同时播种。

嫁接应在没有直射阳光、温暖、背风和湿度大的场所进行。若是晴天必须进行遮光，以防阳光直接照射造成穗砧幼苗失水萎蔫，影响成活率。室内温度应保持在26～28℃，湿度越高越好，以利嫁接苗伤口的愈合。

（3）嫁接操作　将砧木苗取出，用双面刀片先将砧木苗的生长点切除，从子叶下方1cm处自上而下呈45°角下刀，切深至茎粗1/2处；再取接穗苗，从子叶下部1.5cm处，自下而上呈45°角下刀，向上斜切至茎粗的2/3处，把两个切口互相嵌合，使一端韧皮部对齐，接穗子叶压在砧木子叶上面，用圆形嫁接夹固定或用1cm宽的薄膜条截成5～8cm长包住切口，用曲别针固定。嫁接后立即栽到装有基质的穴盘或营养钵中，放入嫁接苗床，及时浇水，并扣小拱棚，用草苫或遮阳网遮阴（高艳明，2007）。

西瓜靠接操作见图4-2。

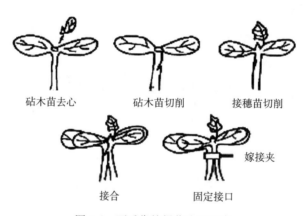

砧木苗去心　　　　砧木苗切削　　　　接穗苗切削

嫁接夹

接合　　　　　　固定接口

图4-2　西瓜靠接操作流程示意

3. 贴接

（1）嫁接工具和试剂　所用工具有刀片、平面嫁接夹、药棉，酒精。刀片应始终干净，并每用1次用药棉蘸酒精涂抹消毒1次。

（2）嫁接前准备　南瓜做砧木，接穗比砧木早播3～4d。砧木苗的子叶展开、第一片真叶初露，接穗苗子叶完全展开，为嫁接的最佳时机。南瓜做砧木，砧木第一片真叶展开时为嫁接最佳时期（黄成东，2010）。

（3）嫁接操作　嫁接时用刀片斜向下削去砧木的生长点及 1 片子叶，切面长度 0.5～0.8cm。在穴盘中取出接穗，在平行子叶伸展方向的胚轴上，距子叶 1cm 处斜向下削成长 0.5～0.8cm 的平面。然后将砧木和接穗的两个平面贴在一起，用平面嫁接夹固定。嫁接后放入嫁接苗床，并扣小拱棚，用草苫或遮阳网遮阴（高艳明，2007）。

三、嫁接后管理

嫁接苗接穗和砧木的接口尚未愈合，需采取特殊的管理措施，创造有利于砧穗接口结合的良好环境条件，才能让接穗成活。栽培管理上要注意以下几点：

1. 光照管理　嫁接后 3～4d 全封闭遮阴，禁止见光和通风，防止接穗徒长和因蒸腾失水而萎蔫。一般经过 3～4d 保温、保湿、遮阴后，嫁接苗接口就可愈合，可逐步增加光照和通风，有外遮阳网和内遮阳网的大棚，第五天可掀去小拱棚上的遮阳网，第六至七天可拉开大棚的内遮阳网，第九至十天收起大棚的外遮阳网，若中午前后阳光强烈、温度高于 26℃ 时，应将大棚外遮阳网盖上，以降低温度，只要嫁接苗不发生萎蔫就不需遮阴（杨卫琼，2016）。

2. 湿度管理　嫁接苗伤口愈合前，为防止植株脱水，嫁接后 3～4d 小拱棚内湿度应保持在 90% 以上，这是嫁接苗成活的关键。一般拱棚内地面浇湿水，上面用塑料薄膜完全覆盖就可以达到要求（杨卫琼，2016）。

3. 温度与通风管理　在幼苗伤口尚未完全愈合的时候，小拱棚内温度最好保持在 24～28℃。嫁接后 3d 内不用通风；3d 后若拱棚内温度过高，湿度又大，易发生脚腐病，应及时打开薄膜两头或侧面通风换气，降温后再盖好；5d 后每天早晚将拱棚薄膜两头或侧面掀起通风换气，逐渐增加通风时间；10d 后嫁接苗已成活，可掀去薄膜全面通风（杨卫琼，2016）。

4. 病虫害管理　嫁接苗对土传病害有抗性，但在生长过程中可能出现其他病虫害，要及时防治。苗期害虫主要有蚜虫、蓟马、潜叶蝇、菜青虫等，除挂设粘虫黄板和蓝板进行物理防治外，可选用 10% 吡虫啉 1 000 倍液、50% 灭蝇胺可湿性粉剂 5 000 倍液、5% 啶虫脒乳油 3 000～4 000 倍液等进行药剂防治。苗期主要病害是猝倒病、疫病和炭疽病等，可用 25% 嘧菌酯悬浮剂 1 500 倍液喷雾，或用 72.2% 霜霉威盐酸盐 400～600 倍液、25% 甲霜灵可湿性粉剂 1 500 倍液等喷雾防治，细菌性果斑病可用 2% 春雷霉素可湿性粉剂 600 倍液喷雾防治。

5. 肥水管理　嫁接 5d 后，如基质过干可适当浇水，保持基质相对湿度，供给嫁接苗足够的水分。当接穗第一片真叶初展时要追肥，以增加养分，在喷药时可加叶面肥，还可在浇水时加入腐殖酸水溶肥 300～500 倍液或含氨基酸水溶肥 1：2 000 倍灌根，以增加养分，确保嫁接苗健壮成长（杨卫琼，2016）。

6. 去萌蘖及适时移栽　嫁接后的砧木子叶节仍会萌发新的萌蘖，影响接穗生长发育。嫁接后应尽早、反复多次去除萌蘖，注意防止损伤接穗。

当西瓜嫁接苗生长健壮，真叶长到 2 叶 1 心，基本无病虫害时就可移栽。

第三节　甜瓜穴盘苗插接技术

一、材料选择、处理与准备

1. 品种选择

（1）接穗品种选择　接穗应选择适宜当地栽培的、早熟性强、耐低温、耐弱光、品质好、抗病害、丰产、适合当地消费习惯的品种。如蜜世界、绿宝石、京都雪宝等品种。

（2）砧木品种选择　甜瓜的砧木主要有白籽南瓜，以南瓜为砧有利于提高接穗抗性，促进生长，提高产量。但采用共砧嫁接亲和性好，对果实品质无不良影响。

2. 设施准备　穴盘育苗多在日光温室或连栋温室内进行，应配有遮阳网、防虫网。育苗前 3～4d 进行熏蒸消毒，可每 667m² 用 75% 百菌清 500g 加 80% 敌敌畏乳油 50g 与锯末混匀后，分多处，从最里面开始，依次点燃，密闭温室，熏蒸昼夜。

3. 穴盘准备　甜瓜种子一般选用 72 孔穴盘，其砧木种子也多选用 72 孔穴盘。新穴盘可直接使用。旧穴盘要进行消毒处理，先用刷子将旧穴盘刷洗净，再用高锰酸钾 1 000 倍液浸泡 1h（或用百菌清 500 倍液浸泡 5h，还可用多菌灵 500 倍液浸泡 12h）以达到消毒目的，最后用清水冲洗干净。

4. 基质准备　目前用于穴盘育苗的基质材料主要是草炭、蛭石和珍珠岩。采用的基质为草炭、珍珠岩、蛭石按 3：1：1 的比例配制，冬季可以用 2：1：1 的比例，或草炭：蛭石＝3：1。也可用正规厂家生产的经过本地使用获得成功的优质成品基质。1m³ 基质加 100g 多菌灵，用塑料薄膜盖好闷 12h 进行消毒。配制时 1m³ 基质加入 15：15：15 氮磷钾三元复合肥 2～2.5kg 或 1kg 尿素和 1kg 磷酸二氢钾，将肥料和基质混拌均匀，用适量水拌和基质，使其含水量达到 50%～60%（即达到手捏成团、落地即散的要求）。

5. 装盘　将混合均匀的基质装入穴盘，注意不要用力紧压，要尽量保持基质原有的物理性状，用刮板从穴盘一端刮向另一端，每一个穴坑中都要装满基质，尤其四角与盘边，装盘后的穴盘各个格室应清晰可见。而后，把相同型号的 4～5 个装满基质的穴盘垂直叠放在一起，最上面放一个空穴盘，双手平放在穴盘上轻轻下压，这样就会在下面穴盘基质表面压出 1～1.5cm 的凹穴。

6. 浸种催芽　多采用温汤浸种的方法对种子消毒。将种子放入 50～55℃ 恒温水中浸泡 15～20min，期间不断搅拌。使水温降至 25～28℃ 后继续浸种 （8～12h）至种子吸胀。然后取出，用湿棉布或毛巾将浸泡好的种子包好，置 于催芽室内，甜瓜种子在 25～30℃ 的条件下催芽 24h，南瓜种子在 28～30℃ 的条件下催芽 24～30h，胚芽 0.5cm 时播种。中间要观察几次，防止出芽太 长，只要种子露白即可播种。在观察中，可根据出芽情况调节温度，同时要保 证棉布或毛巾湿润。若出芽后不能马上播种，或者播种量太大，可适当降低温 度，防止出芽太长，以免播种时折断。

7. 播种　不同品种的甜瓜和砧木的播种顺序有所不同。薄皮甜瓜先播， 3～4d 后甜瓜顶土时南瓜砧木播种。厚皮甜瓜则不同，要先播南瓜砧木，3～ 4d 后砧木出芽时播厚皮甜瓜。播种时，用镊子将种子放入孔穴中，每孔点播 1 粒，播种后覆盖 1cm 左右基质。之后用水壶均匀喷洒至水从穴盘底孔滴出 （使基质最大持水量达到 200％ 以上），穴盘上可盖地膜以保温保湿促进种子萌 发，然后移入温室。

二、嫁接管理

1. 嫁接前管理　出苗前白天 28～32℃，夜间 20℃ 左右为宜，基质水分保 持 65％～80％。当 60％ 以上种芽破土时，及时揭去地膜。幼苗出土后至第一 片真叶破心，应以低温为主，白天 20～25℃，夜间 13～17℃，同时要避免夜 间冷害。第一片真叶至定植前 7d，逐步提高温度，白天保持 25～28℃，夜间 15～17℃，保证花芽分化。定植前 5～7d 将温度逐渐降低为白天 20～25℃， 夜间 13℃ 左右。砧木真叶露出，甜瓜子叶刚展开时为插接适期。

2. 嫁接方法　从穴盘中取出甜瓜苗、砧木苗，可直接插接。嫁接时，选 择晴天（散射光或遮光条件下），用刀片将砧木的生长点去掉，用竹签紧贴子 叶基部向另一子叶柄基部成 30°～45°角斜插 0.8～1cm 深的插孔，不可刺破表 皮，插后不拔竹签。取一甜瓜苗，在子叶下部 0.5cm 处用刀片斜切 1 个 0.8～ 1cm 的楔形切口，长度大致与砧木刺孔的深度相同，拔出竹签，立即将接穗插 入砧木孔内，使砧木、接穗子叶交叉呈"十"字形，用嫁接夹夹住。注意：选 苗茎粗细适宜的插接。

3. 嫁接后管理　嫁接苗移栽入育苗棚后马上喷水。嫁接愈合适宜温度为 25℃ 左右，苗床温度一般嫁接后 3～5d 内白天 24～26℃，不超过 27℃，夜间 18～20℃，不低于 17℃，空气相对湿度应保持在 95％ 以上，遮光；3～5d 以 后开始通风，并逐渐降低温度，白天可降至 22～24℃，夜间可降至 12～15℃。 逐渐增加光照，一般 9～10d 即可进行大通风。嫁接后 1 周开始去掉砧木的侧芽，2～3d 一次。

4. 壮苗标准 子叶平展、深绿、健壮而肥大，真叶肥厚且叶色绿，茎秆绿而粗壮，根系发达，盘坨良好。根毛白色，无病虫害。苗龄根据环境温度的不同而不同。

5. 出圃 一般高温期嫁接苗的育苗时间 20d 左右，低温期嫁接苗的育苗时间 40d 左右，具有 4 叶 1 心时即可定植。选择晴好天气，定植前半天可喷透水 1 次，移栽时轻拿轻放。

第四节　番茄穴盘嫁接技术

番茄嫁接是将对环境适应性较差的优质品种，嫁接到对本地环境适应性较强的砧木上。番茄嫩茎受伤后，由于创伤刺激，伤口周围能迅速形成愈伤组织，促进伤口愈合。嫁接就是利用番茄受伤后具有再生能力的特点。近缘番茄的接穗和砧木相结合时，彼此供应的营养比较适宜对方的需要，两者亲和性比较强，经嫁接后微管系统容易愈合，使番茄能够继续正常地生长从而达到栽培植株长势更强、产量更高，抗病性强的目的，在一定程度上减少由于重茬和病害造成的经济损失（张春奇，2009）。

一、材料选择、处理和准备

1. 基质 将草炭、蛭石及珍珠岩以 3∶1∶1 的比例充分混匀配成基质，且每立方米基质中掺 2～3kg 的优质进口复合肥，并加入 50% 多菌灵可湿性粉剂 180g 消毒。基质用量按 1 000 盘嫁接苗计，72 孔苗盘约需 $4.7m^3$ 基质，50 孔苗盘约需 $5.8m^3$ 基质（应海良，2006）。

2. 穴盘 砧木育苗可选用 72 孔、98 孔、100 孔穴盘，接穗育苗可选用 98 孔穴盘、塑料方形平底盘、50 孔穴盘，或直接在棚内利用基质做畦播种。若穴盘重复使用，应用 2% 漂白粉溶液浸泡 30min 进行消毒处理，清水漂净备用。冬春育苗采用黑色硬塑料穴盘，夏秋育苗采用白色泡沫塑料穴盘。接穗也可选用平底的育苗盘。

3. 砧木选择 选用亲和力强、免疫或高抗土传病害、抗逆性强、生长旺盛、对产量和品质无影响的品种。目前国内常用番茄砧木品种有托鲁巴姆（云南）、砧木 1 号（桂林）、金棚砧木（西安）等。不同砧木的特性各不相同，抗病增产效果也有差别（陈仁，2008；王雪颖，2014）。

4. 接穗的选择 接穗选用优质、丰产、耐储运、商品性好、抗病性较强、适应市场的品种。春季栽培选择耐低温弱光、果实发育快的早、中熟品种，夏秋及秋冬栽培选择抗病毒病、耐热、耐寒的中、晚熟品种。

5. 种子处理

（1）种子消毒

①温汤浸种。先用凉水浸种 10min，使种子表面吸透水，捞出种子，再放到 50～52℃的温水中浸泡 15～30min，在此期间，要不断按一个方向搅动种子，并酌情添加热水，使水温保持在适温范围内，最好用温度计测定水温，浸泡时间到后，捞出种子，放到凉水中，使种子降温，然后浸种催芽。此方法简单易行，可防治种子上所带的早疫病、叶霉病、斑枯病、溃疡病等病害的病原物。

②磷酸三钠溶液浸种。先用凉水浸种 3～4h，捞出种子，放到 10％磷酸三钠溶液中浸泡 20～30min，再捞出并用清水冲洗种子 3 次后（种子表面无滑腻感时），催芽播种，这样可使种子表面的病毒失去侵染能力，是防治病毒病的主要措施之一。

③链霉素溶液浸种。用 200mg/kg 硫酸链霉素溶液，浸种 2h 后，捞出种子并用清水冲洗种子 3 次，之后催芽播种，可防治种子上带的细菌病原物。

④硫酸铜溶液浸种。先用 0.1％硫酸铜溶液浸种 5min，捞出种子，用清水冲洗 3 次后，再催芽播种，可防治种子上带的枯萎病和黄萎病的病原物。

⑤干热灭菌。把种子摊放在恒温干燥器内，厚 2～3cm，在 60℃下，通风干燥 2～3h，然后再升温至 75℃，干热处理 3d，可使种子表面及内部的病原物失去侵染能力，经过干热处理的种子与未经干热处理的种子相比，发芽时间推迟 1～3d。种子经过干热处理后，应在一年内播种使用，不宜存放过久。在干热处理时，一定要把温度调节好，不能偏高或偏低。

（2）浸种

①温水浸种。将番茄接穗或砧木种子放入 50～55℃热水中不停搅拌，等到水温降到 30℃时，捞出种子用清水洗净，再浸种 4～6h，后置于 25～30℃处催芽。用温水浸种时要不断搅动，直到水温不烫手为止。

②热水烫种。用一个盆盛种子，再取一个同样大小的盆备用，先将开水迅速倒入放有种子的盆中，然后紧接着把水和种子倒入空盆，这样反复地倒几次，10min 后用冷水将种子冲凉。

③福尔马林溶液浸种。用福尔马林溶液浸种可防治猝倒病、茄子褐纹病、番茄轮纹病。先将种子用福尔马林 100 倍液浸泡 15min，取出并用湿纱布包好，过 2h 后洗净即可。

（3）催芽　先将种子平铺在有湿纱布或湿棉布的盘内，再盖上一层湿纱布或湿棉布，置于恒温箱或培养箱内，温度设置至 28～30℃，催芽 2～3d 后开始露白，露白后每隔一段时间挑选露白种子，置于常温 10℃存放，待 70％以上种子露白后一起播种或露白种子分批播种。

6. 播种　砧木一般要比接穗早播 7~10d，这样砧木苗比接穗苗粗壮，同时注意接穗应当稀播，便于嫁接操作，并且嫁接苗成活率也相对较高。

通常将基质平铺于穴盘上，不必压实，用 1 根竹片贴在育苗盘上将多余的基质推到盘外，用另一盘装好的基质用力往下压，将下一盘的基质压紧，压到基质为穴盘的 1/2~2/3 高度，然后将砧木或接穗种子按每穴 1 粒平放于穴盘内（或将接穗撒播于平底育苗盘中），再铺上基质，厚度为 1cm，用竹片贴在育苗盘上将多余的基质推到盘外，摆放到畦上或架上并浇透水。

二、苗期管理

1. 温度管理　番茄在播种后到出苗前，要维持较高的温度，白天 28~30℃，夜间 20~24℃，床土温度保持在 20~25℃，有利于出苗；苗出齐后要降低温度，白天降至 20~25℃，夜间降至 12~15℃；分苗后要注意保温，白天 28~30℃，夜间 18~20℃，促进幼苗快速发根。

2. 水分管理　番茄生长发育速度比较快，容易徒长。因此，要注意水分调节，以控水为主，促控结合，浇水量要小，浇水次数要少，始终保持表层基质见干见湿。

3. 光照管理　要选用无滴膜覆盖，增加透光率。其次，草帘尽量早揭晚盖，日照时数控制在 8h 左右。阴天也要正常揭盖草帘，尽量增加光线的入射量。另外，在育苗床的北侧垂直张挂反光幕，利用其对光的反射将射入温室的太阳光反射到苗床或栽培床上，增加北侧床面的光照度。

4. 养分管理　苗期一般不追肥，结合喷水进行 1~2 次叶面喷肥。可用 0.2% 磷酸二氢钾溶液进行叶面喷施，促进苗苗壮生长。

5. 通风管理　通风是降低苗床温度和湿度的重要措施，也是控制幼苗徒长的有效措施之一。当番茄苗快要出齐时，开始通风。通风量先小后大，并且一定要先通顶风。随着苗床内温度不断升高，适当进行中、下位通风，并逐渐增大通风量。下午当温度下降到 20℃ 以下时，关闭通风口。定植前 1 周，加大通风量，并且夜间也要适当通风，使番茄苗能尽快适应定植后的环境条件。

三、嫁接

1. 嫁接前准备　当砧木苗 4~6 片真叶，即可嫁接。嫁接前 1~2d 将砧木苗淋足水、喷施灭菌灵，选择长势较好的壮苗嫁接，接穗在嫁接前 3~4d 适当控制水分，嫁接用具必须严格消毒，刀具锋利，嫁接口一刀成型，并保持嫁接区清洁无菌。

2. 嫁接方法

（1）靠接法

①砧木的处理。用刀片或竹签刃去掉生长点及两腋芽。在离子叶节 0.5～1cm 处轴上，使刀片与茎成 30°～40°角向下切削至茎的 1/2，最多不超过 2/3，切口长 0.5～0.7cm（不超过 1cm）。切口深度要严格把握，太深易折断，太浅会降低成活率。

②接穗的处理。在子叶节下 1～2cm 处，自下而上呈 30°角向上切削至茎的 1/2，切口长 0.6～0.8cm（不切断苗且要带根），切口长与砧木切口长短相等（不超过 1cm）。

③砧木和接穗的接合。砧木和接穗处理后，一手拿砧木，一手拿接穗将接穗舌形楔插入砧木的切口中，然后用嫁接夹夹住接口处或用塑料条带缠好，并用土埋好接穗的根，20d 左右切断接穗基部。

（2）插接法　接穗比砧木晚播 7～10d，砧木有 3 片真叶时为嫁接适期。嫁接时在砧木的第一片真叶上方横切，除去腋芽，在该处用与接穗粗细相同的竹签向下插一深 3～5mm 的孔。将接穗在第一片真叶下削成楔形，插入孔内（李志友，2007）。插接法操作见图 4-3。

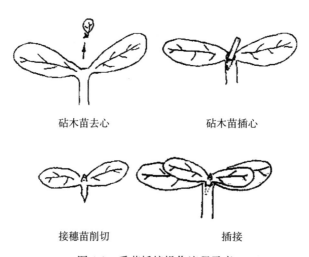

砧木苗去心　　　　　　　砧木苗插心

接穗苗削切　　　　　　　插接

图 4-3　番茄插接操作流程示意

（3）劈接法　砧木比接穗提前 5～10d 播种。当砧木长到高 8～10cm、茎粗 0.5～0.8cm 时即可嫁接。嫁接时，先将砧木留两片真叶平切掉生长点，保留下部，然后刀片将茎向下劈切 1～1.5cm。接穗在第二片叶处连叶片平切掉，保留上部。用刀片将茎削成 1～1.5cm 楔子，再将接穗紧密地插入砧木的劈开部位，嫁接夹固定，遮阴保湿 5d 左右，嫁接苗成活后即可进入正常苗期管理

（刘红玉，2013）。劈接法操作见图4-4。

图 4-4　番茄劈接操作流程示意

（4）套管嫁接（刘凤琼，2016）　待砧木与接穗都长到 4 叶 1 心时即可进行套管嫁接，嫁接时根据幼苗的茎粗选择合适大小的套管。现在市售的套管规格有 0.30cm、0.25cm、0.20cm 等。用 45°剪苗刀剪取接穗和砧木，剪苗时尽量斜切，以增大砧木和接穗的接合面积，利于伤口愈合。砧木剪切掉第二片真叶以上的部分，接穗剪取第二片真叶以上部分，一般每次剪取的植株数量不超过 60 株，时间过长导致切口失水变干不易愈合。

嫁接时应先将接穗插入套管中，切口面一般不朝向套管开口处，再将套管另一端套入砧木，注意使接穗的切口面与砧木的切口面完全吻合。插入套管时动作要轻，避免将番茄茎部插破或折断。嫁接好的苗整齐排放，并覆 1 层 0.02mm 厚的透明膜，再盖上遮阳网，每天检视苗情两次，湿度较大时，需要及时将膜换面，一般 5～7d 后可去除薄膜，7d 后去除遮阳网即可按正常幼苗管理。

（5）针接法（罗爱华，2010）　待接穗和砧木长出 3～4 片真叶，下胚轴直径为 3.5mm 左右时进行嫁接。嫁接时砧木保留 1 片真叶较适宜，成活率高，且较高的刀口位置，利于防止定植后土传病菌的侵染。此外，嫁接时砧木留 1 片真叶，嫁接苗在生长前期形成了较强的光合系统和生殖生长基础，为早熟、高产、抗病打下了物质基础。

嫁接时选砧木和接穗粗细一致的苗子，先用刀片在砧木第一片真叶上方 1～1.5cm 处将砧木向上斜切，去掉上部，其切线与轴心线呈 45°角，要求切面平滑。然后用嫁接针在砧木切面的中心沿轴线将接针插入 1/2，余下的 1/2 插接穗。用同样的方法将接穗呈 45°角向下斜切，将切下的接穗插在砧木上。要求砧木和接穗的切面紧密对齐，以利伤口愈合。然后用塑料薄膜将切口裹住，用回形针夹紧，栽入育苗钵中。嫁接过程中一定要注意切面卫生，以防感染病菌而降低成活率。

四、嫁接后管理

1. 温度及通风管理　嫁接后白天保持 25～28℃，夜间保持 16～20℃，温度低于15℃或高于30℃不利于接口愈合，影响成活率。随着伤口的愈合要逐渐加大通风量，通风期间棚室内要保持较高的空气湿度，地面要经常浇水，完全成活后转入正常管理。

2. 湿度管理 嫁接后扣小拱棚封闭保湿，嫁接苗定植后要充分浇水，保证嫁接后3～5d内空气湿度大于90%，嫁接后2～3d可不进行通风，第三天以后选择温暖而空气湿度较高的傍晚和清晨通风，每天通风1～2次。

3. 光照管理 嫁接后4～5d要全部避光，以后半遮光，即两侧见光。随着伤口的愈合逐渐撤掉草帘或遮阳网。完全成活后及时摘除砧木萌发的侧芽，待接口愈合牢固后去掉夹子。

4. 病虫害防治 嫁接后6～13d各喷一次百菌清或普力克加农用硫酸链霉素，苗成活后喷一次83增抗剂或病毒A等，发现虫害及时喷药防治。

5. 伤口愈合管理

①伤口愈合需要较强的光照和良好的通风条件。

②嫁接苗茎上也容易再长出不定根，适合进行再生栽培和扦插栽培。

③嫁接苗分枝多，需要整枝打杈；同时，在这段时间，对养分需求量大，特别是磷钾肥（李志友，2007），需要注意。

6. 移栽后的注意事项

（1）防止接穗直接感病 番茄接穗常有自发气生根入土，青枯菌等病菌也会通过接穗气生根感病，所以移栽时不能过深，避免嫁接口被带有病菌的泥土污染而发病。同时，还应该及时削去接穗所产生的气生根。

（2）防止嫁接苗传染病毒 烟草花叶病毒是侵染番茄的重要病毒之一，它极易通过接触传染。为防止病毒感染，除对嫁接工具进行消毒外，还要注意选择抗病毒的品种。且以上午浇水为宜，进入3月以后追肥应以速效性钾肥和氮肥为主，并加大肥水量和肥水次数（郑淑荣，2010）。

第五节 茄子穴盘苗劈接和套管接技术

一、材料选择、处理与准备

1. 品种选择 因地制宜选择适合的茄子品种，是其取得高产高效益生产的重要因素。不同茬口的茄子栽培要根据不同地区的不同气候条件及市场需求等特点进行品种选择。

（1）接穗品种选择 接穗应选择适宜当地栽培的、早熟性强、耐低温、耐弱光、品质好、抗病虫害、丰产、适合当地消费习惯的品种。如黑帅、布利塔等。

（2）砧木品种选择 茄子的砧木有赤茄、刺茄（CRP）、圣托斯和托鲁巴姆等，主要是托鲁巴姆。

2. 设施准备 穴盘育苗多在日光温室或连栋温室内进行，应配有遮阳网、防虫网。育苗前 3～4d 进行熏蒸消毒，可每 667m² 用 75％百菌清 500g 加 80％敌敌畏乳油 50g 与锯末混匀后，分多处，从最里面开始，依次点燃，密闭温室，熏蒸昼夜。

3. 穴盘准备 生产中，茄子种子和砧木种子多选用 72 孔穴盘。新穴盘可直接使用。旧穴盘要进行消毒处理，先用刷子将旧穴盘刷洗净，再用高锰酸钾 1 000 倍液浸泡 1h（或用百菌清 500 倍液浸泡 5h，还可用多菌灵 500 倍液浸泡 12h）以达到消毒目的，后用清水冲洗干净。

4. 基质准备 目前用于穴盘育苗的基质材料，主要是草炭、蛭石和珍珠岩。采用的基质为草炭、珍珠岩、蛭石按 3∶1∶1（体积比）的比例配制，冬季可以用 2∶1∶1 的比例，或草炭∶蛭石＝3∶1。也可用正规厂家生产的经过本地使用获得成功的优质成品基质。1m³ 基质加 100g 多菌灵，用塑料薄膜盖好闷 12h 进行消毒。配制时 1m³ 基质加入 15∶15∶15 氮磷钾三元复合肥 2～2.5kg 或 1kg 尿素和 1kg 磷酸二氢钾，将肥料和基质混拌均匀，用适量水拌和基质，使其含水量达到 60％左右（即达到手捏成团、落地即散的要求）。

5. 装盘 将混合均匀的基质装入穴盘，注意不要用力紧压，要尽量保持基质原有的物理性状，用刮板从穴盘一端刮向另一端，每一个穴坑中都要装满基质，尤其四角与盘边，装盘后的穴盘各个格室应清晰可见。而后，把相同型号的 4～5 个装满基质的穴盘垂直叠放在一起，最上面放一个空穴盘，双手平放在穴盘上轻轻下压，这样就会在下面穴盘基质表面压出 0.5～1.0cm 的凹穴。

6. 浸种催芽 多采用温汤浸种的方法对茄子种子消毒。将种子放入 50～55℃恒温水中浸泡 15～20min，期间不断搅拌，使水温降至 30℃后继续浸种（20～24h）至种子吸胀。然后取出，用湿棉布或毛巾将浸泡好的种子包好，置于催芽室内，在 28～30℃的温度条件下催芽 6～7d。也可采取"变温催芽"法，变温处理对发芽更有利。变温处理的方法：每天在 25～30℃下 16～18h，16～20℃下 8～6h，或 30℃ 8h、20℃ 16h 交替进行，3～4d 后即可出芽。催芽期间每天温水冲洗种子 1 次。中间要观察几次，防止出芽太长，只要种子露白即可播种。在观察中，可根据出芽情况调节温度，同时要保证棉布或毛巾湿润。若出芽后不能马上播种，或者播种量太大，可适当降低温度，防止出芽太长，以免播种时折断。

7. 播种 赤茄做砧木，其播种期要比接穗茄子提前 7d；刺茄（CRP）做砧木，其播种期要比接穗茄子提前 5～20d；圣托斯做砧木需比接穗茄子早播 25～30d；托鲁巴姆做砧木，催芽播种需比接穗茄子提前 25d，如浸种直播应提前 35d。一般选晴天上午进行播种，播种深度 0.5～1.0cm。播种时，用镊子将种子放入孔穴中，每孔点播 1 粒，播种后覆盖 1cm 左右基质。之后用水壶均匀喷洒至水从穴盘底孔滴出（使基质最大持水量达到 200％以上），穴盘上可盖地膜以保温保湿促进种子萌发，然后移入温室。

二、嫁接管理

1. 嫁接前管理 茄子出苗前，控制温度白天 22～25℃，夜间 15～18℃为宜，不放风，保持高湿度，80％幼苗顶土时撤去地膜。幼苗出齐后，要注意适当降温到 20～25℃，并给予充足的光照，夜间 15～18℃；2 叶 1 心时倒苗，要求高温，白天 25～30℃，夜间 18～20℃。

砧木通常在播种后 7d 内，白天温度保持在 28℃以上，夜间不低于 20℃。之后把夜温降至 15℃左右。

当砧木长到 5～7 片真叶，接穗长到 4～6 片真叶，茎粗 3～5mm，茎呈半木质化时为最佳嫁接时期。

2. 嫁接方法

（1）劈接法 选茎粗细相近的砧木和接穗配对，在砧木两片真叶上部，用刀片横切掉上部，然后在砧木茎的切面中间垂直切入 1～1.5cm 深，随后拔出接穗苗，在第三片真叶下（由上向下数），把茎苗削成大小与切口相当的楔形，随即插入砧木切口中，对齐后用嫁接夹子固定。

（2）套管接

①嫁接用具。主要嫁接用具包括不锈钢双面刀片，内径 2.0mm、2.5mm 和 3.0mm 3 种规格的专用嫁接套管等。若买不到专用套管，也可用自行车气门芯（塑料软管）代替。

②操作步骤。

A. 准备套管：根据砧木茎粗细选择适宜规格的套管，套管要求透明、无毒、无味并具有一定的弹性，管壁厚度 1mm 左右。嫁接前将套管剪成长0.8～1.0cm 小段备用，两端呈 30°角的斜面即可（套管两端的斜面方向应一致）。

B. 切削砧木：在砧木苗茎基部上方 3～5cm 处用刀片以 30°～45°角向下斜切，去掉砧木茎尖，保留根部。

C. 套上套管：根据砧木苗茎的大小，选择内径 2.0mm、2.5mm 或 3.0mm 套管，套管内径与砧木茎大小相当或约小于砧木茎为宜，将套管的一半套在切削好的砧木上。

D. 切削接穗：将接穗从苗床中拔出，在接穗苗 2 叶 1 心处用刀片以 30°～45°角向根部方向斜切，保留接穗苗尖。

E. 砧木与接穗结合：将切削好的接穗插入砧木上的套管内，接穗切面与砧木切面相对，确保砧木和接穗切面紧密结合。可专人负责从苗床取接穗苗，专人切削接穗，专人切削砧木、套套管和插入接穗。在嫁接时，可一次性切削 20～30 根砧木后，将套管逐一套在砧木上，再将接穗逐一插入套管内。

3. 嫁接后管理　嫁接苗愈合的适温为 25℃左右，在嫁接后 3～5d 内白天为 20～30℃，不宜超过 30℃，夜间 15～20℃，最低不能低于 15℃，必须使空气湿度保持在 90％～95％。4～5d 后开始放风降温、降湿，但也要保持相对湿度在 85％～90％。嫁接后的前 3d 完全遮光，第四天开始早晚给光，中午遮光。一般 7～10d 伤口就可愈合。10d 以后开始摘除萌芽。

4. 壮苗标准　秧苗植株挺拔健壮，株顶平而不突出，嫁接苗嫁接口处愈合良好，嫁接口高 8～10cm；秧苗有 6～7 片正常叶，叶片舒展，叶色绿，有光泽；砧木子叶健全、完整，苗高 15～20cm，茎粗 0.6～1cm，节间较短；第一花序不现或少量现而未开放；根系发达，侧根数量多，保护完整；无病虫害；生长势强，对不良环境条件有较强的适应性。

5. 出圃　嫁接 35～45d 可定植移栽，定植前 1 周进行炼苗，及时出圃。

第六节　辣椒穴盘苗劈接和套管接技术

一、材料选择、处理与准备

1. 品种选择

（1）接穗品种选择　接穗应选择适宜当地栽培的、早熟性强、耐低温、耐弱光、品质好、抗病害、丰产、符合市场需求的品种。如威霸、航椒 5 号、华椒 1 号、洋大帅等品种。

（2）砧木品种选择　辣椒的砧木主要有新峰 4 号、神根等，多为抗病共砧。

2. 设施准备　穴盘育苗多在日光温室或连栋温室内进行，应配有遮阳网、防虫网。育苗前 3～4d 进行熏蒸消毒，可每 667m² 用 75％百菌清 500g 加 80％敌敌畏乳油 50g 与锯末混匀后，分多处，从最里面开始，依次点燃，密闭温室，熏蒸昼夜。

3. 穴盘准备　辣椒种子一般选用 98 孔穴盘，其砧木种子播种于 72 孔穴盘。新穴盘可直接使用。旧穴盘要进行消毒处理，先用刷子将旧穴盘刷洗净，再用高锰酸钾 1 000 倍液浸泡 1h（或用百菌清 500 倍液浸泡 5h，还可用多菌灵 500 倍液浸泡 12h）以达到消毒目的，最后用清水冲洗干净。

4. 基质准备　目前用于穴盘育苗的基质材料，主要是草炭、蛭石和珍珠岩。采用的基质为草炭、珍珠岩、蛭石按 3：1：1 的比例配制，冬季可以用

2∶1∶1 的比例，或草炭∶蛭石＝3∶1。也可用正规厂家生产的经过本地使用获得成功的优质成品基质。1m³ 基质加 100g 多菌灵，用塑料薄膜盖好闷 12h 进行消毒。配制时 1m³ 基质加入 15∶15∶15 氮磷钾三元复合肥 2～2.5kg 或 1kg 尿素和 1kg 磷酸二氢钾，将肥料和基质混拌均匀，用适量水拌和基质，使其含水量达到 60% 左右（即达到手捏成团、落地即散的要求）。

5. 装盘 将混合均匀的基质装入穴盘，注意不要用力紧压，要尽量保持基质原有的物理性状，用刮板从穴盘一端刮向另一端，每一个穴坑中都要装满基质，尤其四角与盘边，装盘后的穴盘各个格室应清晰可见。而后，把相同型号的 4～5 个装满基质的穴盘垂直叠放在一起，最上面放一个空穴盘，双手平放在穴盘上轻轻下压，这样就会在下面穴盘基质表面压出 1.0～1.5cm 的凹穴。

6. 浸种催芽 多采用温汤浸种的方法对辣椒种子消毒。将种子放入 50～55℃恒温水中浸泡 15～20min，期间不断搅拌，使水温降至 25～30℃后继续浸种（10～12h）至种子吸胀。然后取出，用湿棉布或毛巾将浸泡好的种子包好，置于催芽室内，在 25～28℃的温度条件下催芽 4～5d。或采取"变温催芽"法，变温处理对发芽更有利。变温处理的方法：每天在 25～30℃的温度条件下催芽 16h，再在 16～20℃的温度条件下催芽 8h，重复 4～5d。催芽期间勤淘洗种子，一般每天至少淘洗种子两次。中间要观察几次，防止出芽太长，只要种子露白即可播种。在观察中，可根据出芽情况调节温度，同时要保证棉布或毛巾湿润。若出芽后不能马上播种，或者播种量太大，可适当降低温度，防止出芽太长，以免播种时折断。

7. 播种 一般选晴天上午进行播种，播种深度 1.0～1.5cm。一般砧木比辣椒早播 5～7d。播种时，用镊子将种子放入孔穴中，每孔点播 1 粒，播种后覆盖 1cm 左右基质。之后用水壶均匀喷洒水至水从穴盘底孔滴出（使基质最大持水量达到 200% 以上），穴盘上可盖地膜以保温保湿促进种子萌发，然后移入温室。

二、嫁接管理

1. 嫁接前管理 出苗前，控制温度白天 25～30℃、夜间 18～20℃为宜，不放风，保持高湿度，70% 幼苗顶土时撤去地膜。幼苗出齐后，通风降湿，温度以白天 23～25℃、夜间 14～15℃为宜，同时应保持较强的光照，此期间保持较低的湿度，一般不遮阴，靠放风降温，保持穴盘基质温度 30℃以下。第一片真叶显露后，白天温度最好控制在 25～30℃，最低保证 15℃以上，夜间温度控制在 17～20℃。当砧木具 4～5 片真叶、茎粗达 5mm 左右，接穗长到 5～6 片真叶时，为嫁接适期。在嫁接前 1～2d，砧木和接穗苗浇透水，并喷施

1次多菌灵等广谱性杀菌剂。

2. 嫁接方法

（1）劈接法　在砧木高5～6cm处平切去掉上部，苗茎上保留1片生长良好的叶片，然后在砧木茎的切面中间垂直切入1cm深，随后取出接穗苗，在第三片真叶下（由上向下数），切去下端，削成大小与切口相当的楔形，斜面长1cm左右，随即插入砧木切口中，对齐后用嫁接夹子固定。

（2）套管接

①嫁接用具。主要嫁接用具包括不锈钢双面刀片，内径2.0mm、2.5mm和3.0mm 3种规格的专用嫁接套管等。若买不到专用套管，也可用自行车气门芯（塑料软管）代替。

②操作步骤。

A. 准备套管：根据砧木茎粗细选择适宜规格的套管，套管要求透明、无毒、无味并具有一定的弹性，管壁厚度1mm左右。嫁接前将套管剪成长0.8～1.0cm小段备用，两端呈30°角的斜面即可（套管两端的斜面方向应一致）。

B. 切削砧木：砧木苗保留两片子叶，在保留子叶约1cm处用刀片以30°～45°角向下斜切，去掉砧木茎尖，保留根部。

C. 套上套管：根据砧木苗茎的大小，选择内径2.0mm、2.5mm或3.0mm套管，套管内径与砧木茎大小相当或约小于砧木茎为宜，将套管的一半套在切削好的砧木上。

D. 切削接穗：将接穗从苗床中拔出，在接穗苗1叶1心或2叶1心处用刀片以30°～45°角向根部方向斜切，斜面长度0.6～0.8cm（约茎粗2倍），保留接穗苗尖。

E. 砧木与接穗结合：将切削好的接穗插入砧木上的套管内，接穗切面与砧木切面相对，确保砧木和接穗切面紧密结合。可专人负责从苗床取接穗苗，专人切削接穗，专人切削砧木、套套管和插入接穗。在嫁接时，可一次性切削20～30根砧木后，将套管逐一套在砧木上，再将接穗逐一插入套管内。

3. 嫁接后管理　嫁接苗愈合的适温，白天为25～30℃，不宜超过32℃，夜间20～22℃，最低不能低于20℃。在嫁接后3d内，必须使空气湿度保持在90%以上，以后几天也要保持在80%左右，接口基本愈合后，在清晨或傍晚空气湿度较高时开始少量通风换气，以后逐渐延长通风时间并增大通风量，但仍应保持较高的湿度，每天中午喷雾1～2次，直至完全成活。嫁接后的3～4d要完全遮光，以后改为半遮光，逐渐在早晚以散射弱光照射。7d后，当嫁接苗明显生长后，白天温度控制在25～30℃，夜间温度控制在12～15℃，对嫁接苗进行大温差管理，培育壮苗。在能保持温湿度不会大波动的情况下，应使嫁接苗早见光、多见光，但光不能太强。随着愈合过程的推进，要不断延长光照时间，10d 以后恢复到正常管理水平。阴雨天可不遮光。辣椒苗上长出的不定根要及早去除，砧木上的侧芽也要及早抹掉。嫁接 15d 后，摘除砧木上的萌芽。

4. 壮苗标准　秧苗植株挺拔健壮，株顶平而不突出；秧苗有 8～10 片正常叶（穴盘集约育苗 5～6 片叶），叶片舒展，叶色绿，有光泽；砧木子叶健全、完整，苗高 15～20cm，茎粗 0.4～0.5cm，节间较短；第一花序不现或少量现而未开放；根系发达，侧根数量多，保护完整；无病虫害；生长势强，对不良环境条件有较强的适应性。

5. 出圃　嫁接后 18～20d，苗高 20.0cm，3 叶或 4 叶 1 心，茎粗 0.4～0.5cm 即可出圃。

参考文献

陈仁，林文，林翩飞，等，2008. 番茄嫁接技术要点 [J]. 福建农业科技（3）：16.

李建设，高艳明，张秀丽，2008. 不同苗龄叶柄插接对西瓜嫁接苗生长发育的影响 [J]. 北方园艺（10）：5-7.

李志友，2009. 番茄嫁接技术 [J]. 南方农业，3（4）：15-17.

刘凤琼，梁祖珍，潘玲华，2016. 番茄套管嫁接技术 [J]. 长江蔬菜（15）：28-29.

刘红玉，刘海波，2013. 番茄劈接法嫁接技术 [J]. 现代农业（6）：14.

罗爱华，李建设，高艳明，等，2010. 番茄嫁接新方法——斜切针接法 [J]. 长江蔬菜（9）：18.

吕兆明，2007. 白银市日光温室辣椒嫁接栽培技术研究 [D]. 兰州：甘肃农业大学.

曼尼古丽·吐尔逊，2014. 黄瓜嫁接育苗技术 [J]. 现代农业科技（16）：73-74.

戚佳妮，2013. 春季甜瓜穴盘育苗技术 [J]. 园艺与种苗（4）：49-50.

王学颖，王明耀，张桂海，等，2014. 番茄抗性砧木育苗嫁接技术 [J]. 现代农业科技（7）：107-108.

吴传秀，邓玲，房超，2016. 茄子嫁接育苗技术 [J]. 中国瓜菜，29（4）：53-54.

谢艳梅，2014. 茄子工厂代育苗技术 [J]. 蔬菜（8）：57-58.

闫丰彩，2016. 大棚西瓜嫁接栽培技术 [J]. 中国果菜，36（12）：80-82.

杨卫琼，2016. 西瓜嫁接育苗技术 [J]. 福建农业科技（8）：27-29.

应海良，周胜军，郭金伟，2006. 嫁接番茄穴盘育苗技术 [J]. 中国农技推广（3）：31-32.

张春奇，查素娥，李红波，等，2009. 番茄嫁接技术研究概况 [J]. 农业科技通讯（6）：97-100.

张裴斯，刘效瑞，宋振华，2014. 当归熟地育苗技术规程 [J]. 甘肃农业技术（6）：59-60.

张小华，汪天娜，2017. 茄子嫁接育苗技术 [J]. 上海蔬菜（2）：42-43.

郑淑荣，2010. 番茄嫁接技术 [J]. 现代农业（5）：7.

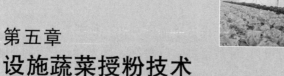

第五章
设施蔬菜授粉技术

第一节　熊蜂授粉技术

一、熊蜂授粉概述

熊蜂具有采集力强、耐低温、耐光照、趋光性差等特点和优势，对低温与低光照环境不敏感，能在低温与低光照环境下出巢访花，适应性强，在恶劣条件下仍然能够授粉。熊蜂可采用声震方式授粉，在蔬菜上停留时间更长，单位时间内访花更多，使坐果率更高，品质更好，在生产上具有重要作用（图5-1）。而用于授粉的中蜂、西蜂等需提前1个月准备，且中蜂和西蜂对温度等条件要求较高，温度低于10℃时活动就会减少很多，且不会出巢活动、授粉（殷素会，2015）。

图 5-1　熊蜂授粉

二、熊蜂授粉的特点

熊蜂授粉有以下几大特点。

1. 授粉效率高 熊蜂个体大、绒毛多、飞行速度快，访花效率比蜜蜂高80倍以上。

2. 环境适应范围广 熊蜂在12～35℃内能正常访花，耐高湿、弱光，阴天也可正常访花，特别适合温室授粉。

3. 果实安全 熊蜂授粉替代植物生长调节剂点花防止落果落花，避免了植物生长调节剂对果实的污染。

4. 省工省时 降低人工授粉的劳动强度，省工、省时、省力。

5. 增加产量 熊蜂能够在植物开花后最佳时间内为花朵授粉，可提高坐果率，使每667m²产量平均增加20％～40％及以上。

6. 提早成熟 熊蜂授粉比植物生长调节剂点花和人工授粉时间准确、坐果早，使成熟提前3～5d。

7. 改善品质 熊蜂授粉能提高和改善果实品质，没有畸形果，果实艳丽，口感好。

8. 作物适应范围广 各种温室、露地作物的花均可上访。主要的蔬菜有番茄、辣椒、西葫芦、茄子、架豆、西瓜、甜瓜等，授粉果树有桃、李、杏、樱桃、油桃、苹果、梨、草莓等。

三、熊蜂授粉技术要点

1. 放蜂前准备

（1）防虫网的安装 放蜂前，在温室顶部的通风口上安装好防虫网，上风口20目防虫网，下风口40目防虫网，确保棚膜完整，并对棚室内的孔洞进行填塞（路立，2015），防止白天打开通风口进行换气和温度调节时个别熊蜂飞出温室，造成蜂群数量的下降影响授粉效果，同时也防止棚外的害虫进入棚内。并要经常检查纱网是否平整，防止熊蜂钻入致死而造成不必要的损失。

（2）环境的控制 一般要控制好温度和湿度，最好能够覆盖地膜来保持土壤的湿度。对于熊蜂授粉的温室，可以通过洒水等措施保持温室内湿度在60％左右，以维持熊蜂的正常活动。花期日光温室内白天气温不高于30℃，夜间不低于10℃。

熊蜂在温度8℃以上便可出巢访花，在湿度较大的温室内，熊蜂也比较适应。在蜜蜂不出巢的阴冷天气，熊蜂可以照常出巢授粉。利用熊蜂耐低温的生物学特性，能够实现温室作物周年授粉，特别是冬季授粉。

（3）农药的控制 将巢箱搬入温室前，要搞清楚温室内是否使用过农药，何时、使用何种化学农药，然后针对不同农药的残毒期，决定搬入时间。杀虫剂对熊蜂有毒害作用，一般应在喷药 10d 后放入；熊蜂对杀菌剂也非常敏感，一般应在喷药 7d 后搬入为妥。

（4）花期的预测　熊蜂在作物开花期都能授粉，一般选择作物初花期放入蜂群，不需提早放置蜂群等待开花，那样会浪费蜂群的授粉寿命。

（5）放蜂量的确定　放蜂数量的多少主要取决于作物种类，与花期长短、花量多少有直接关系。授粉蜂群出厂时群内有 100 只以上成年蜂，蜂群的授粉寿命为 50d 左右。如番茄、辣椒、茄子、草莓等作物，每 667m² 每次 1 箱，整个开花期需 2～3 箱熊蜂为宜；而南瓜、西瓜、甜瓜、桃等作物花期短，每 667m² 放 1 箱熊蜂就可完成授粉任务。蜂数量不够或花期较长的作物要及时增加或更换蜂群。

（6）蜂箱的运输　熊蜂的蜂箱里面装有液体饲料，而且蜂巢内有很多未孵化的幼虫，严禁倒置或斜放，不能受到过大的震动或颠簸，需用稳定性能较好的车辆运输，车内温度在 20℃ 以上。

（7）蜂箱的位置　将蜂群在傍晚时分轻轻移入温室中央或适当位置，蜂箱一般高于地面 20～40cm（图 5-2），即防潮又防蚂蚁危害蜂群。若用在温室果树上，需要和果树高度基本保持一致，一般 80～100cm。蜂箱巢门向东南方向，易于接收阳光。

图 5-2　熊蜂蜂箱的摆放位置

（8）熊蜂提前适应　为训练授粉蜜蜂适应大棚的小空间飞翔习惯，训练其认巢和熟悉新环境，蜂群从蜂场运送到大棚途中应关闭巢门，进棚初严格限制巢门的尺寸，开一个只能让一只蜜蜂挤出去的小缝（洞），待其适应后逐渐开大巢门。此外，在授粉蜜蜂进棚初期，将浸有该作物花香味的 3% 蜜糖水喷洒在目标作物上，以诱导蜜蜂尽快投入授粉作业，提高后期授粉效果。

（9）放蜂的时间　蜂箱运至温室后，应静置 2h 后再开启巢门。放蜂时间选择在傍晚效果最好，因为蜂群经过一夜休息稳定之后，第二天清晨随着太阳升起和棚室光线的增强，熊蜂逐渐出巢适应新的环境，试飞过后容易归巢，可大大减少工蜂的损失，如白天蜂群运到后马上释放，蜂群经过一路的颠簸，内部烦躁不安，再加上棚内温度高、光线较强，熊蜂没有认识蜂箱周边的环境标志的过程，虽然静置后再打开巢门，熊蜂还是直奔纱网或飞向天窗，飞出后的熊蜂因迷失方向无法返巢，造成丢失和死亡，导致蜂群过早衰竭，使授粉效果受到影响。

（10）放蜂的方法　熊蜂释放时蜂箱要轻拿轻放，置于凉爽处，离地面 20～40cm。为避免阳光直射，在蜂箱顶部放置遮阴物。蜂箱有两个开口，一个是可进可出的开口 A，另一个是只进不出的开口 B。开始使用 1h 内打开蜂箱两个口。

2. 熊蜂授粉期间的管理

（1）温湿度的管理　熊蜂适应的温湿度范围很广，适应各种作物开花时的环境要求，温湿度最好是按作物的自然生长规律管理。如瓜类蔬菜花粉活力最强的时间是早晨 9:00 左右，温度 16～28℃，湿度 50%～60%，这是最佳授粉时机，温度过高花粉失去活力，授粉效果明显降低。

熊蜂授粉适宜温度为 12～35℃，湿度为 30%～85%。温室气温超过 35℃ 时，熊蜂的采集活动下降，应及时将温室通气孔打开；气温低于 12℃，熊蜂活动降低，要及时升温。湿度过大影响熊蜂飞翔。

（2）熊蜂饲料的补充　授粉期间注意蜂箱在放入温室之前要配备足够的饲料，防止因天气突变使花期推迟或花粉发育不成熟，造成熊蜂饿死的现象。将50%糖水倒入盘或碗中，放在蜂箱附近便于熊蜂食用，糖液上方放入几根小木棍，以防熊蜂采食淹死。对于花蜜不足或花粉不足的授粉作物，蜂箱里要投放一些干花粉以作补充，花粉也应少喂多次，这样可延长蜂群的寿命。熊蜂授粉时间超过 2 周以上，箱内自带饲料基本耗尽，这时要检查蜂箱底部的糖水盒，如果不足要及时补充 50% 糖水。

（3）蜂箱管理　授粉期间不要轻易打开蜂箱观看，以免影响蜂群幼虫的发育和采集蜂的正常活动。开启蜂箱巢门后，就不再关闭巢门，直到该温室的授粉工作全部结束。冬季夜间温度低于 15℃，应在蜂箱上加盖保温被，使蜂箱中幼虫正常发育，保证有足够的工蜂数量。

通过观察进出巢门的熊蜂数量来判断蜂群正常与否，在晴天的 9:00～11:00，如果在 20min 内有 8 只以上的熊蜂飞回或飞出蜂箱，则表明这群熊蜂处于正常状态，对于不正常的蜂群要及时通知专业人员检查原因或更换蜂群。

一个温室授粉工作结束后，要重复利用的蜂群，在晚上所有的熊蜂飞回蜂箱后关闭巢门，移至另一个温室，第二天一早打开巢门即可（王学梅，2010）。

3. 预防鼠蚁 老鼠通常在冬季钻入蜂箱或越冬室，从无蜜蜂的剿脾下部开始吃蜂蜜、花粉、蜜蜂，咬毁巢脾，它们还在蜂箱内筑巢，繁育后代。遭受鼠害的蜂群，蜜蜂大量死亡，有全群覆灭的危险，用鼠夹、鼠笼等无潜在药物危害的物理方式捕杀老鼠。尽管蚂蚁个体小，但它们的众多个体和习性使得它们成为最重要的无脊椎动物的捕食者，常以数万或数十万的群体进行采集，可取食蜂群的幼虫和蛹，可持续数天进攻蜂群，直接摧毁强大蜂群。蜜蜂一般无法抵挡蚂蚁的进攻，给蜂群管理造成很大麻烦。可在蜂箱四周的支撑木桩上涂上沥青或润滑油，以拒避蚁类侵入；也可使用自然驱避剂如胡桃叶等生态方式进行驱避。

四、授粉效果观察与评价

授粉期间，每天都要观察熊蜂授粉效果，防止蜂量不足，影响授粉率，降低果蔬产量。一般经熊蜂授粉过的花朵都留有"蜂吻"（熊蜂工作会在花瓣上留下肉眼可见的棕色印记称为"蜂吻"），如果吻痕低要及时人工授粉或更换蜂群，保证有足够的工蜂满足授粉需要。

授粉结束后，需及时处理蜂群，可运到其他温室为其他作物授粉，也可运到室外进行繁殖。同时，对温室蜜蜂授粉进行技术评估，总结经验，为翌年的授粉工作提供经验。

五、清洁卫生及防蜂蜇人

避免强烈震动或敲击蜂箱；熊蜂有趋蓝性，授粉温室内不要穿蓝色衣服；不要使用香水等化妆品，以免刺激或吸引熊蜂蜇人。

第二节 电动振动棒授粉技术

一、电动振动棒授粉概述

电动振动棒授粉技术适用于温室内生产需要人工辅助授粉或药剂处理的果菜类蔬菜，具有提高坐果率、防病增产的效果，操作便利，可降低劳动强度，节省人力成本；省时、省工，又能达到蔬菜绿色无害安全的标准。该技术适用于番茄、辣椒、茄子、草莓等作物的授粉。

二、电动振动棒授粉的特点

1. 电动振动棒授粉的工作原理 番茄电动振动棒授粉器由高容量的电瓶（用于动力输出）＋电机＋高频率振动棒三部分组成，通过特定频率的振动，使花粉自然飘落至花柱，完成高效授粉（图5-3）。

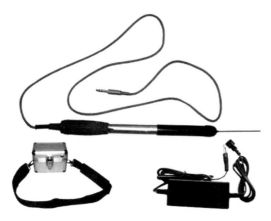

图5-3 番茄电动振动棒授粉器

2. 电动振动棒授粉器特点

（1）使用寿命长 使用番茄电动振动棒授粉器授粉，可连续使用6～8年，而一次投入只需800～1 000元。

（2）操作便利 番茄电动振动棒是生产无公害、绿色农产品的新型工具，是替代传统植物生长调节剂点花的理想工具，以其在生产中简便快捷高效率的应用，生产优质无害的产品，极大地减少在病害防治上的农药和人工投入优势，正在逐步赢得众多菜农的青睐。

（3）减少病害侵染 降低防病投入成本。使用番茄授粉器授粉，果实坐住后，花瓣（残花）则多残留在萼片下方，随着果实膨大，花瓣（残花）可自然脱落，并且日后通过连续振动"打秆"授粉，又可以将花瓣（残花）震动下来，病菌不容易在残花部感染果实，减少了病害的发生概率，节约防病投入。

（4）省时省工省力 提高工作效率。用传统植物生长调节剂蘸花处理，要10h完成的工作量，使用振动棒授粉只需2h即可完成，人工费每小时按8元计算，可节约工时费64元。

（5）畸形果少，品质优，口感好 授粉后发育的果实，萼片自然舒展，花瓣（残花）能自然脱落，果实内种子发育完全，无空心果，膨果速度快，既保证了产量，又提高了品质；精品果率高，价格好。

（6）降低防治病害成本 植物生长调节剂残留在花瓣处易诱发灰霉病等病害，会危害果实，甚至会大面积传播扩散，影响整个植株的长势和果实产量；在坐果期为有效控制病害发生，需投入大量的人工和用药成本。使用电动振动棒授粉后，平均1个棚在防治病害上直接减少买药投入75元，减少打药人工投入25元以上；同时，直接避免了蘸花诱发的灰霉病感染概率。

三、电动振动棒授粉器适用作物

适用于所有番茄品种的授粉，如大型番茄、串收番茄、樱桃番茄等。此外，还可以在辣椒、茄子、草莓等自花授粉的作物上使用。

四、电动振动棒授粉器的技术要点

电动振动棒授粉器授粉使用时间一般在 9：00～15：00，夏秋季隔天一次，春冬季 3～4d 一次。

电动振动棒授粉器授粉使用方法：只需将授粉器背在肩上，一手拿着操作柄，打开电源开关即可进行。操作时，将振动授粉器前端的振动棒轻触花穗柄 0.5～1.0s，也可以振动整个花穗果柄，还可直接振动花穗上下的番茄茎蔓，俗称"打杆"而完成授粉。具体使用方法可参考电动振动棒授粉器说明书。

五、电动振动棒授粉期间的管理

生长期间不用疏花疏果与催熟，其他农艺操作、田间管理、植保措施均一致（柳欣欣，2016）。

第三节　生长调节剂保花保果技术

一、生长调节剂保花保果概述

植物生长调节剂简称调节剂，可刺激植物器官（雌蕊）的新陈代谢，使处理部位的生理机能旺盛，营养物质向正在发育的子房运输，加速子房发育，抑制离层形成，防止落花，防止果实营养失调脱落，所结的果实生长迅速，果形整齐。蔬菜作物生产中可针对不同的种类和品种选择适宜的植物生长调节剂并科学使用。

二、生长调节剂保花保果的特点

使用生长调节剂保花保果的优点是可以增加产量、改善品质及提高经济效益；其缺点是操作复杂，费时费工，而且使用时湿度过大，植株易发生病害；生长调节剂残留产生污染，影响农产品品质（赵军会，2015）。植物生长调节剂保花保果应与其他管理措施结合进行，效果更佳。但生长势差、弱的植株不宜采用植物生长调节剂保花保果。

三、生长调节剂保花保果的技术要点

1. 主要用于保花保果的生长调节剂种类

（1）防落素　又称坐果灵或番茄灵，化学名称对氯苯氧乙酸（PCPA）。

主要用作植物生长调节剂、落果防止剂、除草剂，可用于番茄疏花、桃树疏果。

（2）2,4-滴　化学名称 2,4-二氯苯氧乙酸。是具有代表性的合成植物生长调节剂。

（3）丰产剂 2 号　是一种复合植物生长调节剂，对提高番茄和茄子等果菜的坐果率、产量、品质及促进果实膨大具有显著效果。

以上 3 种主要用于防止瓜果落花的生长调节剂中，番茄、辣椒等作物用防落素保花保果效果好（赵军会，2015）；2,4-滴易引起果实畸形，在无公害蔬菜生产中是禁用的；丰产剂 2 号不易引起果实畸形，且使用方便，成为取代2,4-滴的产品而得到大力推广。

2. 生长调节剂的使用时间　一般蔬菜生长前期花少，要每隔 2～3d 处理一批花朵；盛花期要每天或隔天处理一批，每朵花只处理一次。防落素在花前3d 至花后 4d 处理均具有保花作用，在开花前后 1～2d 处理效果最好，如果在花谢几天后才处理，花柄离层已经形成，没有防止落花的效果。生长调节剂的使用要适时，处理时间以 7：00～9：00 为佳。

3. 生长调节剂的浓度确定　防落素不溶于水，能溶于酒精或钠盐，因此，使用时用少量酒精或氢氧化钠溶解，再加水稀释至所需浓度，配制后性质稳定。生产厂家常将其制成含红色粉剂的 25% 防落素水溶液出售，适宜浓度为25～50mg/L，具体可根据说明书的用法进行浓度的确定。2,4-滴生产部门制成 5% 水溶液制剂出售，2,4-滴的适宜浓度使用范围为 10～20mg/L，应用2,4-滴，严格掌握施用浓度。低浓度为保花保果剂，高浓度为除草剂。丰产剂2 号是由有机和无机等多种物质组成，为无色透明液体，易溶于水，对人畜等安全，使用浓度可根据使用说明书配制（赵军会，2015）。

大面积使用 2,4-滴时，应先做小样试验（3～4d 便可看到效果）确定最适浓度后，才能全面进行，以免高浓度产生药害、低浓度无保花保果作用。使用生长调节剂浓度由具体情况而定：①气温降低时浓度高些，气温升高时浓度适当降低；②植株长势旺，浓度适当大些；植株长势弱，浓度要小些；③第一穗果刚刚坐住，第二花序已开放，处理时浓度要小些；④第一穗果已膨大，第二花序才开放，处理浓度要大些（成铁刚，2008；孙利忠，2009）。

4. 生长调节剂的使用方法　使用生长调节剂一般采用涂抹法、蘸花法和喷雾法。

（1）涂抹法　首先根据生长调节剂的类型及说明书将药液配制好，并加入少量红或蓝染料做标记。然后用毛笔蘸取少量药液涂抹花柄的离层处或柱头。这种方法需一朵一朵涂抹，比较费工。

（2）蘸花法　应用丰产剂 2 号或防落素时可采用此法。应用时应严格按说明书的要求配制，将配制好的药液倒入小碗中，然后将开有 3～4 朵花的整个花穗在溶液中浸沾一下即可。这种方法效果较好，同一果穗各果实生长整齐，成熟期比较一致，并且省工省力。

（3）喷雾法 应用丰产剂 2 号或防落素也可采用喷雾法。当每穗花有 3～4 朵开放时，用装有药液的小喷雾器或喷枪对准花穗喷洒，使雾滴布满花朵又不下滴。此法效果较好，但用药量较大。

注意：药液处理时尽量不要碰到叶片上，以免产生药害，施用时可用食指和中指夹住花序，手掌做遮挡，以减少药剂喷到叶片上。2,4-滴不能喷雾，只能浸花或涂抹（成铁刚，2008）。

四、使用生长调节剂期间的温度管理

在使用生长调节剂后，环境温度的管理对于保花保果的效果非常重要。番茄营养生长的适宜温度为 20～25℃，较低的温度尤其是较低的夜温（15～20℃），可促花芽早分化，第一花序着生的节位也较低；低于或高于适宜温度，花芽分化都会延迟，花数少，花小，易脱落。茄子适宜温度为 15～20℃。辣椒开花期低于 15℃，受精不良，容易落花，温度低于 10℃不能开花，坐住的果也不易膨大。黄瓜开花结果期白天适温 24～30℃，夜间 14～16℃。西瓜盛花期应保持较高夜温，夜温低会造成落果和影响果实肥大；外温超过 18℃时，应加大通风，天窗和棚两侧同时通风，保持白天不高于 30℃，防止过高的昼夜温差和过高的昼温；进入膨瓜期和成熟期，高昼温和昼夜温差过大会导致果实肉质变劣，品质下降。

第四节　人工点授技术

一、人工点授概述

在自然界中，一些雌雄异花授粉的植物，依靠蜜蜂、蝴蝶等昆虫媒介传播花粉或者人工点授（用雄花直接抹雌花的柱头）达到受精结果。异株授粉结果率占 65%，本株自交授粉的结果率占 35%。从人工点授和自然授粉的效果看，人工点授的结果率可达 72.6%，而自然授粉的结果率仅有 25.9%，所以人工点授对提高雌雄异花授粉的结果率极为有利。

二、人工点授的特点

利用人工点授的优点是可以防止落花，提高坐果率、增加产量及提高经济效益。缺点是花费大量劳力，耗时，不适合大面积作物授粉。

三、人工点授的技术要点

1. 人工点授的时间 作物在开花时期，正值梅雨季节，湿度大、光照少、温度低，往往影响作物授粉与结果，造成僵蕾、僵果或化果，所以采用人工点授的方法。

2. 人工点授的具体做法 一般作物花在凌晨开放，早晨授粉最好。所以人工点授要选择晴天8:00前进行，可采摘几朵开放旺盛的雄花，用蓬松的毛笔轻轻地将花粉刷入干燥的小碟子内，然后再蘸取混合花粉轻轻涂满开放雌花的柱头上，授粉以后，顺手摘片叶覆盖，勿使雨水浸入，以提高授粉效果。采用混合花粉授粉，有利于提高坐果率和果实质量。也有的将雄花采摘后，去掉花瓣直接套在雌花上，使花粉自行散落在雌花柱头上，或把雄蕊在雌花柱头上轻轻涂抹，这样也可达到人工点授的目的。如遇阴雨天，则可把翌日欲开的雌花、雄花用发夹或细保险丝束住花冠，待翌日雨停时，将花冠打开授粉，然后再用叶片覆盖授过粉的雌花。番茄的人工点授见图5-4、图5-5。

图 5-4 番茄的人工去雄

图 5-5 番茄的人工授粉

四、人工点授期间的注意事项

①低温及干热风等不良天气直接影响人工点授的效果。晴天上午授粉最好。

②授粉后2h内遇雨，需要重新授粉。

③请向当地果树技术主管部门及有经验的果农详细了解人工授粉的方法。

第五节 手持式风送授粉技术

一、手持式风送授粉概述

风力辅助授粉技术是当前发达国家应用最为广泛的果树授粉技术，也是中国果树机械化生产的发展方向。国内近年来，风力授粉技术主要应用于杂交水稻制种，针对果树或蔬菜风力授粉技术的研究较少，专用授粉设备在生产中应用缺乏，大多是将植保用喷雾机进行改装使用，并未对其关键部件喷口结构参数进行重新改进设计，普遍存在授粉量大、花粉分布不均匀等现象，严重影响了风力授粉技术的发展。

二、手持式风送授粉的结构与工作原理

手持式风送授粉机主要由粉箱、喷管、外壳、离心风机、电机、导风管、控制按钮等部分构成。

其工作原理是离心风机在电机驱动下产生的气流从出风口流向导风管，气流经导风管定向后并利用收缩管进一步加速，使得花粉在粉箱内翻滚至悬浮状态，悬浮的花粉从喷管以自由沉没射流的方式均匀喷出。授粉机作业时，根据作业需求，可以通过点动按钮对每朵花进行点授，也可以持续控制按钮进行大面积工作，从而保证作业效果。

三、手持式风送授粉的技术要点

将风机喷管出口距离雌蕊的柱头 30cm 左右，每朵花授粉时间约为 3s。

四、手持式风送授粉期间的管理

生长期间不用疏花疏果与催熟，其他农艺操作、田间管理、植保措施均一致。

参考文献

毕明明，李胜利，2016. 保花保果剂对番茄果实生长发育的影响 [J]. 中国瓜菜，29（1）：27-29.

成铁刚，2008. 茄果类蔬菜保花保果技术 [J]. 河北农业（11）：7-8.

丁丽群，2016. 番茄熊蜂授粉技术 [J]. 新农业（3）：22-24.

丁素明，薛新宇，蔡晨，等，2014. 手持式风送授粉机研制与试验 [J]. 农业工程学报（13）：20-27.

何云中，刘世东，2012. 试论熊蜂授粉与设施农业提质增效 [J]. 新疆农业科技（3）：1-2.

柳欣欣，2016. 番茄电动振动棒授粉技术 [J]. 现代农村科技（6）：20.

路立，杨东飞，2015. 熊蜂授粉技术在春茬设施番茄上的应用与研究 [J]. 农业科学（35）：25-27.

孙利忠，2009. 棚室蔬菜巧用保花保果剂 [J]. 农药市场信息（4）：37.

王景盛，刘巧英，赵平珊，2016. 日光温室冬春茬番茄振动器授粉效果研究 [J]. 蔬菜

（4）：21-23.

王拴马，2016. 蔬菜保花保果技术［J］. 河北科技报（9）：1.

王学梅，于蓉，吴彦，等，2010. 设施果蔬熊蜂授粉技术［J］. 宁夏农林科技（6）：82.

殷素会，罗文华，2015. 大棚草莓蜜蜂高效授粉技术［J］. 现代农业科技（22）：112-114.

第六章
设施蔬菜
养液土耕栽培技术

滴灌养液土耕栽培又称"养液土耕",是利用滴灌设施充分激活土壤的良好物理性能（缓冲能），根据作物的生长阶段，通过营养诊断和土壤溶液诊断，给作物提供必要、适量的肥料（营养液）、水和氧气的栽培方法。世界一些水资源缺乏的国家，如以色列等国早已采用滴灌同时施肥栽培法。养液土耕栽培法不污染环境，是 21 世纪农业可持续发展的重要生产方式之一。

第一节　番茄养液土耕栽培技术

一、茬口安排

早春茬：10 月下旬育苗，12 月上旬定植，翌年 3 月上旬采摘上市，6 月下旬拉秧。

冬春一大茬：7 月下旬育苗，9 月中上旬定植，12 月上旬采摘上市，翌年 5 月下旬拉秧。

秋茬：7 月上旬育苗，8 月下旬定植，10 月下旬采摘上市，翌年 1 月下旬拉秧。

二、品种选择

早春茬栽培要求早熟或中早熟、耐弱光、耐寒、抗病、优质高产、适合市场需求的品种；秋茬栽培要求耐低温弱光、抗病毒病、优质高产的大型中晚熟品种。

三、穴盘育苗

1. 穴盘的选择　冬、春季育苗选用 72 孔穴盘，夏季选用 98 孔穴盘。

2. 育苗基质

①选择已经配制好的成品育苗基质。

②复配基质。草炭与蛭石按照 2∶1 的比例复配，或者草炭、蛭石与蚯蚓粪按照 1∶1∶1 的比例复配。配制时每立方米基质中加入 2.0kg 氮磷钾三元复合肥（15-15-15），或每立方米基质中加入 1kg 尿素和 1kg 磷酸二氢钾，肥料与基质混合拌匀后备用。

3. 基质消毒　用 50% 多菌灵可湿性粉剂 500 倍液喷洒基质，搅拌均匀，盖膜堆闷 2h，待用。

4. 种子处理　购买的包衣种子可直接播种，没有处理的种子可进行温汤浸种或药剂消毒。

（1）药剂消毒

①磷酸三钠浸种。将种子在凉水中浸泡 4～5h 后，放入 10% 磷酸三钠溶液中浸泡 20～30min，捞出用清水冲洗干净，主要预防病毒病。

②福尔马林浸种。将浸在凉水中 4～5h 的种子，放入 1% 福尔马林溶液中浸泡 15～20min，捞出用湿纱布包好，放入密闭容器中闷 2～3h，然后取出种子反复用清水冲洗干净，主要预防早疫病。

③高锰酸钾处理。用 40℃ 温水浸泡 3～4h 后，放入 1% 高锰酸钾溶液中浸泡 10～15min，捞出用清水冲洗干净，随后进行催芽发种，可减轻溃疡病及花叶病危害。

（2）热水浸种　浸种前除去瘪籽和杂质，先将种子于凉水中浸泡 10min，捞出后于 50℃ 水中不断搅动，随时补充热水使水温稳定保持 50～52℃，时间 15～30min。将种子捞出放入凉水中散去余热，然后浸泡 4～5h。

（3）催芽　除去吸足水分的种子表面的水分，用通气性好的消毒纱布包好，使种子处于松散状态，不要压得过紧，在 28～30℃ 催芽 36～48h，催芽期间每天清洗种子一次。催芽后，种子出芽露白，即可播种。

5. 播种　每穴播种 1 粒，播种深度以 1.0～1.5cm 为宜。播种后，覆盖一层基质并将多余基质用刮板刮去，使基质与穴盘格室相平，浇透水，以穴盘底部渗出水为宜。

6. 苗床管理　播种之后至齐苗阶段重点是温度管理，白天 25～28℃，夜间 18～20℃ 为宜；齐苗后降低温度，白天 22～25℃，夜间 10～12℃；苗期子叶展开至 2 叶 1 心，水分含量为最大持水量的 75%～80%；苗期 2 叶 1 心后，结合喷水进行 1～2 次叶面喷肥；3 叶 1 心至商品苗销售，水分含量为 75% 左右；定植前炼苗，夜温可降至 8～12℃，以适应定植后的自然环境。

7. 壮苗标准　培育壮苗主要是抑制徒长，促进花芽分化。冬春育苗，株高 20～25cm，茎粗 0.6cm 以上，具有 8～9 片真叶，能见到花蕾，苗龄 60～70d，叶色浓绿，无病虫害，植株发育均衡。夏秋育苗，4 叶 1 心，苗高 10～15cm，茎粗 0.4cm 以上，苗龄 25～35d。

四、定植

1. 整地施肥 整地前消除残留物，深翻 30cm 以上，进行晾晒。播种前基肥施入 30～45t/hm² 腐熟秸秆或 15～18t/hm² 生物炭，225kg/hm² 过磷酸钙，225kg/hm² 硫酸镁，以及 15～30kg/hm² 微量元素螯合肥，旋耕、翻耕，整平耙细起垄。

2. 温室消毒 土壤用 50％多菌灵可湿性粉剂 2kg 与干土拌均匀后消毒，进行高温闷棚。

3. 起垄 定植前按定植株行距起垄，南北向起垄，垄宽 80cm、沟宽 60cm、垄高 20cm。

4. 灌溉方式及覆膜 垄面铺设两条滴灌管，滴灌管布置在畦面 20cm 与 60cm 处，采用直径 15mm 内镶式滴灌，滴头间距 0.3m，实行膜下滴灌，滴灌的分支管采用直径 25cm 塑料管。南北向用地膜覆盖垄面。

5. 定植时间及方式 棚室 10cm 深土壤温度稳定在 12℃ 以上即可定植。采用双行定植，株距 40cm，行距 80cm，每 667m² 定植 2 000 株。定植深度以营养土块的上表面与畦面齐平或稍深为宜。定植后根边覆土略加压实，浇透定植水。

五、定植后管理

1. 温度管理 定植后要设法提高室内温度以促进缓苗，棉被晚揭早盖不通风，棚室内温度控制在 28～30℃，尽量不超过 33℃，夜间温度为 15～25℃。7～10d 缓苗后，温度适当降低，白天 25～28℃，夜间 14～16℃。阴雪天也要揭帘，并逐渐进行通风。开花坐果期，适当提高白天温度，以 28～30℃为宜，但夜温不可过高，13～15℃即可。结果期降低棚室内温度，白天 20～28℃，夜间 10～15℃。

2. 湿度管理 定植后至缓苗前应保持棚室内较高湿度，以利缓苗，缓苗后通过通风降低棚室内湿度，尤其开花结果期要保持较低湿度，以防病害发生。

3. 光照管理 结合温度、湿度等环境条件的调节，统筹调节光照条件，尽量确保每天有必要的光照时间。高温强光时段，应注意适时适当遮阴，防止光合效率的降低和日灼果的发生；寒冷寡照时段，尤其是连续阴雨天，应通过棉被揭盖时间的掌控，在植株对低温可忍耐的范围内，尽量增加光照。或为增强棚内光照，要及时张挂反光幕。

4. 营养液配制与管理 采用适合西北硬水地区的营养液配方，各生育期营养液配方见表 6-1。

表 6-1　番茄不同生育时期营养液配方

单位：mg/L

生育时期	四水硝酸钙	硝酸钾	磷酸二氢铵	尿素
定植至第一穗花序开花	104.69	134.83	25.50	53.60
第一穗花序开花至第三穗花序开花	157.04	202.25	38.25	80.40
第三穗花序开花至第四穗花序开花	235.56	303.38	57.38	120.60
第四穗花序开花至拉秧	314.08	404.50	76.50	160.80

（1）母液配制　按照要配制的浓缩营养液的体积和浓缩倍数计算出配方中各种化合物的用量后，将浓缩 A 液（四水硝酸钙）和浓缩 B 液（硝酸钾、磷酸二氢铵和尿素）中的各种化合物称量后分别放在一个 200L 塑料容器中，溶解后加水至所需配制的体积，搅拌均匀即可。

（2）工作营养液配制　在温室中建一个宽 2m、深 2m、长 4m 的储液池。利用浓缩营养液稀释为工作营养液时，应在储水池中放入需要配制体积的 60%～70% 的清水，量取所需浓缩 A 液用量倒入，开启水泵循环流动或搅拌使其均匀。然后再量取浓缩 B 液所需用量，用较大量的清水将浓缩 B 液稀释后，缓慢地将其倒入储液池，利用水泵循环流动或搅拌使其均匀，即完成了工作营养液的配制。

（3）营养液使用　利用营养液土耕方式，根据土壤质地和实际天气情况确定每天灌液次数，做到最小适量化。早春栽培每天滴液 1～3 次，滴液量见表 6-2，阴雨天根据土壤湿度状况滴液 1 次；秋冬栽培每天滴液 1～2 次，滴液量见表 6-2，连阴雪天不滴液。番茄各生育时期的需肥量见表 6-3。

表 6-2　番茄不同生育时期营养液滴定量

生育时期	每天滴定量（L/株）		每 667m² 滴定量（L）	
	早春茬	秋冬茬	早春茬	秋冬茬
定植至第一穗花序开花	0.4	0.5	16 560	20 700
第一穗花序开花至第三穗花序开花	0.4	0.6	9 360	18 720
第三穗花序开花至第四穗花序开花	1.2	1.2	17 280	17 280
第四穗花序开花至拉秧	1.8	1.5	278 640	232 200

表 6-3　番茄各生育时期每 667m² 需肥量

生育时期	早春茬（kg）				秋冬茬（kg）			
	四水硝酸钙	硝酸钾	磷酸二氢铵	尿素	四水硝酸钙	硝酸钾	磷酸二氢铵	尿素
定植至第一穗花序开花	1.73	2.23	0.42	0.89	2.17	2.79	0.53	1.11
第一穗花序开花至第三穗花序开花	1.47	1.89	0.36	0.75	2.94	3.79	0.72	1.51
第三穗花序开花至第四穗花序开花	4.07	5.24	0.99	2.08	4.07	5.24	0.99	2.08
第四穗花序开花至拉秧	87.52	112.71	21.32	44.81	72.93	93.92	17.76	37.34
总量	94.79	122.08	23.09	48.53	82.11	105.74	20.00	42.04

5. 植株调整

（1）绑蔓　在番茄定植两周后开始绑蔓。

（2）整枝与打杈　采用单干整枝，只保留主干，侧枝全部摘除。待侧枝长到 5～6cm 时，分期、分次摘除。随着植株生长，把茎缠绕在吊绳上。留 5～6 穗花序，当第六穗花开花后，留两片叶摘心，保留叶腋中的侧枝。第一穗果绿熟期后，及时摘除枯黄有病斑的叶片和老叶。

（3）保花保果　在初春和秋冬番茄不易坐果的季节，花期用 30～50mg/L 番茄丰产剂 2 号喷花保果，同时注意疏花疏果，每穗留 4～6 个果，取掉每一穗花第一朵花。喷花后 7～15d，摘除幼果残留的花瓣、柱头，防止灰霉病的侵染。

6. CO₂ 施肥　在坐果及果实膨大期是增施 CO_2 的最佳时期，施肥要持续一个月，中途不能停止，以免引起植株早衰。选择吊袋式 CO_2 气肥，将"发生剂"与"缓释催化剂"混合均匀后吊挂在植株上端 50～60cm 处，每袋双面烫 8 个气体释放孔，每 667m² 日光温室需均匀吊挂 20 袋，每月换施 1 次。

六、病虫害防治

1. 农业防治　优化布局，合理轮作，选用抗病品种，培育壮苗，加强田间管理，提高抗逆性，晒垡消毒，中耕除草，清洁田园。出入棚室及时关门，降低田间病虫基数。

2. 物理防治　在通风口安置防虫网避虫害；在棚室内吊挂黄、蓝板诱杀蚜虫、白粉虱、烟粉虱、蓟马等，将黄、蓝板挂在行间或株间，高出植株顶部 20cm 处，每 667m² 挂黄、蓝板各 30 块。

3. 生物防治　积极保护并利用天敌，采用病毒、植物源农药和生物源农药防治病虫害。

4. 化学防治 设施优先采用粉尘法、烟熏法,在干燥晴朗天气也可喷雾防治,注意轮换用药,合理混用。使用药剂防治应符合 GB/T 8321 要求。具体病虫害防治方法见表6-4。使用方法部分参照 DB34/T 206.2—2006 规定。

表6-4 番茄病虫害的化学防治方法

防治对象	防治药物	防治方法
病毒病	20%病毒 A 可湿性粉剂、2%宁南霉素水剂	用 20%病毒 A 可湿性粉剂 500 倍液喷雾防治;发病初期,可用 2%宁南霉素水剂 200~250 倍液喷雾防治
灰霉病、叶霉病	50%乙烯菌核利可湿性粉剂、65%甲霜灵可湿性粉剂、50%多霉灵可湿性粉剂	在发病初期,可用 50%乙烯菌核利可湿性粉剂 800 倍液喷雾防治 1 次;在果实膨大期用 65%甲霜灵可湿性粉剂 1 000 倍液或 50%多霉灵可湿性粉剂 1 000 倍液喷洒,每 5~7d 喷 1 次,连喷 2~3 次。阴雨天可用速克灵烟剂,既不增加湿度,又能治病
晚疫病	72%霜脲·锰锌可湿性粉剂、77%氢氧化铜可湿性粉剂	发病初期,可使用 72%霜脲·锰锌可湿性粉剂 600~800 倍液,或 77%氢氧化铜可湿性粉剂 500 倍液喷雾防治 1 次
青枯病	50%琥胶肥酸铜可湿性粉剂、77%氢氧化铜可湿性粉剂	细菌性病害发病初期,可用 50%琥胶肥酸铜可湿性粉剂 500 倍液,或 77%氢氧化铜可湿性粉剂 500 倍液喷雾或灌根防治 1 次
猝倒病	72.2%霜霉威盐酸盐水剂、50%异菌脲可湿性粉剂、70%代森锰锌可湿性粉剂	用 72.2%霜霉威盐酸盐水剂 800 倍液,或 50%异菌脲可湿性粉剂 1 500 倍液,或 70%代森锰锌可湿性粉剂 500 倍液喷雾防治 1 次
早疫病	75%百菌清可湿性粉剂、47%春雷霉素可湿性粉剂＋77%氢氧化铜可湿性粉剂、10%苯醚甲环唑可湿性粉剂	75%百菌清可湿性粉剂 400~500 倍液,或 47%春雷霉素可湿性粉剂＋77%氢氧化铜可湿性粉剂或 10%苯醚甲环唑可湿性粉剂 1 500~2 000 倍液喷雾防治
蚜虫、粉虱	2.5%溴氰菊酯可湿性粉剂、10%吡虫啉可湿性粉剂、0.5%藜芦碱醇溶液	2.5%溴氰菊酯可湿性粉剂 1 500~2 000 倍液,或 10%吡虫啉可湿性粉剂 4 000~6 000 倍液,或 0.5%藜芦碱醇 400~600 倍液喷雾

（续）

防治对象	防治药物	防治方法
潜叶蝇	1.8%阿维菌素乳油	1.8%阿维菌素乳油3 000～5 000倍液喷雾
白粉虱	25%噻嗪酮可湿性粉剂、25%噻虫嗪水分散粒剂	25%噻嗪酮可湿性粉剂2 500倍液，或每667m²用25%噻虫嗪水分散颗粒剂10～20g对水喷雾
根结线虫	1.8%阿维菌素乳油	每667m²用500mL灌根
蓟马	2.5%菜喜悬浮剂	800倍液喷雾

5. 安全间隔期 参照农药有效间隔期。

七、采收

番茄约在定植后60d可陆续采收。采收时应根据市场分类把握成熟度。供应当地市场的番茄，在商品成熟期采收，远距离运输的一般要在转色期采收。采收时要去掉果柄，以免刺伤其他果实。番茄采收后，要据果实大小和形状等进行分级、分类包装上市。生长期施过农药的番茄，安全间隔期后采摘。

第二节 茄子养液土耕栽培技术

一、茬口安排

根据不同育苗方式、栽培措施（露地或保护地）和当地气候条件选择适当时间播种。

秋冬茬：7月下旬至8月中旬播种，9月定植，11月上旬采摘，翌年1月下旬拉秧。

冬春茬：9月上旬至10月上旬播种，11月上旬至12月上旬定植，翌年1月上旬采摘，6月上旬拉秧。

早春茬：12月上旬播种，翌年2月上旬至3月上旬定植，4月中旬采摘，7月下旬拉秧。

二、品种选择

1. 接穗品种 应选用优质高产、抗病耐储、商品性好、适合市场需求的茄子品种。早春茬栽培要求早熟或中早熟、耐弱光、耐寒、抗病、优质高产的品种；秋茬栽培要求耐低温弱光、抗病毒病、优质高产的大型中晚熟品种。

2. 砧木品种 目前生产中使用的砧木主要是从野生茄子中筛选出来的高

抗或免疫品种，如托鲁巴姆、CRP、耐病 FV、赤茄等，尤以托鲁巴姆应用最为广泛。

三、穴盘育苗

1. 穴盘的选择　冬、春季育苗选用 72 孔穴盘，夏季选用 98 孔穴盘。

2. 育苗基质

①选择已经配制好的成品育苗基质。

②复配基质。草炭与蛭石按照 2∶1 的比例复配，或者草炭、蛭石与蚯蚓粪按照 1∶1∶1 的比例复配，配制时每立方米加入 2.0kg 氮磷钾三元复合肥 (15-15-15)，或每立方米基质中加入 1kg 尿素和 1kg 磷酸二氢钾，肥料与基质混合拌匀后备用。

3. 基质消毒　用 50％多菌灵可湿性粉剂 500 倍液喷洒基质，搅拌均匀，盖膜堆闷 2h，待用。

4. 种子处理

（1）接穗、种子处理　购买的包衣种子可直接播种，没有处理的种子可进行温汤浸种或药剂消毒。

①药剂消毒。

A. 磷酸三钠浸种：将种子在凉水中浸泡 4～5h 后，放入 10％磷酸三钠溶液中浸泡 20～30min，捞出用清水冲洗干净，主要预防病毒病。

B. 福尔马林浸种：将浸在凉水中 4～5h 的种子，放入 1％福尔马林溶液中浸泡 15～20min，捞出用湿纱布包好，放入密闭容器中闷 2～3h，然后取出种子反复用清水冲洗干净，主要预防早疫病。

C. 高锰酸钾处理：用 40℃温水浸泡 3～4h 后，放入 1％高锰酸钾溶液中浸泡 10～15min，捞出用清水冲洗干净，随后进行催芽发种，可减轻溃疡病及花叶病危害。

②热水浸种。浸种前除去瘪籽和杂质，先将种子于凉水中浸泡 10min，捞出后于 50℃水中不断搅动，随时补充热水使水温稳定保持 50～52℃，时间 15～30min。将种子捞出放入凉水中散去余热，然后浸泡 4～5h。

③催芽。茄子种子发芽较慢，可采用变温催芽的方法，25～30℃ 8h 和 10～20℃ 16h 交替进行，使发芽整齐，5～6d 即可出齐。除去吸足水分的种子表面的水分，用通气性好的消毒纱布包好，使种子处于松散状态，不要压得过紧，催芽期间每天清洗种子一次。催芽后，种子出芽露白，即可播种。

（2）砧木种子处理　托鲁巴姆不易发芽，可用 150～200mg/L 赤霉素溶液浸种 48h，于日温 35℃，夜温 15℃ 的条件下，8～10d 可发芽。

5. 播种　每穴播种 1 粒，播种深度以 1.0～1.5cm 为宜。播种后，覆盖一层基质并将多余基质用刮板刮去，使基质与穴盘格室相平，浇透水，以穴盘底部渗出水为宜。

托鲁巴姆种子拱土能力差，播种时宜覆盖 2～3mm 厚药土，2 叶 1 心时移入营养钵中。

6. 苗床管理　播种之后至齐苗阶段重点是温度管理，白天 25～28℃，夜间 18～20℃为宜；齐苗后降低温度，白天 22～25℃，夜间 10～12℃；苗期子叶展开至 2 叶 1 心，水分含量为最大持水量的 75%～80%；苗期 2 叶 1 心后，结合喷水进行 1～2 次叶面喷肥；3 叶 1 心至商品苗销售，水分含量为 75%左右；定植前炼苗，夜温可降至 8～12℃，以适应定植后的自然环境。

7. 壮苗标准　培育壮苗主要是抑制徒长，促进花芽分化。冬春育苗，株高 10～20cm，茎粗 0.5cm 左右，具有 6～7 片真叶，能见到花蕾，苗龄 90～100d，叶色浓绿，无病虫害，植株发育均衡。夏秋育苗，茄苗具有 6～7 片叶，株高 10～15cm，茎粗 0.5cm 以上，苗龄 30～40d，根系发达，须根多。

四、嫁接育苗

茄子易受黄萎病、青枯病、立枯病、根结线虫病等土传病害危害，不能重茬，需 5～6 年轮作。采用嫁接育苗，不但可以有效地防治黄萎病等土传病害，使连作成为现实，而且由于根系强大，吸收水肥能力强，植株生长旺盛，具有提高产量和品质、延长采收期的作用。

茄子嫁接以劈接、插接应用最多，具体方法如下：

1. 劈接　当砧木和接穗的秧苗长到 5～6 片真叶时，将砧木保留 2 片真叶，用刀片横切砧木茎，去掉上部，于茎中间劈开，向下切 1.0～1.5cm 深。将接穗苗拔下，保留 2～3 片真叶，用刀片去掉下端，上部茎切口处削成楔形，将接穗插入砧木的切口处，对齐后，用夹子固定。

2. 插接　嫁接适宜时期是砧木有 2.5～3 片真叶，接穗有 2～2.5 真叶，在砧木第一片真叶以上将茎切断，砧木茎部的横断面或侧面用竹竿等扎孔，再将接穗从子叶节处的接口削尖，插入砧木的扎孔中。

五、定植

1. 整地施肥　茄子连作时黄萎病等病害严重，应实行 5 年轮作。宜选有机质含量丰富、土层较厚、保水保肥、排水良好的土壤。整地前消除残留物，进行深耕并施有机肥和复合肥，深翻 30cm 以上。播种前基肥施入 45～60t/hm² 有机肥或蚯蚓粪，600kg/hm² 过磷酸钙，以及 15～30kg/hm² 微量元素螯合肥，旋耕、翻耕、整平耙细起垄。

2. 温室消毒　土壤用 50%多菌灵可湿性粉剂 2kg 与干土拌均匀后消毒，

进行高温闷棚。

3. 起垄　定植前按定植株行距起垄，南北向起垄，大行距 70～80cm，小行距 50～60cm，垄高 15～20cm。

4. 灌溉方式及覆膜　垄面铺设两条滴灌管，滴灌管布置在畦面 20cm 与 60cm 处，采用直径 15mm 内镶式滴灌，滴头间距 0.3m，实行膜下滴灌，滴灌的分支管采用直径 25cm 塑料管。南北向用地膜覆盖垄面。

5. 定植时间及方式　棚室内 10cm 深土壤温度稳定在 12℃以上即可定植。采用双行定植，株距 38～40cm，行距 50～60cm，每 667m² 定植 2 500～2 800 株。定植深度以营养土块的上表面与畦面齐平或稍深为宜。定植后根边覆土略加压实，浇透定植水。

六、定植后管理

1. 温度管理　定植后要设法提高棚室内温度以促进缓苗，棉被晚揭早盖不通风，棚室内温度控制在 25～30℃，尽量不超过 33℃，夜间温度为 15～20℃。7～10d 缓苗后，温度适当降低，白天 25～28℃，夜间 14～16℃。阴雪天也要揭帘，并逐渐进行通风。开花坐果期，适当提高白天温度，以 25～30℃为宜，但夜温不可过高，18℃左右即可，地温保持在 15℃以上。结果期降低棚室内温度，白天 20～30℃，夜间 10～20℃。

2. 湿度管理　定植后至缓苗前应保持棚室内较高湿度，以利缓苗，缓苗后通过通风降低棚室内湿度，尤其开花结果期要保持较低湿度，以防病害发生。温室内湿度保持为 70%～80%。

3. 光照管理　结合温度、湿度等环境条件的调节，统筹调节光照条件，尽量确保每天有必要的光照时间。高温强光时段，应注意适时适当遮阴，防止光合效率的降低和日灼果的发生；寒冷寡照时段，尤其是连续阴雨天，应通过棉被揭盖时间的掌控，在植株对低温可忍耐的范围内，尽量增加光照。或为增强棚内光照，要及时张挂反光幕。使用时间过长、透光不好的棚膜要及时更换。

4. 营养液配制与管理　采用适合西北硬水地区的营养液配方，生育期营养液配方见表 6-5。

表 6-5　茄子营养液配方

单位：mg/L

四水硝酸钙	尿素	磷酸二氢铵	硝酸钾	硫酸钾
354.3	49.35	115	75.3	174

（1）母液配制　按照要配制的浓缩营养液的体积和浓缩倍数计算出配方中各种化合物的用量后，将浓缩 A 液（四水硝酸钙）和浓缩 B 液（尿素、磷酸

二氢铵、硝酸钾、硫酸钾）中的各种化合物称量后分别放在一个 200L 塑料容器中，溶解后加水至所需配制的体积，搅拌均匀即可。

（2）工作营养液配制 在温室中建一个宽 2m、深 2m、长 4m 的储液池。利用浓缩营养液稀释为工作营养液时，应在储水池中放入需要配制体积的60%～70%的清水，量取所需浓缩 A 液的用量倒入，开启水泵循环流动或搅拌使其均匀。然后再量取浓缩 B 液所需用量，用较大量的清水将浓缩 B 液稀释后，缓慢地将其倒入储液池中，利用水泵循环流动或搅拌使其均匀，即完成了工作营养液的配制。

（3）营养液使用 利用营养液土耕方式，根据土壤质地和实际天气情况确定每天灌液次数，做到最小适量化。早春栽培每天滴液 1～3 次，滴液量见表 6-6，阴雨天根据土壤湿度状况滴液 1 次；秋冬栽培每天滴液 1～2 次，滴液量见表 6-6，连阴雪天不滴液。茄子早春茬和秋冬茬生育时期需肥量见表 6-7 和表 6-8。

表 6-6　茄子不同生育时期营养液滴定量

生育时期	每天滴定量（L/株）		每 667m² 滴定量（L）	
	早春茬	秋冬茬	早春茬	秋冬茬
幼苗期	0.3	0.4	12 500	15 000
开花结果期	0.4	0.5	30 000	37 500
成熟采摘期	0.9	1.0	135 000	150 000

表 6-7　茄子早春茬各生育时期每 667m² 需肥量

单位：kg

生育时期	四水硝酸钙	尿素	磷酸二氢铵	硝酸钾	硫酸钾
幼苗期	4.43	0.62	1.44	0.94	2.18
开花结果期	10.63	1.48	3.45	2.26	5.22
成熟采摘期	47.83	6.66	15.53	10.17	23.49
总量	62.89	8.76	20.42	13.37	30.89

表 6-8　茄子秋冬茬各生育时期每 667m² 需肥量

单位：kg

生育时期	四水硝酸钙	尿素	磷酸二氢铵	硝酸钾	硫酸钾
幼苗期	5.30	0.74	1.73	1.13	2.61
开花结果期	13.28	1.85	4.31	2.82	6.53
成熟采摘期	53.15	7.40	17.30	11.30	26.10
总量	71.73	9.99	23.34	15.25	35.24

5. 植株调整　整枝摘叶可以起到通风透光，群体结构合理，节约养料，减少病害，增加花蕾，提高坐果，改善品质的作用。

（1）绑蔓　在茄子生长后期进行吊蔓、绑蔓。

（2）整枝与打杈　采用双干整枝，即在对茄形成后，剪去两个向外的侧枝，形成向上的双干，以后的侧枝全部打掉，每株留5～8个果后在幼果上留两片叶摘心。当对茄坐果后，把门茄以下侧枝除去；门茄采收后，在对茄下留1片叶，再打掉下面的叶片。当四门斗4～5cm大小时，除去对茄以下老叶、黄叶、病叶及过密的叶和纤细枝，摘下枝、叶要集中烧掉。

（3）保花保果　低温、弱光、土壤干旱、营养不足等都会引起落花。茄子生产中特殊问题就是花器构造上的缺陷。短花柱花其花粉不能接触柱头受精而脱落。温度低于17℃或高于40℃时花粉管停止伸长，引起落花。在早期低温弱光条件下，喷施2,4-滴和防落素（PCPA）等生长调节剂可防止落花。也可在晴天上午无露水时用40～50mg/L防落素溶液进行涂花或蘸花。

6. CO_2施肥　在坐果及果实膨大期是增施CO_2的最佳时期，施肥要持续1个月，中途不能停止，以免引起植株早衰。选择吊袋式CO_2气肥，将"发生剂"与"缓释催化剂"混合均匀后吊挂在植株上端50～60cm处，每袋双面烫8个气体释放孔，每667m²日光温室需均匀吊挂20袋，每月换施1次。

七、病虫害防治

1. 农业防治　优化布局，合理轮作，选用抗病品种，培育壮苗，加强田间管理，提高抗逆性，晒垡消毒，中耕除草，清洁田园。出入棚室及时关门，降低田间病虫基数。

2. 物理防治　在通风口安置防虫网避虫害；在棚室内吊挂黄、蓝板诱杀蚜虫、白粉虱、烟粉虱、蓟马等，将黄、蓝板挂在行间或株间，高出植株顶部20cm处，每667m²挂黄、蓝板各30块。

3. 生物防治　积极保护并利用天敌，采用病毒、植物源农药和生物源农药防治病虫害。

4. 化学防治　设施优先采用粉尘法、烟熏法，在干燥晴朗天气也可喷雾防治，注意轮换用药，合理混用。使用药剂防治应符合GB/T 8321要求。具体病虫害防治方法见表6-9。

表 6-9　茄子病虫害的化学防治方法

防治对象	防治药物	防治方法
灰霉病、叶霉病	50％乙烯菌核利可湿性粉剂、65％甲霜灵可湿性粉剂、50％多霉灵可湿性粉剂	在发病初期，可用 50％乙烯菌核利可湿性粉剂 800 倍液喷雾防治 1 次；在果实膨大期用 65％甲霜灵可湿性粉剂 1 000 倍液或 50％多霉灵可湿性粉剂 1 000 倍液喷洒，每 5～7d 喷 1 次，连喷 2～3 次。阴雨天可用速克灵烟剂，既不增加湿度，又能治病
绵疫病	72.2％普力克水剂、65％代森锰锌可湿性粉剂、75％百菌清可湿性粉剂、58％甲霜·锰锌可湿性粉剂	用 72.2％普力克水剂 800 倍液，或 65％代森锰锌可湿性粉剂 500 倍液，或 75％百菌清可湿性粉剂 600 倍液，或 58％甲霜·锰锌可湿性粉剂 400～500 倍液喷雾，7d 喷 1 次，轮换用药，连续喷 2～3 次
褐纹病	75％百菌清可湿性粉剂、80％代森锰锌可湿性粉剂、50％琥胶肥酸铜可湿性粉剂	结果初期，用 75％百菌清可湿性粉剂 500 倍液，或 80％代森锰锌可湿性粉剂 600 倍液，或 50％琥胶肥酸铜可湿性粉剂 400～500 倍液，7～10d 喷 1 次，轮换使用，连喷 3 次
黄萎病	50％琥胶肥酸铜可湿性粉剂、12.5％敌萎灵可湿性粉剂	用 50％琥胶肥酸铜可湿性粉剂 350 倍液灌根，每株 0.3～0.5kg，连灌 3 次，或 12.5％敌萎灵可湿性粉剂 800 倍液喷雾或灌根
青枯病	72％农用硫酸链霉素可湿性粉剂、50％琥胶肥酸铜可湿性粉剂、2％武夷菌素水剂	用 72％农用硫酸链霉素可湿性粉剂 4 000 倍液，或 50％琥胶肥酸铜可湿性粉剂 500 倍液，或 2％武夷菌素水剂 200 倍液，7d 喷 1 次，连喷 3 次
茶黄螨	1.8％阿维菌素乳油	用 1.8％阿维菌素乳油 3 000 倍液喷雾
红蜘蛛	20％双甲脒乳油、75％克螨特乳油、25％灭螨猛可湿性粉剂、45％超微硫黄胶悬剂、20％复方浏阳霉素乳油、15％哒螨灵乳油、20％四螨嗪悬浮剂、5％唑螨酯悬浮剂、25％三唑锡可湿性粉剂	药剂可选 20％双甲脒乳油 1 500～2 000 倍液，或 75％克螨特乳油 1 000～1 500 倍液，或 25％灭螨猛可湿性粉剂 1 000～1 500 倍液，或 45％超微硫黄胶悬剂 400 倍液，或 20％复方浏阳霉素乳油 1 000 倍液，或 15％哒螨灵乳油 3 000倍液，或 20％四螨嗪悬浮剂 1 500～2 000 倍液，或 5％唑螨酯悬浮剂 1 500～2 000 倍液，或 25％三唑锡可湿性粉剂 1 000 倍液。交替喷施 2～3 次，隔 7～10d 喷 1 次，喷匀喷足

（续）

防治对象	防治药物	防治方法
白粉虱	25％噻嗪酮可湿性粉剂、25％噻虫嗪水分散颗粒剂	25％噻嗪酮可湿性粉剂 2 500 倍液，或每 667m² 用 25％噻虫嗪水分散颗粒剂 10～20g 对水喷雾

5. 安全间隔期　参照农药有效间隔期。

八、采收

茄子以嫩果为产品，及时采收达到商品成熟的果实对提高产量和品质非常重要。茄子达到商品成熟的标准是"茄眼睛"（萼片下的一条浅色带）消失，说明果实生长减慢，可以采收。早熟茄子品种，开花后 20～25d 既可采收嫩果。门茄要及时采收，以免影响植株生长以及后面果实的发育。采收时要用剪刀剪下果实，防治撕裂枝条。采收果实以早晨和傍晚为宜，以延长市场货架的存放时间。

第三节　辣（甜）椒养液土耕栽培技术

一、茬口安排

根据不同育苗方式、栽培措施（露地或保护地）和当地气候条件选择适当时间。

秋冬茬：8 月中下旬播种，9 月上中旬定植，10 月中旬采摘，翌年 1 月中旬拉秧。

冬春茬：9 月下旬至 10 月上旬播种，10 月底至 11 月中旬定植，11 月下旬采摘，翌年 6 月中上旬拉秧。

早春茬：11 月上旬至翌年 1 月上旬播种，1 月上旬至 2 月中上旬定植，3 月中上旬采摘，6 月下旬拉秧。

二、品种选择

选用抗病、优质、高产、抗虫、抗逆性强、适应性广、商品性好的优良品种。种子纯度高，籽粒饱满，无病虫害，无破碎，无发芽，无霉变，纯度≥95％，净度≥98％，发芽率≥85％，含水量≤7％。

种子质量应符合 GB 16715.3 中杂交二级以上的规定。

三、穴盘育苗

1. 穴盘的选择　冬、春季育苗选用72孔穴盘，夏季选用98孔穴盘。

2. 育苗基质

①选择已经配制好的成品育苗基质。

②复配基质。草炭与蛭石按照2∶1的比例复配，或者草炭、蛭石与蚯蚓粪按照1∶1∶1的比例复配，配制时每立方米加入2.0kg氮磷钾三元复合肥（15-15-15），或每立方米基质中加入1kg尿素和1kg磷酸二氢钾，肥料与基质混合拌匀后备用。

3. 基质消毒　用50%多菌灵可湿性粉剂500倍液喷洒基质，搅拌均匀，盖膜堆闷2h，待用。

4. 种子处理　首先将辣（甜）椒种子放在阳光下曝晒2～3d，以促进发芽。之后将种子用50～55℃的热水浸种25～30 min，待水温降至30℃，继续浸种6～8h后冲洗干净。处理过的种子用湿纱布包裹置于30℃恒温培养箱中进行催芽，每天用温水洗种1～2次，待80%种子露白时分批播种。或者将种子于70℃恒温下处理72h，或用10%磷酸三钠溶液浸种20min，或福尔马林300倍液浸种30min，或1%高锰酸钾溶液浸种20min，捞出冲洗干净后催芽（防病毒病）。

5. 播种　苗棚温度稳定在20℃时，应选择晴天上午，采用穴盘育苗，将处理好的基质装盘，用空穴盘按压后，用消毒镊子将催好的辣（甜）椒种子播入事先做好的穴盘小坑中，每穴播1粒种子，播后覆盖基质1.5cm，浇透水，覆盖地膜保温保湿。

6. 苗床管理　辣（甜）椒幼苗生长缓慢，不易徒长。但要培育壮苗，必须认真调节好温度、湿度和光照等环境条件。幼苗出土前，保持苗床30℃左右。子叶展开后，逐渐降低苗床温湿度，以防止幼苗徒长，白天18～20℃，夜间12～16℃。真叶显露后，须提高温度，白天维持在20～25℃，夜间15～18℃，并尽量增加光照，空气相对湿度70%～80%，土壤湿度60%～80%。之后逐日加大通风口，降温，逐渐停止加温，使温度逐渐接近或等于定植环境温度。并为了防病保叶，进行叶面喷肥。可用液体菌肥50mL（300倍液）＋施壮50mL（300倍液）＋奇菌20g（750倍液）＋3倍稀释营养液或液体多元肥25mL＋水15kg，下午对茎叶均匀喷洒，每7～10d喷洒1次。定植前7d，进行炼苗，以增强幼苗定植后的抗性。

7. 壮苗标准　株高20cm左右，具有10～12片真叶，节间短，叶色深绿，叶片厚，根系发达，须根多，花蕾明显可见。

四、定植

1. 整地　辣（甜）椒地应选择在地势高、排灌方便、土层深厚、土质疏松肥沃、通透性良好的壤土上。整地前消除残留物，选定辣（甜）椒种植的日光温室，定植前应深翻 30cm 以上，进行晾晒。播种前深翻土地，施基肥。也可旋耕、翻耕结合，整平耙细起垄。

2. 温室消毒　土壤用 50% 多菌灵可湿性粉剂 2kg 与干土拌均匀后消毒，进行高温闷棚。

3. 施肥　肥料的选择和使用应符合 NY/T 394 的要求。结合土壤条件施入基肥。每 667m² 施有机肥 2 000～3 000kg，在起垄位置撒施一部分有机肥，垄起到一半时撒施另一部分有机肥，继续起垄做畦。

4. 定植时间　日光温室内气温稳定在 20℃ 左右，夜间气温不低于 14℃，棚室内 10cm 深土壤温度稳定在 15℃ 左右时即可定植。

5. 定植方式　采用双行定植，定植前按定植株行距起垄，南北向起垄，垄宽 80cm、沟宽 60cm、垄高 20cm，垄面铺设两条滴灌带，南北向用地膜覆盖垄面。株距 30cm，大行距 80cm，小行距 40cm，每 667m² 定植 2 700 株。定植深度以营养土块的上表面与畦面齐平或稍深为宜。定植后根边覆土略加压实，浇透定根水。

五、定植后管理

1. 温度管理　辣（甜）椒苗期温度不易过高，要适当低温炼苗，白天保持棚温 25℃ 左右，夜间 15℃ 左右，昼夜温差 10℃ 左右，通过低温炼苗，可使辣（甜）椒幼苗苗壮、根壮，同时促进花的形成。进入结果期，既怕低温也怕高温，温度一定要调控好。要求上午温度 25～28℃，10:00 之后，棚内温度达到 28℃，要开始放风，不要高于 32℃，随着逐渐放风，棚内温度逐渐降低，到 14:00～15:00，若棚内温度低于 23℃，要停止通风。到傍晚，温度降至 18～20℃ 时，开始盖保温被。要求上半夜温度从 20℃ 缓慢降至 15℃，下半夜缓慢将至 12℃ 左右，长期低于 10℃ 易造成落花落果。

2. 光照管理　辣（甜）椒的光饱和点约为 3 万 lx，补偿点约为 1 500lx，过强的光照对辣（甜）椒生长发育不利，特别是在高温、干旱、强光条件下，根系发育不良，易发生病毒病，过强的光照还易引起果实的日灼病。冬季，白天日照时间短，光照强度弱，对辣（甜）椒生长不利，需增加光照，可在日光温室内的中柱处张挂反光幕以增强光照，也可用电灯补光。

3. 水分管理　定植浇足水，缓苗前一般不浇水，缓苗后至开花坐果前应尽量少浇水，以防徒长；初花期需水量增加，应增加补水的次数；盛花期到大量结果期，需水量大增，应多次补水满足需要。补水次数和补水量要结合植株的生长时期、土壤墒情和天气变化确定。

4. 营养液配制 营养液配方见表 6-10、表 6-11。

表 6-10 营养液配方中纯 N、P、K 含量

单位：kg/hm^2

名称	N	P	K
用量	147.75	22.65	217.2

表 6-11 辣（甜）椒营养液配方

单位：kg/hm^2

名称	$(NH_2)_2CO$	$NH_4H_2PO_4$	KNO_3	K_2SO_4
用量	247.8	37.2	215.25	233.4

（1）母液配制 按照要配制的浓缩营养液的体积和浓缩倍数计算出配方中各种化合物的用量后，将各种化合物称量后放在一个 200L 塑料容器中，溶解后加水至所需配制的体积，搅拌均匀即可。

（2）工作营养液配制 在温室中建一个宽 2m、深 2m、长 4m 的储液池。利用浓缩营养液稀释为工作营养液时，应在储水池中放入需要配制体积的 60%～70% 的清水，量取所需母液用量倒入，开启水泵循环流动或搅拌使其均匀。

（3）营养液使用 采用营养液土耕栽培方式，在辣（甜）椒重要生育时期内追肥，做到水肥一体化，不空滴水。具体施肥量见表 6-12。

表 6-12 辣（甜）椒营养液调控方案

生育时期	滴液			施肥量（kg/hm^2）			
	滴液天数	每 3d 滴液量（L/株）	总滴液量（L/株）	尿素	磷酸二氢铵	硝酸钾	硫酸钾
幼苗期	30	0.5	15	22.8	4.35	25.80	28.05
营养生长期	20	0.7	14	40.5	8.25	48.00	51.30
结果初期	20	0.9	18	46.95	9.30	53.85	58.35
结果盛期	80	1.1	88	107.55	15.30	88.20	95.70
合计	150	3.2	135	247.8	37.20	215.25	233.40

5. 植株调整 种植普通辣（甜）椒可以适当整枝，基部侧枝尽早抹去，老、黄、病叶及时摘除，在门椒结果后发现植株上有向内伸长的长势较弱的副

侧枝，应及早摘除。主要侧枝的次一级侧枝所结果直径达到 1cm 时，可根据植株长势在这些侧枝上留 4～6 片叶摘心，辣（甜）椒生长中后期，为提高棚内植株通风性能，适当降低温度，提高坐果率，应及时打去底部老叶、病叶，疏掉一部分徒长枝、弱枝、空果枝，拔除部分瘦弱株和病株。

6. 保花保果　辣椒早春栽培，易落花落果，可用 180mg/L 防落素喷花，或用 15～20mg/L 2,4-滴、25～30mg/L 番茄灵涂抹花器，能起到很好的保花保果效果。

六、病虫害防治

1. 主要病虫害　辣（甜）椒主要病虫害有病毒病、疫病、灰霉病、炭疽病、立枯病、白粉虱、蚜虫、烟青虫和地下害虫（蝼蛄、蛴螬）等。

2. 防治原则　按照"预防为主，综合防治"的植保方针，坚持以农业防治、物理防治、生物防治为主，以化学防治为辅的防治原则。

3. 防治方法

（1）农业防治　优化布局，合理轮作，选用抗病品种，培育壮苗，加强田间管理，提高抗逆性，晒垡消毒，中耕除草，清洁田园。出入棚室及时关门，降低田间病虫基数。

（2）物理防治　在通风口安置防虫网避虫害；在棚室内吊挂黄、蓝板诱杀蚜虫、白粉虱、烟粉虱、蓟马等，将黄、蓝板挂在行间或株间，高出植株顶部 20cm 处，每 667m² 挂黄、蓝板各 30 块；对于土传病害的防治，可利用夏季高温闷棚消毒 10～15d。

（3）化学防治　使用药剂防治应符合 GB/T 8321 要求。具体病虫害防治方法见表 6-13。

表 6-13　辣（甜）椒病虫害化学防治方法

防治对象	防治药物	防治方法
病毒病	20%病毒 A 可湿性粉剂、2%宁南霉素水剂	用 20%病毒 A 可湿性粉剂 500 倍液喷雾防治；发病初期，可用 2%宁南霉素水剂 200～250 倍液喷雾防治
猝倒病	72.2%霜霉威盐酸盐水剂、50%异菌脲可湿性粉剂、70%代森锰锌可湿性粉剂	用 72.2%霜霉威盐酸盐水剂 800 倍液，或 50%异菌脲可湿性粉剂 1 500 倍液，或 70%代森锰锌可湿性粉剂 500 倍液喷雾防治 1 次
晚疫病	72%霜脲·锰锌可湿性粉剂、77%氢氧化铜可湿性粉剂	发病初期，可使用 72%霜脲·锰锌可湿性粉剂 600～800 倍液，或 77%氢氧化铜可湿性粉剂 500 倍液喷雾防治 1 次

（续）

防治对象	防治药物	防治方法
灰霉病、叶霉病	50%乙烯菌核利可湿性粉剂、65%甲霜灵可湿性粉剂、50%多霉灵可湿性粉剂	在发病初期，可用50%乙烯菌核利可湿性粉剂800倍液喷雾防治1次；在果实膨大期用65%甲霜灵可湿性粉剂1 000倍液或50%多霉灵可湿性粉剂1 000倍液喷洒，每5～7d喷1次，连喷2～3次。阴雨天可用速克灵烟剂，既不增加湿度，又能治病
早疫病	75%百菌清可湿性粉剂、47%春雷霉素可湿性粉剂＋77%氢氧化铜可湿性粉剂、10%苯醚甲环唑可湿性粉剂	75%百菌清可湿性粉剂400～500倍液，或47%春雷霉素可湿性粉剂＋77%氢氧化铜可湿性粉剂或10%苯醚甲环唑可湿性粉剂1 500～2 000倍液喷雾防治
青枯病	50%琥胶肥酸铜可湿性粉剂、77%氢氧化铜可湿性粉剂	细菌性病害发病初期，可用50%琥胶肥酸铜可湿性粉剂500倍液，或77%氢氧化铜可湿性粉剂500倍液喷雾或灌根防治1次
蓟马	2.5%菜喜悬浮剂	800倍液喷雾
蚜虫	2.5%溴氰菊酯可湿性粉剂、10%吡虫啉可湿性粉剂、0.5%藜芦碱醇溶液	2.5%溴氰菊酯可湿性粉剂1 500～2 000倍液，或10%吡虫啉可湿性粉剂4 000～6 000倍液，或0.5%藜芦碱醇400～600倍液喷雾
白粉虱	25%噻嗪酮可湿性粉剂、25%噻虫嗪水分散颗粒剂	25%噻嗪酮可湿性粉剂2 500倍液，或每667m²用25%噻虫嗪水分散颗粒剂10～20g对水喷雾
根结线虫	1.8%阿维菌素乳油	每667m²用500mL灌根

4. 安全间隔期 参照农药有效间隔期。

七、采收

果实达商品成熟时，在严格按照农药安全间隔期前提下，及时采收。采收所用工具要保持清洁、卫生、无污染。所采果实要符合DB36/T 466—2005标准。

门椒、对椒应适当早采以免坠秧影响植株生长。此后原则上是果实充分膨大，果肉变硬、果皮发亮后采收。采收时用剪刀或小刀从果柄与植株连接节处剪切，不可用手扭断，以免损伤植株和感染病害。摘下后轻拿轻放，按大小分类包装出售。彩色甜椒可 2～3 种颜色的果实搭配装箱出售。

第四节　黄瓜养液土耕栽培技术

一、茬口安排

早春茬：11 月下旬育苗，翌年 1 月上旬定植，3 月上旬采摘上市，6 月下旬拉秧。

冬春一大茬：8 月下旬育嫁接苗，10 月中旬定植，12 月上旬采摘上市，翌年 6 月上旬拉秧。

秋茬：8 月下旬育嫁接苗，10 月中旬定植，11 月下旬采摘上市，翌年 3 月下旬拉秧。

二、品种选择

1. 接穗品种　春季栽培要求耐寒性好、抗病性好、果实发育速度快、开花至采收期短的品种；秋季延后栽培要求抗寒、抗病、生长强势、优质高产的品种。

2. 砧木品种　选择与黄瓜嫁接亲和性好、抗土传病害能力强、耐低温、根系发达、能较好保持黄瓜风味的砧木品种。如云南黑籽南瓜、白籽南瓜等。

三、穴盘育苗

1. 穴盘的选择　育苗选用 72 孔穴盘。

2. 育苗基质

①选择已经配制好的成品育苗基质。

②复配基质。草炭与蛭石按照 2∶1 的比例复配，或者草炭、蛭石与蚯蚓粪按照 1∶1∶1 的比例复配，配制时每立方米加入 2.0kg 氮磷钾三元复合肥（15-15-15），或每立方米基质中加入 1.0kg 尿素和 1.0kg 磷酸二氢钾，肥料与基质混合拌匀后备用。

3. 基质消毒　用 50% 多菌灵可湿性粉剂 500 倍液喷洒基质，搅拌均匀，盖膜堆闷 2h，待用。

4. 种子处理　购买的包衣种子可直接播种，没有处理的种子可进行温汤浸种或药剂消毒。

（1）药剂消毒

①磷酸三钠浸种。将种子在凉水中浸泡 4～5h 后，放入 10%磷酸三钠溶液中浸泡 20～30min，捞出用清水冲洗干净，主要预防病毒病。

②福尔马林浸种。将浸在凉水中 4～5h 的种子，放入 1%福尔马林溶液中浸泡 15～20min，捞出用湿纱布包好，放入密闭容器中闷 2～3h，然后取出种子反复用清水冲洗干净，主要预防早疫病。

③高锰酸钾处理。用 40℃温水浸泡 3～4h 后，放入 1%高锰酸钾溶液中浸泡 10～15min，捞出用清水冲洗干净，随后进行催芽发种，可减轻溃疡病及花叶病危害。

（2）热水浸种　浸种前除去瘪籽和杂质，先将种子于凉水中浸泡 10min，在清洁的容器中装入种子体积 4～5 倍的 55℃温水，把种子投入，不断搅拌，并添加热水保持水温 50～55℃10～15min，当水温降至 30℃时停止搅拌，继续浸泡 4～6h。

（3）催芽　除去吸足水分的种子表面的水分，用通气性好的消毒纱布包好，使种子处于松散状态，不要压得过紧，在 28～30℃催芽 36～48h，催芽期间每天清洗种子一次。催芽后，种子出芽露白，即可播种。

5. 播种　将准备好的基质装入穴盘中，刮掉盘面上多余基质，使穴盘上每个孔口清晰可见。把装有基质的穴盘，摞在一起 4～5 个为一组，上放一个空穴盘，两手均匀向下按压穴盘，压至穴深 1.0～1.5cm 为止。

每穴播种 1 粒，播种深度以 1.0～1.5cm 为宜。播种后，覆盖一层基质并将多余基质用刮板刮去，使基质与穴盘格室相平，浇透水，以穴盘底部渗出水为宜。

6. 苗期管理

（1）温度管理　播种之后至齐苗阶段重点是温度管理，白天 25～30℃，夜间 18～20℃为宜；齐苗后降低温度，白天 22～25℃，夜间 10～12℃；定植前 5d 炼苗，白天 15～20℃，夜间 11～13℃为宜，以适应定植后的自然环境。

（2）湿度管理　苗期子叶展开至 2 叶 1 心，水分含量为最大持水量的 75%～80%；苗期 2 叶 1 心后，结合喷水进行 1～2 次叶面喷肥；3 叶 1 心至商品苗销售，水分含量为 75%左右。浇水要勤浇少浇，始终保持表层基质见干见湿。

（3）光照管理　调节光照时间，每天日照时间宜 8h 以上。

（4）养分管理　结合喷水进行 1～2 次叶面喷肥，叶面肥可用 0.2%磷酸二氢钾溶液。

7. 壮苗标准　子叶完好，茎基粗，叶色浓绿，无病虫害。冬春育苗，株高 15cm 左右，5～6 片叶。夏秋育苗，2～3 片叶，株高 15cm 左右，苗龄 20d 左右。长季节栽培根据栽培季节选择适宜的秧苗。

四、嫁接育苗

选用与黄瓜嫁接亲和力强、抗病性及抗逆性强的葫芦做砧木。接穗、砧木育苗方法同穴盘育苗，错开接穗、砧木播种时间，掌握最佳嫁接时期。

1. 靠接　接穗比砧木早播 5～7d。砧木苗的子叶展开、第一片真叶初露，接穗苗子叶完全展开，第一片真叶微露时，为嫁接的最佳时机。取砧木苗用消毒双面刀片先将其生长点切除，从子叶下方 1cm 处自上而下呈 45°角下刀，切深至茎粗的 1/2；再取接穗苗，从子叶下部 1.5cm 处自而而上呈 45°角下刀，向上斜切至茎粗的 2/3，把两个切口互相嵌合，使一端韧皮部对齐，接穗子叶压在砧木子叶上面，用圆形嫁接夹固定，或用 1cm 宽的薄膜条截成 5～8cm 长，包住切口，用曲别针固定。嫁接后立即栽到装有基质的穴盘或营养钵中，放入嫁接苗床，然后及时浇水，并扣小拱棚，用草苫或遮阳网遮阴。

2. 贴接　接穗比砧木早播 4～6d。砧木苗的子叶展开、第一片真叶初露，接穗苗子叶完全展开，为嫁接的最佳时机。嫁接时用刀片斜向下削去砧木的生长点及 1 片子叶，切面长度 0.5～0.8cm。从穴盘中取出接穗，在平行子叶伸展方向的胚轴上，距子叶 1cm 处斜向下削成长 0.5～0.8cm 的平面。然后将砧木和接穗的两个平面贴在一起，用平面嫁接架固定。嫁接后放入嫁接苗床，并扣小拱棚，用草苫或遮阳网遮阴。

3. 嫁接后管理　嫁接后前 2d，小拱棚要盖严遮光，不能通风，苗床空气相对湿度控制在 95% 以上，温度控制在白天 25～30℃，夜间 18～20℃。第三至五天，白天 20～25℃，夜间 15～18℃，湿度 70%～80%，并逐渐开始通风见光。第六天可以撤去遮阴物，不出现萎蔫不遮阴。7d 后揭开小拱棚，白天 25～28℃，夜间 14～18℃。定植前进行 5～7d 的低温炼苗，白天 20～23℃，夜间 10～12℃，提高瓜苗抗寒能力。靠接苗 10～12d 断掉接穗的根，同时去掉砧木萌发的侧芽。

五、定植

1. 整地施肥　整地前消除残留物，深翻 30cm 以上，进行晾晒。播种前基肥施入 30～45t/hm² 腐熟秸秆或 15～18t/hm² 生物炭，225kg/hm² 过磷酸钙，225kg/hm² 硫酸镁，以及 15～30kg/hm² 微量元素螯合肥，旋耕、翻耕，整平耙细起垄。

2. 温室消毒　定植前，采用高温消毒法，在 6～7 月密闭棚室，温度每天上升到70℃以上，进行15～20d高温灭菌消毒。土壤用50％多菌灵可湿性粉剂2kg与干土拌均匀后消毒，进行高温闷棚。在病害严重的地区也可采用药剂消毒，每667m²温室用80％敌敌畏乳油250mL拌4～5kg锯末，与45kg硫黄粉混合，分10处点燃，密闭一昼夜，放风后无味时定植。

3. 起垄 直接起垄，定植前按定植株行距起垄，南北向起垄，垄宽80cm、沟宽60cm、垄高20cm。

4. 灌溉方式及覆膜 采用膜下暗沟、软管滴灌的方式。垄面铺设两条滴灌管，滴灌管布置在畦面20cm与60cm处，采用直径15mm内镶式滴灌，滴头间距0.3m，实行膜下滴灌，滴灌的分支管采用直径25cm塑料管。南北向用地膜覆盖垄面。

5. 定植时间及方式 棚室内10cm深土壤温度稳定在12℃以上即可定植。采用双行定植，株距27～29cm，行距60～70cm，每667m²定植3 000～3 200株。定植深度以营养土块的上表面与畦面齐平或稍深为宜。定植后根边覆土略加压实，浇透定植水。

六、定植后管理

1. 温度管理 定植后密闭温室，不开风口或者只开一部分顶风，提高地温和气温，促进缓苗，白天保持在28～32℃，夜间保持在15～18℃。缓苗后通过通风降低棚室内湿度，尤其开花结果期要保持较低湿度，以防病害发生。抽蔓期促根控秧，实行大温差管理。这一时期既要使植株生长健壮，又要形成较多的雌花，提高坐果率，要加大昼夜温差，实行变温管理，尽量控制地上部生长，促进根系发育。结瓜期继续加强变温管理。白天超过30℃开始通风，降至25℃时减小风口，降到20℃时关闭风口，午后气温降到15℃以下开始放保温被，夜间保持在12～18℃。

2. 湿度管理 空气湿度的调节原则：缓苗期宜高些，相对湿度达到90％左右为好；结瓜前掌握在80％左右，以促茎叶的正常生长；深冬季节的空气相对湿度控制在70％左右，以适应低温寡照的条件和防止低温高湿下多种病害的发生；入春转暖以后，湿度要逐渐升高，盛瓜期达到90％左右。

3. 光照管理 定植后3～4d内，若光照充足，可适当放半苫遮阴，利于缓苗。黄瓜在整个生育期内都要求充足的光照，应选择透光性好的新膜，并经常清扫膜上的灰尘，冬季为增强棚内光照，要及时张挂反光幕。

4. 营养液配制与管理 采用适合西北硬水地区的营养液配方，各生育时期营养液配方见表6-14。

表 6-14　黄瓜不同生育时期营养液配方

单位：mg/L

生育时期	四水硝酸钙	硝酸钾	磷酸二氢铵	尿素
缓苗期	157.04	202.25	38.25	80.40
缓苗后至开始采收	235.56	303.38	57.38	120.60
采收后至拉秧	314.08	404.50	76.50	160.80

（1）母液配制　按照要配制的浓缩营养液的体积和浓缩倍数计算出配方中各种化合物的用量后，将浓缩 A 液（四水硝酸钙）和浓缩 B 液（硝酸钾、磷酸二氢铵和尿素）中的各种化合物称量后分别放在一个 200L 塑料容器中，溶解后加水至所需配制的体积，搅拌均匀即可。

（2）工作营养液配制　在温室中建一个宽 2m、深 2m、长 4m 的储液池。利用浓缩营养液稀释为工作营养液时，应在储水池中放入需要配制体积的 60%～70% 的清水，量取所需浓缩 A 液的用量倒入，开启水泵循环流动或搅拌使其均匀，然后再量取浓缩 B 液所需用量，用较大量的清水将浓缩 B 液稀释后，缓慢地将其倒入储液池中利用水泵循环流动或搅拌使其均匀，即完成了工作营养液的配制。

（3）营养液使用　利用营养液土耕方式，根据土壤质地和实际天气情况确定每天灌液次数，做到最小适量化。早春栽培每天滴液 1～3 次，滴液量见表 6-15，阴雨天根据土壤湿度状况滴液 1 次；秋冬栽培每天滴液 1～2 次，滴液量见表 6-15，连阴雪天不滴液。黄瓜各生育时期需肥量见表 6-16。高温季节要经常检测基质中的电导率，不要超过 2.2mS/cm，以 1.8～2.0mS/cm 为宜，期间可视土壤干湿情况滴灌营养液。浓度高时，应兼灌清水，适温及低温季节浓度可逐步提高，但以不超过 2.5mS/cm 为宜。及时检查滴灌液是否均匀，以确保养分的充足供应。

表 6-15　黄瓜不同生育时期营养液滴定量

生育时期	每天滴定量（L/株）		每 667m² 滴定量（L）	
	早春茬	秋冬茬	早春茬	秋冬茬
缓苗期	0.4	0.5	5 760	7 200
缓苗后至开始采收	0.5	0.7	26 100	36 540
采收后至拉秧	0.7	0.8	90 720	103 680

5. 增施叶面肥　黄瓜苗期长势较弱，每隔 7～10d 适当交替喷施叶面肥。

表 6-16　黄瓜各生育时期每 667m² 需肥量

生育时期	早春茬（kg）				秋冬茬（kg）			
	四水硝酸钙	硝酸钾	磷酸二氢铵	尿素	四水硝酸钙	硝酸钾	磷酸二氢铵	尿素
缓苗期	0.90	1.16	0.22	0.46	1.13	1.46	0.28	0.58
缓苗后至开始采收	6.15	7.92	1.50	3.15	8.61	11.09	2.10	4.41
采收后至拉秧	28.49	36.70	6.94	14.59	32.56	41.94	7.93	16.67
总量	35.55	45.78	8.66	18.20	42.30	54.48	10.30	21.66

6. CO_2 施肥　坐果及果实膨大期是增施 CO_2 的最佳时期，施肥要持续一个月，中途不能停止，以免引起植株早衰。选择吊袋式 CO_2 气肥，将"发生剂"与"缓释催化剂"混合均匀后吊挂在植株上端 50～60cm 处，每袋双面烫 8 个气体释放孔，每 667m² 日光温室需均匀吊挂 20 袋，每月换施 1 次。

7. 植株调整

（1）绑蔓　当黄瓜出现卷须时，开始绑蔓、吊蔓。黄瓜生长点接近温室顶部薄膜或生长过高不宜操作时，应当落蔓，以后每当黄瓜长至超过拉丝高度10cm 时，都要吊蔓或落蔓，以保证植株受光均匀。落蔓时将固定在植株基部的绳子解开，然后在其上四五叶节处重新固定和吊蔓。

（2）整枝与打杈　为保证植株长势，一般采用单干整枝，只保留主干，侧枝全部摘除；对于植株下部的病、老、黄叶也应及时摘除，低温弱光环境下植株保留 12～15 片叶即可满足需求，也有利于改善通风透光条件，减轻病虫危害。

七、病虫害防治

1. 农业防治　优化布局，合理轮作，选用抗病品种，培育壮苗，加强田间管理，提高抗逆性，晒垡消毒，中耕除草，清洁田园。出入棚室及时关门，降低田间病虫基数。

嫁接育苗：是针对黄瓜枯萎病最行之有效的措施。

2. 物理防治

（1）设施防护　在放风口用防虫网封闭，夏季覆盖塑料薄膜、防虫网和遮阳网，进行避雨、遮阴、防虫栽培，减轻病虫害的发生。

（2）黄、蓝板诱杀　设施内悬挂黄、蓝板诱杀蓟马、白粉虱、烟粉虱、潜叶蝇等害虫。黄、蓝板规格 25cm×40cm，每 667m² 各悬挂 30 块。

3. 生物防治　积极保护并利用天敌，采用病毒、植物源农药和生物源农药防治病虫害。

4. 化学防治　设施优先采用粉尘法、烟熏法，在干燥晴朗天气也可喷雾防治，注意轮换用药，合理混用。使用药剂防治应符合 GB/T 8321 要求。具体病虫害防治方法见表 6-17。使用方法部分参照 DB34/T 206.2—2006 规定。

表 6-17　黄瓜病虫害的化学防治方法

防治对象	防治药物	防治方法
霜霉病	5％百菌清粉剂、5％克露粉剂、45％百菌清烟剂、72.2％普力克水剂、27％高脂膜乳剂、69％安克·锰锌可湿性粉剂、72％克抗灵可湿性粉剂	用 5％百菌清粉剂或 5％克露粉剂，每 667m² 每次 1kg，喷粉器喷施；用 45％百菌清烟剂，每 667m² 110g～180g，分放 5～6 处，傍晚点燃闭棚过夜，7d 熏一次，连熏 3 次；或用 72.2％普力克水剂 800 倍液，或 27％高脂膜乳剂 70～140 倍液，或 69％安克·锰锌可湿性粉剂 500～1 000 倍液，或 72％克抗灵可湿性粉剂 800 倍液喷雾
白粉病	5％粉锈宁可湿性粉剂、27％高脂膜乳剂、小苏打	发病初期用 15％粉锈宁可湿性粉剂 1 500 倍液喷雾，共喷 2 次，或用 27％高脂膜乳剂 70～140 倍液喷茎叶保护，7～14d 喷 1 次，共喷 3～4 次；或用小苏打 500 倍液 3d 喷 1 次，连喷 4～5 次
病毒病	20％病毒 A 可湿性粉剂、2％宁南霉素水剂	用 20％病毒 A 可湿性粉剂 500 倍液喷雾防治；病发初期，可用 2％宁南霉素水剂 200～250 倍液喷雾防治
灰霉病	50％速克灵、50％多菌灵可湿性粉剂、65％甲霜灵可湿性粉剂、50％多霉灵可湿性粉剂、10％速克灵烟剂	在发病初期，用 50％速克灵 1 000～1 500 倍液，或 50％多菌灵可湿性粉剂 500 倍液喷洒；在果实膨大期用 65％甲霜灵可湿性粉剂 1 000 倍液或 50％多霉灵可湿性粉剂 1 000 倍液喷洒，每 5～7d 喷 1 次，连喷 2～3 次。阴雨天可用 10％速克灵烟剂，既不增加湿度，又能治病
细菌性角斑病	70％可杀得可湿性粉剂，86.2％铜大师水分散粒剂、72％农用链霉素可湿性粉剂、90％新植霉素可湿性粉剂	77％可杀得可湿性粉剂 600～800 倍液，或 86.2％铜大师水分散粒剂 1 000～1 500 倍液，或 72％农用链霉素可湿性粉剂 3 500～6 000 倍液，或每 667m² 用 90％新植霉素可湿性粉剂 12～14g，对水 50L 喷雾防治

（续）

防治对象	防治药物	防治方法
蚜虫、粉虱	3％啶虫脒乳油、5％吡虫啉乳油	3％啶虫脒乳油 2 000 倍液喷雾防治或 5％吡虫啉乳油 2 000 倍液喷雾防治
潜叶蝇	1.8％阿维菌素乳油	1.8％阿维菌素乳油 3 000～5 000 倍液喷雾防治
白粉虱	25％噻嗪酮可湿性粉剂、25％噻虫嗪水分散粒剂	25％噻嗪酮可湿性粉剂 2 500 倍液，或每 667m² 用 25％噻虫嗪水分散粒剂 10～20g 对水喷雾防治
蓟马	20％吡虫啉可溶液剂、25％阿克泰水分散粒剂、5％啶虫脒可湿性粉剂、1.8％阿维菌素乳油	20％吡虫啉可溶液剂 2 000 倍液，或 25％阿克泰水分散粒剂 1 500 倍液，或 5％啶虫脒可湿性粉剂 2 500 倍液，或 1.8％阿维菌素乳油 3 000 倍液，每隔 5～7d 喷施 1 次，连喷 3 次可获得良好防治效果。重点喷洒花、嫩叶和幼果等幼嫩组织

5. 安全间隔期　参照农药有效间隔期。

八、采收

适时早摘根瓜，防止坠秧。及时分批采收，减轻植株负担，以确保商品果品质，促进后期果实膨大。采收后，要据果实大小和形状等进行分级、分类包装上市。生长期施过农药的黄瓜，安全间隔期后采摘。

第五节　西瓜养液土耕栽培技术

一、茬口安排

根据不同育苗方式、栽培措施（露地或保护地）和当地气候条件选择适当时间。

秋冬茬：一般在 7 月中旬至 8 月上旬播种育苗，苗龄 20d 左右，8 月中下旬定植，10～12 月收获。

早春茬：一般 1 月上旬播种，苗龄 35d 左右，2 月上旬定植，4～5 月上市。

二、品种选择

西瓜选择耐低温弱光、含糖量高、抗病、商品性好、耐储运的早熟品种。

如华铃、小玲、美丽等品种。采用嫁接育苗，砧木选用抗枯萎病、病毒病和霜霉病黑籽南瓜，要求纯度不低于 95%，净度不低于 98%，发芽率 90% 以上，含水量不高于 12%。

三、育苗定植

1. 种子处理

（1）西瓜种子浸种与催芽　播种前 2～3d 进行浸种催芽，将西瓜种子放在 55℃ 的温水中浸泡 15min，冷却后使温度下降至 30℃，浸泡 10h 左右，捞出置于 30℃ 发芽床上催芽，每天用清水淘洗 1～2 次，80% 露白时分批播种。

（2）砧木种子浸种催芽　以 80℃ 热水烫种 25min，边烫边搅拌，后用纱布包好种子在清水中充分冲洗，洗干净种皮外部的黏状物，以 1% 高锰酸钾液浸泡 25min，取出后用清水冲洗干净，再以 30℃ 水浸种 8～12h，后催芽同西瓜种子。

2. 播种育苗　日光温室温度稳定在 20℃ 时，应选择晴天上午，将处理好的基质装盘，用空穴盘按压。将催好的种子播入事先做好的穴盘小坑中，每穴播 1 粒种子，播后覆盖基质 1.5cm，浇透水，覆盖地膜保温保湿。

3. 定植方式　采用双行定植，定植株距 35cm，行距 80cm，每 667m² 定植 1 040 株。定植深度以营养土块的上表面与畦面齐平或稍深为宜。定植后根边覆土略加压实，浇透定植水。

四、苗期管理

1. 温度管理　出苗前苗床应密闭，西瓜苗出苗前，白天温度控制在 28～30℃，夜间 18～20℃。播种后 4～5d 出苗，揭膜通风，夜温控制在 16～18℃。

黑籽南瓜苗白天维持温度在 30～35℃，夜间 18℃ 左右，幼苗出土，子叶展开，根颈长至 7cm 时，白天降至 23℃ 左右，夜间降至 10～14℃，进行炼苗，以备嫁接。

2. 湿度管理　苗床湿度以控为主，严格控制水分，在底水浇足的基础上尽可能不浇或少浇水，嫁接前 3～5d 停止浇水。保持表土不干，抑制幼苗徒长。空气湿度以 50%～60% 为宜，每次浇水后都应通风换气，降低湿度。

3. 光照管理　幼苗出土后，苗床应尽可能增加光照时间。

五、田间管理

1. 温度管理　日光温室白天温度要保持在 30℃ 左右，夜间不低于 15℃，否则将坐瓜不良。

2. 水肥管理　坐瓜后 5～7d，当幼果鸡蛋大小并开始褪毛时浇第一次水，

结合浇水每 $667m^2$ 追施硝酸钾 $25\sim30kg$、磷酸二氢钾 $10\sim15kg$、尿素 $5\sim6kg$，随水冲施，尽量避免伤及西瓜的茎叶。结瓜后喷叶面肥料，提高西瓜品质和产量。

3. 人工辅助授粉 采用人工辅助授粉，以提高坐瓜率。每天 $6:00\sim9:00$ 摘下当天开放的雄花，去掉花瓣露出雄蕊，将花粉轻涂在雌花柱头上进行人工授粉。

4. 营养液配制与管理 采用适合西北硬水地区的营养液配方，主要生育时期营养液配方见表 6-18。

表 6-18　西瓜营养液配方

单位：mg/L

生育时期	$(NH_2)_2CO$	KH_2PO_4	KNO_3	K_2SO_4
苗期	244.2	90.41	142.05	193.43
结瓜期	350.15	255.85	100.09	329.35

（1）母液配制　按照要配制的浓缩营养液的体积和浓缩倍数计算出配方中各种化合物的用量后，将各种化合物称量后放在一个 200L 塑料容器中，溶解后加水至所需配制的体积，搅拌均匀即可。

（2）工作营养液配制　在温室中建一个宽 2m、深 2m、长 4m 的储液池。利用浓缩营养液稀释为工作营养液时，应在储水池中放入需要配制体积的 $60\%\sim70\%$ 的清水，量取所需母液的用量倒入，开启水泵循环流动或搅拌使其均匀，即完成了工作营养液的配制。

（3）营养液使用　利用营养液土耕方式，根据土壤质地和实际天气情况确定每天灌液次数，做到最小适量化。早春栽培每天滴液 $1\sim3$ 次，滴液量见表 6-19，阴雨天根据土壤湿度状况滴液 1 次；秋冬栽培每天滴液 $1\sim2$ 次，滴液量见表 6-19，连阴雪天不滴液。西瓜各生育时期需肥量见表 6-20 和表 6-21。

表 6-19　西瓜不同生育时期营养液滴定量

生育时期	每天滴定量（L/株）		每 $667m^2$ 滴定量（L）	
	早春茬	秋冬茬	早春茬	秋冬茬
苗期	0.5	0.6	15 600	18 720
伸蔓期	0.6	0.7	15 600	18 200
结瓜期	0.75	0.9	35 100	42 120

表 6-20　西瓜早春茬各生育时期每 667m² 需肥量

单位：kg

生育时期	尿素	磷酸二氢钾	硝酸钾	硫酸钾
苗期	2.34	5.77	0.55	4.54
伸蔓期	2.34	5.77	0.55	4.54
结瓜期	12.29	8.98	3.51	11.56
总量	16.97	20.52	4.61	20.64

表 6-21　西瓜秋冬茬各生育时期每 667m² 需肥量

单位：kg

生育时期	尿素	磷酸二氢钾	硝酸钾	硫酸钾
苗期	2.81	6.93	0.66	5.45
伸蔓期	2.73	6.73	0.64	5.30
结瓜期	14.75	10.78	4.22	13.87
总量	20.29	24.44	5.52	24.62

六、病虫害防治

应从整个日光温室出发，综合运用农业、物理、生态等防治方法。创造不利于病虫害发生和有利于西瓜生长的环境条件。

西瓜病害主要有苗期猝倒病、苗期立枯病、枯萎病、炭疽病及白粉病等。西瓜主要害虫有小地老虎、蝼蛄、蛴螬、种蝇、瓜蚜、红蜘蛛和黄守瓜等。

七、采收

西瓜采收时期与西瓜品种密切相关，采收过早果实没有成熟，含糖量低，色泽差，风味差；采收过晚，果实过分成熟，质地软绵含糖量开始下降，食用品质降低。因坐瓜节位、坐瓜期不同，成熟度不一，应进行分次陆续采收。西瓜成熟采收的主要判断方法有以下几种：

1. 根据生理发育期判断　即根据雌花开放后的天数判断，小果型品种 25～26d，早、中熟品种 30～35d，晚熟品种 40d 以上。

2. 根据果实或植株的某些外部特征判断　果面花纹清晰，具有光泽，脐部、蒂部略有收缩，或果柄上茸毛稀疏或脱落，坐瓜节位的卷须枯焦 1/2 以上为成熟标志。

3. 听声判断　即用手指弹西瓜，声音清脆为生瓜，沉稳、稍混浊为熟瓜，沙哑则为过熟瓜或空心瓜。

第六节　西葫芦养液土耕栽培技术

一、茬口安排

早春茬：10月下旬育苗，12月上旬定植，翌年3月上旬采摘上市，6月下旬拉秧。

冬春一大茬：7月下旬育苗，9月中上旬定植，12月上旬采摘上市，翌年5月下旬拉秧。

秋茬：7月上旬育苗，8月下旬定植，10月下旬采摘上市，翌年1月下旬拉秧。

二、品种选择

选用优质、丰产、抗病虫、抗逆性强、商品性好、适于设施栽培的品种。

三、穴盘育苗

1. 穴盘的选择　育苗选用72孔穴盘。

2. 育苗基质

①选择已经配制好的成品育苗基质。

②复配基质。草炭与蛭石按照2：1的比例复配，或者草炭、蛭石与蚯蚓粪按照1：1：1的比例复配，配制时每立方米加入2.0kg氮磷钾三元复合肥（15-15-15），或每立方米基质中加入1kg尿素和1kg磷酸二氢钾，肥料与基质混合拌匀后备用。

3. 基质消毒　用50%多菌灵可湿性粉剂500倍液喷洒基质，搅拌均匀，盖膜堆闷2h，待用。

4. 种子处理　购买的包衣种子可直接播种，没有处理的种子可进行温汤浸种或药剂消毒。

（1）药剂消毒

①磷酸三钠浸种。将种子在凉水中浸泡4～5h后，放入10%磷酸三钠溶液中浸泡20～30min，捞出用清水冲洗干净，主要预防病毒病。

②福尔马林浸种。将浸在凉水中4～5h的种子，放入1%福尔马林溶液中浸泡15～20min，捞出用湿纱布包好，放入密闭容器中闷2～3h，然后取出种子反复用清水冲洗干净，主要预防早疫病。

③高锰酸钾处理。用40℃温水浸泡3～4h后，放入1%高锰酸钾溶液中浸泡10～15min，捞出用清水冲洗干净，随后进行催芽发种，可减轻溃疡病及花叶病危害。

（2）热水浸种　浸种前除去瘪籽和杂质，将种子用清水湿选，剔除浮于水面的未熟种子。再将种子放入 55℃ 水中，并不停地搅拌。至水温降到 30℃，继续泡 4h，然后边搓洗、边用清水冲洗种子上的黏液，沥水后催芽播种。

（3）催芽　除去吸足水分的种子表面的水分，用通气性好的消毒纱布包好，使种子处于松散状态，不要压得过紧，在 25～30℃ 催芽 36～60h，催芽期间每天清洗种子一次。催芽后，种子出芽露白，即可播种。

5. 播种　将准备好的基质装入穴盘中，刮掉盘面上多余基质，使穴盘上每个孔口清晰可见。把装有基质的穴盘，摞在一起 4～5 个为一组，上放一个空穴盘，两手均匀向下按压穴盘，压至穴深 1.0～1.5cm 为止。

每穴播种 1 粒，播种深度以 1.0～1.5cm 为宜。播种后，覆盖一层基质并将多余基质用刮板刮去，使基质与穴盘格室相平，浇透水，以穴盘底部渗出水为宜。

6. 苗期管理

（1）温度管理　播种之后至齐苗阶段重点是温度管理，白天 25～30℃，夜间 14～16℃ 为宜；齐苗后降低温度，白天 20～24℃，夜间 8～10℃；定植前 5d 炼苗，白天 15～18℃，夜间 6～8℃ 为宜，以适应定植后的自然环境。

（2）水肥管理　苗期以控水控肥为主，可喷 1 次 0.2% 磷酸二氢钾。

7. 壮苗标准　幼苗茎粗 0.5cm 左右，株高 10～15cm，节间短，子叶肥厚，且保存完好，3～4 片真叶健壮，叶色深绿，叶片的长度与叶柄的长度相同，根系发达，无病虫害。

四、定植

1. 整地施肥　整地前消除残留物，深翻 30cm 以上，进行晾晒。播种前基肥施入 30～45t/hm² 腐熟秸秆或 15～18t/hm² 生物炭，225kg/hm² 过磷酸钙，225kg/hm² 硫酸镁，以及 15～30kg/hm² 微量元素螯合肥，旋耕、翻耕，整平耙细起垄。

2. 温室消毒　定植前，采用高温消毒法，在 6～7 月密闭棚室，温度每天上升到 70℃ 以上，进行 15～20d 高温灭菌消毒。土壤用 50% 多菌灵可湿性粉剂 2kg 与干土拌均匀后消毒，进行高温闷棚。在病害严重的地区也可采用药剂消毒，每 667m² 温室用 80% 敌敌畏乳油 250mL 拌 4～5kg 锯末，与 4～5kg 硫黄粉混合，分 10 处点燃，密闭一昼夜，放风后无味时定植。

3. 起垄　定植前按定植株行距起垄，南北向起垄，垄宽 80cm、沟宽 60cm、垄高 20cm。

4. 灌溉方式及覆膜　垄面铺设两条滴灌管，滴灌管布置在畦面 20cm 与 60cm 处，采用直径 15mm 内镶式滴灌，滴头间距 0.3m，实行膜下滴灌，滴灌的分支管采用直径 25cm 塑料管。并南北向用地膜覆盖垄面。

5. 定植时间及方式 棚室内 10cm 深土壤温度稳定在 12℃ 以上即可定植。采用双行定植，根据品种特性、整枝方式、生长期长短、气候条件及栽培习惯，大行距 60～70cm，小行距 40～50cm，株距 40～50cm，每 667m² 定植 2 200～2 400 株。定植深度以营养土块的上表面与畦面齐平或稍深为宜。定植后根边覆土略加压实，浇透定植水。

五、定植后管理

1. 温度管理 缓苗后可从上放风口或背风面放风，保持日温 20～25℃，夜温 12～15℃，防止 0℃ 以下的低温危害，晴天温度高时要早放风晚盖苫，阴天则要晚放风早盖苫。当日平均温度稳定在 15℃ 以上时，可逐步把覆盖物撤掉。开花结果期需要较高温度，一般保持 22～25℃ 最佳。

2. 湿度管理 定植后至缓苗前应保持棚室内较高湿度，以利缓苗。缓苗后通过通风降低棚室内湿度，尤其开花结瓜期要保持较低湿度，以防病害发生。

晴天上午晚放风，使棚温迅速升高，当棚温升至 30℃ 时，开始放顶风。棚温降至 25～20℃，湿度降至 60%～50% 时，关闭通风口，使夜间棚温保持在 12～15℃，湿度保持在 70%～80%。

3. 光照管理 结合温度、湿度等环境条件的调节，统筹调节光照条件，尽量确保每天必要的光照时间。高温强光时段，应注意适时适当遮阴，防止光合效率的降低和日灼果的发生；寒冷寡照时段，尤其是连续阴雨天，应通过棉被揭盖时间的掌控，在植株对低温可忍耐的范围内，尽量增加光照。

4. 营养液配制与管理 采用适合西北硬水地区的营养液配方，各生育时期营养液配方见表 6-22。

表 6-22　西葫芦不同生育时期营养液配方

单位：mg/L

生育时期	四水硝酸钙	硝酸钾	磷酸二氢铵	尿素
缓苗期	177	152	29	30
缓苗后至结瓜前	236	203	39	40
结瓜期	354	304	58	60

（1）母液配制　按照要配制的浓缩营养液的体积和浓缩倍数计算出配方中各种化合物的用量后，将浓缩 A 液（四水硝酸钙）和浓缩 B 液（硝酸钾、磷酸二氢铵和尿素）中的各种化合物称量后分别放在一个 200L 塑料容器中，溶解后加水至所需配制的体积，搅拌均匀即可。

（2）工作营养液配制 在温室中建一个宽 2m、深 2m、长 4m 的储液池。利用浓缩营养液稀释为工作营养液时，应在储水池中放入需要配制体积的 $60\%\sim70\%$ 的清水，量取所需浓缩 A 液的用量倒入，开启水泵循环流动或搅拌使其均匀，然后再量取浓缩 B 液所需用量，用较大量的清水将浓缩 B 液稀释后，缓慢地将其倒入储液池中，利用水泵循环流动或搅拌使其均匀，即完成了工作营养液的配制。

（3）营养液使用 利用营养液土耕方式，根据土壤质地和实际天气情况确定每天灌液次数，做到最小适量化。早春栽培每天滴液 1～3 次，滴液量见表 6-23，阴雨天根据土壤湿度状况滴液 1 次；秋冬栽培每天滴液 1～2 次，滴液量见表 6-23，连阴雪天不滴液。西葫芦各生育时期需肥量见表 6-24。

表 6-23 西葫芦不同生育时期营养液滴定量

生育时期	每天滴定量（L/株）		每 667m² 滴定量（L）	
	早春茬	秋冬茬	早春茬	秋冬茬
缓苗期	0.2	0.3	4 400	6 600
缓苗后至结瓜前	0.3	0.5	33 000	55 000
结瓜期	0.5	0.5	66 000	66 000

表 6-24 西葫芦各生育时期每 667m² 需肥量

生育时期	早春茬（kg）				秋冬茬（kg）			
	四水硝酸钙	硝酸钾	磷酸二氢铵	尿素	四水硝酸钙	硝酸钾	磷酸二氢铵	尿素
缓苗期	0.78	0.67	0.13	0.13	1.17	1.00	0.19	0.78
缓苗后至结瓜前	7.79	6.69	1.28	1.32	12.98	11.15	2.13	7.79
结瓜期	23.36	20.06	3.83	3.96	23.36	20.06	3.83	23.36
总量	31.93	27.42	5.23	5.41	37.51	32.21	6.15	31.93

5. 植株调整

（1）整枝与打杈 根瓜坐住前应及时摘除植株基部的少量侧枝。植株长到 8～9 片叶时蔓性品种即开始吊蔓。西葫芦长势较强，易发生侧枝，为保持田间叶片受光良好，应及时去除侧枝和卷须。必须进行人工辅助授粉或用植物生长调节剂处理，以保证其正常坐瓜。

（2）授粉或蘸花 设施栽培很少有传粉昆虫活动，可在 9:00～10:00 进行人工授粉，或用 20～30mg/kg 2,4-滴液蘸花，蘸花液中加入 0.1% 的 50% 农利灵可湿性粉剂，防治灰霉病。

（3）CO_2施肥 坐瓜及果实膨大期是增施 CO_2 的最佳时期，施肥要持续一个月，中途不能停止，以免引起植株早衰。选择吊袋式 CO_2 气肥，将"发生剂"与"缓释催化剂"混合均匀后吊挂在植株上端 50～60cm 处，每袋双面烫 8 个气体释放孔，每 667m² 日光温室需均匀吊挂 20 袋，每月换施 1 次。

六、病虫害防治

认真贯彻"预防为主，综合防治"的植保方针，以农业防治为基础，辅以物理防治、生物防治，科学合理地进行化学防治，达到生产安全、优质无公害蔬菜的目的。

1. 农业防治 优化布局，合理轮作，选用抗病品种，培育壮苗，加强田间管理，提高抗逆性，晒垡消毒，中耕除草，清洁田园。出入棚室及时关门，降低田间病虫基数。

2. 物理防治 在通风口安置防虫网避虫害；在棚室内吊挂黄、蓝板诱杀蚜虫、白粉虱、烟粉虱、蓟马等，将黄、蓝板挂在行间或株间，高出植株顶部 20cm 处，每 667m² 挂黄、蓝板各 30 块。

3. 生物防治 积极保护并利用天敌，采用病毒、植物源农药和生物源农药防治病虫害。

4. 化学防治 设施优先采用粉尘法、烟熏法，在干燥晴朗天气也可喷雾防治，注意轮换用药，合理混用。使用药剂防治应符合 GB/T 8321 要求。具体病虫害防治方法见表 6-25。使用方法部分参照 DB34/T 206.2—2006 规定。

表 6-25 西葫芦病虫害的化学防治方法

防治对象	防治药物	防治方法
灰霉病	10％世高水分散粒剂、40％福星乳油、2％农抗 120 水剂、2％武夷菌素水剂	发病初期选用 10％世高水分散粒剂 8 000 倍液，或选用 40％福星乳油 6 000～8 000 倍液，或 2％农抗 120 水剂 150～200 倍液，或 2％武夷菌素水剂 200 倍液喷雾防治
病毒病	20％病毒 A 可湿性粉剂、1.5％植病灵乳剂	及时防治瓜蚜和白粉虱。发病初期用 20％病毒 A 可湿性粉剂 500 倍液，或 1.5％植病灵乳剂 1 000 倍液喷雾防治
白粉病	65％甲霉灵可湿性粉剂、40％施加乐悬浮剂	发病初期选用 65％甲霉灵可湿性粉剂 600 倍液，或 40％施加乐悬浮剂 800～1 000 倍液喷雾防治
霜霉病	45％百菌清烟剂	发病初期用 45％百菌清烟剂，每 667m² 用 110～180g，分放在棚内 4～5 处，点燃闭棚熏一夜，次晨通风，7d 熏 1 次，视病情熏 3～4 次

（续）

防治对象	防治药物	防治方法
粉虱	2.5%天王星乳油、20%康福多浓可溶剂、25%阿克泰水分散粒剂、3%莫比朗乳油、5%百菌清粉剂、70%乙膦·锰锌可湿性粉剂、72.2%普力克水剂、40%乙膦铝可湿粉剂、64%杀毒矾可湿性粉剂、1%红或白糖＋0.5%尿素＋1%食醋＋0.2%乙膦铝	用2.5%天王星乳油2 000～3 000倍液，或20%康福多浓可溶剂2 000～3 000倍液，或25%阿克泰水分散粒剂3 000～4 000倍液，或3%莫比朗乳油1 000～2 000倍液喷雾防治；或每公顷用5%百菌清粉剂1kg喷粉，7d喷1次，连喷2～3次。发现中心病株后用70%乙膦·锰锌可湿性粉剂500倍液，或72.2%普力克水剂800倍液，或40%乙膦铝可湿性粉剂200倍液，或64%杀毒矾可湿性粉剂400倍液喷雾，7～10d喷1次，视病情发展确定用药次数。还可用糖氮液，即1%红或白糖＋0.5%尿素＋1%食醋＋0.2%乙膦铝，7d喷叶面1次
红蜘蛛	1.8%阿维菌素乳油、20%灭扫利乳油、15%哒螨灵乳油	用1.8%阿维菌素乳油3 000倍液，或20%灭扫利乳油2 000倍液，或15%哒螨灵乳油1 500倍液喷雾

5. 安全间隔期　参照农药有效间隔期。

七、采收

一般定植后55～60d即可进入采收期。西葫芦以采收嫩瓜为主，根瓜200g左右采收，以防止坠秧和影响上部雌花开放和坐瓜；开花后7d，当果实重量达250～500g时即可采收。生长前期温度及光照条件较差，应适当早收，避免坠秧；生长中后期环境条件适宜，可适当留大瓜，提高产量。生长期施过农药的西葫芦，安全间隔期后采摘。

第七节　甜瓜养液土耕栽培技术

一、茬口安排

早春茬：11月下旬育苗，翌年1月上旬定植，4月下旬采摘上市。
秋延后茬：7月上旬育苗，8月上旬定植，11月中旬采摘上市。

二、品种选择

1. 接穗品种　应根据不同茬口、不同栽培方式，选用抗逆性、抗病性强、优质、高产稳产、商品性好的适宜品种。

2. 砧木品种   甜瓜嫁接容易发生不亲和现象，所以对砧木要求比较严格，可选择抗病甜瓜品种、白籽南瓜、瓠瓜等做砧木，嫁接亲和力和共生亲和力强，嫁接后伤口容易愈合，植株长势旺盛。但应注意冬瓜耐低温性差，适于高温季节栽培时做砧木。

三、穴盘育苗

1. 穴盘的选择   育苗选用 72 孔穴盘。

2. 育苗基质

①选择已经配制好的成品育苗基质。

②复配基质。草炭与蛭石按照 2∶1 的比例复配，或者草炭、蛭石与蚯蚓粪按照 1∶1∶1 的比例复配，配制时每立方米加入 2.0kg 氮磷钾三元复合肥 (15-15-15)，或每立方米基质中加入 1kg 尿素和 1kg 磷酸二氢钾，肥料与基质混合拌匀后备用。

3. 基质消毒   用 50% 多菌灵可湿性粉剂 500 倍液喷洒基质，搅拌均匀，盖膜堆闷 2h，待用。

4. 种子处理   购买的包衣种子可直接播种，没有处理的种子可进行温汤浸种或药剂消毒。

(1) 药剂消毒

①磷酸三钠浸种。将种子在凉水中浸泡 4～5h 后，放入 10% 磷酸三钠溶液中浸泡 20～30min，捞出用清水冲洗干净，主要预防病毒病。

②福尔马林浸种。将浸在凉水中 4～5h 的种子，放入 1‰ 福尔马林溶液中浸泡 15～20min，捞出用湿纱布包好，放入密闭容器中闷 2～3h，然后取出种子反复用清水冲洗干净，主要预防早疫病。

③高锰酸钾处理。用 40℃ 温水浸泡 3～4h 后，放入 1% 高锰酸钾溶液中浸泡 10～15min，捞出用清水冲洗干净，随后进行催芽发种，可减轻溃疡病及花叶病危害。

(2) 热水浸种   浸种前除去瘪籽和杂质，先将种子于凉水中浸泡 10min，种子在 55～60℃ 水中浸泡，不断搅拌，直至室温，再在水中浸泡 6～8h。

(3) 催芽   除去吸足水分的种子表面的水分，用通气性好的消毒纱布包好，使种子处于松散状态，不要压得过紧，在 30～32℃ 催芽 36～48h，催芽期间每天清洗种子 1 次。催芽后，种子出芽露白，即可播种。

5. 播种   将准备好的基质装入穴盘中，刮掉盘面上多余基质，使穴盘上每个孔口清晰可见。把装有基质的穴盘，摞在一起 4～5 个为一组，上放一个空穴盘，两手均匀向下按压穴盘，压至穴深 1.0～1.5cm 为止。

每穴播种 1 粒，播种深度以 1.0～1.5cm 为宜。播种后，覆盖一层基质并将多余基质用刮板刮去，使基质与穴盘格室相平，浇透水，以穴盘底部渗出水为宜。

6. 苗床管理

（1）温度管理　播种到出苗，苗床温度宜控制在 30℃ 左右；出苗至真叶长出前，白天宜 20～25℃，夜间宜控制在 15℃ 左右；真叶长出后白天宜 25～30℃，夜间宜 18℃ 左右。

（2）水分管理　播种后至出苗前，不宜浇水；子叶展开至 2 叶 1 心，基质水分含量为最大含水量的 65%～70%；2 叶 1 心至定植前，基质水分含量保持在 60% 左右。若叶面出现轻度下垂，可在 10:00 左右浇水，浇水宜小水勤浇，每次浇水量以浇透穴盘为度。空气相对湿度白天 50%～60%，夜间 70%～80% 为宜。

（3）光照管理　调节光照时间，每天光照时间宜 8h 以上。

（4）养分管理　结合喷水进行 1～2 次叶面喷肥，叶面肥可用 0.2% 磷酸二氢钾溶液。

7. 壮苗标准　种苗子叶健壮完整，真叶 2 叶 1 心或 3 叶 1 心，节间短、粗，叶片浓绿，根系发达，白根多，无病虫害，株高 10～15cm，茎粗 0.3cm以上，苗龄 20～25d，选取壮苗定植。

四、嫁接育苗

1. 嫁接的环境条件　嫁接的环境温度要求在 20～25℃，冬春季应在温室中嫁接，夏秋季应在阴凉的地方嫁接。空气相对湿度应大于 80%。

2. 嫁接技术　嫁接操作时，切削刀片要锋利，速度要快，砧木和接穗的切面要平直、光滑。在固定砧木和接穗的接触面时，应使砧木和接穗维管束相对，若砧木和接穗大小不一致，则至少一侧靠齐。固定时嫁接夹松紧要适度。

3. 嫁接方法

（1）靠接法　要求砧木和接穗的茎粗相当，砧木出苗后，两片子叶展平，刚露真叶时开始嫁接。从苗床中起出砧木苗和接穗苗。砧木苗要用刀片或竹签轻轻除去生长点。左手拇指、中指轻轻将砧木两片叶子合起并捏住，苗的根部朝前，茎部靠在食指上。右手持刀在生长点下 0.5cm 扁茎的窄面一侧处，用刀片呈 30°～40° 角向下斜切到胚轴粗度的 2/5～1/2，切口一般长 0.5～1cm。取一接穗用左手的拇指和中指轻轻捏住根部，子叶朝前，使茎部靠在食指上，右手持刀片，在子叶着生的一侧，第一片真叶下 1.5～2cm 处用刀片向上呈 30° 角斜切，深达胚轴粗度的 1/2～2/3，切口长与砧木相同。左手捏住砧木子叶下部，略为倾斜，使切口微微张开，右手捏住接穗子叶下部，略为倾斜，使切口微微张开，然后将接穗和砧木的切口相互靠接插入并完全吻合，不能松动，用专业嫁接夹从接穗一侧夹住靠接部位，将二者一起栽于营养钵中。采用靠接法，在嫁接后 7d 左右，幼苗基本成活，应及时切断接穗根系，使接穗完全靠砧木提供营养而生长。嫁接后应及时摘除砧木萌发的侧芽，保证接穗正常生长。

（2）插接法　要求砧木茎比接穗茎粗些，当砧木两片子叶展平，第一片真叶直径 2～3cm 时为嫁接适期。取砧木苗左手拇指和食指捏住砧木的胚轴，用刀片除去生长点，然后用竹签在苗茎的顶面紧贴一子叶基部的内侧向另一片子叶的下方斜插，插入深度 5mm 左右，以竹签穿破砧木表皮而未穿透砧木为宜，暂不拔出竹签。左手拇指和无名指捏住接穗两片子叶，食指和中指夹住苗根基部，右手持刀在子叶正下方一侧，距离子叶 4～6mm 处斜削一刀，第一刀稍平而不截断，翻过苗茎，再从背面斜削一刀，切口 4～6mm，将接穗削成楔状。接穗苗茎削好后从砧木苗茎上拔出竹签，立即将接穗的切面一侧向下轻轻插入砧木苗茎的插口内，深度以切口吻合为宜，整个过程要做到稳、准、快。

（3）劈接法　先将砧木生长点去掉，用刀片从砧木两片子叶中间的一侧竖直向下劈开，深度 1cm，以不切到髓腔的空心处为宜，注意不把整个胚轴劈开。把接穗从子叶下胚轴两侧各削一刀，形成双面楔形，切口长 8mm 左右。将削好的接穗插入砧木切口中，使接穗与砧木表面平整对齐，用嫁接夹固定。

4. 嫁接后的管理

（1）温度管理　甜瓜嫁接苗愈合的适宜温度，前 3～5d，白天为 25～30℃，夜间为 18～20℃；1 周左右，白天保持 25℃左右，夜间 15℃左右，地温 20℃左右。冬春季节，嫁接苗应放置在大棚中，并加盖小拱棚。夏天嫁接，应用遮阳网遮盖温室或大棚，再在小拱棚上加盖遮光物。

（2）湿度管理　冬春季节嫁接，嫁接苗前 3d 应保持密封状态，空气湿度通常在 90% 以上，3d 后早晚逐渐通风，每天通风 1～2 次。夏天嫁接，小拱棚不用密闭，可多加几层遮阳网，注意勤浇水。以后逐渐揭开遮盖物，增加通风量和通风时间，仍保持较高的空气湿度，每天喷雾水 1～2 次，7～8d 后基本成活，开始正常管理。浇水时应在嫁接苗底下浇水，或在水中加入一些杀菌剂，以防嫁接伤口感染。

（3）光照管理　嫁接后前 3d 每天 10：00～16：00 要完全遮光，以后逐渐增加光照。7～10d 后，接穗长出新叶，逐渐撤掉覆盖物，成活后转入正常管理。

（4）分级管理　将接口愈合好、生长快的大苗放置在温度光照条件相对较差的地方，控制生长；将伤口愈合差、生长速度慢的小苗放在条件好且稳定的地方，促进生长，使幼苗大小逐渐趋于一致，便于定植。

（5）炼苗　冬春育苗，定植前 1 周，白天 20～23℃，夜间 10～12℃。夏秋育苗逐渐撤去遮阳网，适当控制水分。

五、定植

1. 整地施肥　整地前消除残留物，深翻 30cm 以上，进行晾晒。播种前基肥施入 30～45t/hm² 腐熟秸秆或 15～18t/hm² 生物炭，225kg/hm² 过磷酸钙，225kg/hm² 硫酸镁，以及 15～30kg/hm² 微量元素螯合肥，旋耕、翻耕，整平耙细起垄。

2. 温室消毒　定植前，采用高温消毒法，在 6～7 月密闭棚室，温度每天上升到 70℃ 以上，进行 15～20d 高温灭菌消毒。土壤用 50% 多菌灵可湿性粉剂 2kg 与干土拌均匀后消毒，进行高温闷棚。在病害严重的地区也可采用药剂消毒，每 667m² 温室用 80% 敌敌畏乳油 250mL 拌 4～5kg 锯末，与 4～5kg 硫黄粉混合，分 10 处点燃，密闭一昼夜，放风后无味时定植。

3. 起垄　定植前按定植株行距起垄，南北向起垄，垄宽 80cm、沟宽 60cm、垄高 20cm。

4. 灌溉方式及覆膜　垄面铺设两条滴灌管，滴灌管布置在畦面 20cm 与 60cm 处，采用直径 15mm 内镶式滴灌，滴头间距 0.3m，实行膜下滴灌，滴灌的分支管采用直径 25cm 塑料管。南北向用地膜覆盖垄面。

5. 定植时间及方式　棚室内 10cm 深土壤温度稳定在 12℃ 以上即可定植。定植宜在晴天上午进行。先用滴灌系统浇足水，按品种要求的株距在垄上地膜打好定植穴，将瓜苗放入，采用双行定植，株距 40cm，行距 80cm，每 667m² 定植 2 000 株，定植深度以营养土块的上表面与畦面齐平或稍深为宜。定植后根边覆土略加压实，浇透定植水。

六、定植后管理

1. 温度管理　定植后，缓苗期白天保持设施内温度 28～30℃，夜间不低于 20℃；缓苗后适当通风降温；伸蔓期白天适宜温度 25～28℃，夜间适宜温度 16～18℃；开花期白天 28～30℃，夜间温度不宜低于 18℃；果实膨大期，白天适宜温度 28～32℃（不宜超过 35℃），夜间适宜温度 15～20℃。

2. 湿度管理　空气湿度的调节原则：缓苗期宜高些，相对湿度达到 90% 左右为好；结瓜前掌握在 80% 左右，以促茎叶的正常生长；深冬季节的空气相对湿度控制在 70% 左右，以适应低温寡照的条件和防止低温高湿下多种病害的发生；入春转暖以后，湿度要逐渐升高，盛瓜期达到 90% 左右。

3. 光照管理　结合温度、湿度等环境条件的调节，统筹调节光照条件，尽量确保每天必要的光照时间。高温强光时段，应注意适时适当遮阴，防止光合效率的降低和日灼果的发生;寒冷寡照时段,尤其是连续阴雨天,应通过棉被揭盖时间的掌控,在植株对低温可忍耐的范围内,尽量增加光照。

4. 营养液配制与管理 采用适合西北硬水地区的营养液配方,各生育时期营养液配方见表6-26。

表6-26 甜瓜不同生育时期营养液配方

单位:mg/L

生育时期	磷酸二氢铵	硝酸钾	硫酸钾	尿素	硝酸钙
苗期	51	152	43	30	275
花期	77	228	65	45	413
结瓜期	102	303	87	60	551

(1)母液配制 按照要配制的浓缩营养液的体积和浓缩倍数计算出配方中各种化合物的用量后,将浓缩A液(硝酸钙)和浓缩B液(磷酸二氢铵、硝酸钾、硫酸钾、尿素)中的各种化合物称量后分别放在一个200L塑料容器中,溶解后加水至所需配制的体积,搅拌均匀即可。

(2)工作液配制 在温室中建一个宽2m、深2m、长4m的储液池。利用浓缩营养液稀释为工作营养液时,应在储水池中放入需要配制体积的60%~70%的清水,量取所需浓缩A液的用量倒入,开启水泵循环流动或搅拌使其均匀,然后再量取浓缩B液所需用量,用较大量的清水将浓缩B液稀释后,缓慢地将其倒入储液池中,利用水泵循环流动或搅拌使其均匀,即完成了工作营养液的配制。

(3)营养液使用 利用营养液土耕方式,根据土壤质地和实际天气情况确定每天灌液次数,做到最小适量化。早春季栽培每天滴液1~3次,滴液量见表6-27,阴雨天根据土壤湿度状况滴液1次;秋冬栽培每天滴液1~2次,滴液量见表6-27,连阴雪天不滴液。甜瓜各生育时期需肥量见表6-28。

表6-27 甜瓜不同生育时期营养液滴定量

生育时期	每天滴定量（L/株)		每667m²滴定量（L)	
	早春茬	秋冬茬	早春茬	秋冬茬
苗期	0.2	0.2	12 000	12 000
花期	0.3	0.4	12 000	16 000
结瓜期	0.5	0.6	33 000	39 600

表6-28 甜瓜各生育时期每667m²需肥量

生育时期	早春茬（kg）					秋冬茬（kg）				
	磷酸二氢铵	硝酸钾	硫酸钾	尿素	四水硝酸钙	磷酸二氢铵	硝酸钾	硫酸钾	尿素	四水硝酸钙
苗期	0.61	1.82	0.52	0.36	3.30	0.61	1.82	0.52	0.36	3.30
花期	0.92	2.74	0.78	0.54	4.96	1.23	3.65	1.04	0.72	6.61
结瓜期	3.37	10.00	2.87	1.98	18.18	4.04	12.00	3.45	2.38	21.82
合计	4.90	14.56	4.17	2.88	26.44	5.88	17.47	5.00	3.46	31.73

5. 植株调整

（1）绑蔓 用塑料绳引蔓，将绳的一端固定在棚室内上方的铁丝上，另一端直接绑在茎蔓基部，并把茎蔓缠绕在塑料绳上，进行引蔓。根据品种特性采取单蔓整枝或双蔓整枝。

单蔓整枝：主蔓不摘心，摘除基部侧枝，选留中部子蔓结瓜，瓜前留2～3片叶，对子蔓摘心；后根据设施高度对主蔓进行摘心。

双蔓整枝：主蔓长到3～5片叶，将主蔓摘心，待主蔓发出侧枝时，选留两条健壮的子蔓保留，除去其余子蔓；后根据设施高度对双蔓进行摘心。

（2）授粉 采用人工授粉，在预留节位的雌花开放时，于每天8:00～11:00取当天开放的雄花，去掉花瓣，将雄花的花粉轻轻涂抹在雌花的柱头上。侧枝授过粉后做标记，以免重复授粉。

（3）定瓜 授粉1周左右，当幼瓜长到核桃至鸡蛋大小时定瓜，选留瓜形周正、无畸形，果柄粗长，花脐较小，符合品种特征的幼瓜。

（4）吊瓜 在幼瓜长到250g左右时，及时吊瓜。将细尼龙绳用活结系到瓜柄靠近果实的部位，将瓜吊于与坐瓜节位相平的位置。

七、病虫害防治

应定期巡查，发现重要病虫害必须立即采取合理栽培管理技术及生态控制、物理、生物、化学防治措施，病虫害初期诊断后运用高效安全化学农药及生物农药等综合防治。

1. 农业防治 优化布局，合理轮作，选用抗病品种，培育壮苗，加强田间管理，提高抗逆性，晒垡消毒，中耕除草，清洁田园。出入棚室及时关门，降低田间病虫基数。

棚室内通风的窗口都必须安装防虫网，棚室内的环境条件以能满足甜瓜的前提下要尽可能干燥和透光。

2. 物理防治 采用诱虫灯、粘虫板、套袋等措施防治病虫害。

3. 生物防治 积极保护并利用天敌，采用病毒、植物源农药和生物源农药防治病虫害。

4. 化学防治 设施优先采用粉尘法、烟熏法，在干燥晴朗天气也可喷雾防治，注意轮换用药，合理混用。使用药剂防治应符合 GB/T 8321 要求。具体病虫害防治方法见表 6-29。

表 6-29 甜瓜病虫害的化学防治方法

防治对象	主要发生时期	推荐药剂名称	使用方法	每茬最多使用次数	安全间隔期（d）
蚜虫	全生育期	1.5％虫蚜克烟剂	烟熏	2	3
		25％抗蚜威水溶性颗粒剂	3 000～4 000 倍液喷雾	3	7
		10％吡虫啉可湿性粉剂	2 000～3 000 倍液喷雾	2	10
白粉虱	盛瓜期	10％吡虫啉可湿性粉剂	1 000～2 000 倍液喷雾	2	10
		25％噻嗪酮可湿性粉剂	1 000～1 500 倍液喷雾	2	10
		20％丁硫克百威乳液	600 倍液喷雾	3	7
蓟马	开花结瓜期	25％噻虫嗪水分散粒剂	3 000～5 000 倍液灌根	2	7
		2.5％多杀霉素悬浮剂	1 000 倍液喷雾	2	7
		25％喹硫磷乳油	1 000 倍液喷雾	1	7
斑潜蝇	全生育期	1.8％阿维菌素乳油	1 000～1 500 倍液喷雾	1	7
		75％灭蝇可湿性粉剂	400～600 倍液喷雾	2	5
红蜘蛛	全生育期	35％杀螨特乳油	100 倍液喷雾	2	7
		73％克螨特乳油	200 倍液喷雾	2	7
细菌性果腐病	全生育期	40％甲醛 或 47％加瑞农（加收米与碱性氧化铜混配）	150 倍液浸种消毒，1 000～1 200 倍液喷雾	3	7
		72％农用硫酸链霉素粉剂	1 000～1 200 倍液喷雾	3	7
		30％琥胶肥酸铜可湿性粉剂	500 倍液喷雾	4	10
枯萎病	开花结瓜期	12％络氨铜水剂	200～300 倍液灌根	2	3
		0.3％多抗霉素水剂	80～100 倍液灌根	2	5
		50％多菌灵可湿性粉剂＋绿邦 98	400 倍液喷雾＋灌根	3	7
霜霉病	开花结瓜期	72％霜脲氰可湿性粉剂	600～800 倍液喷雾	3	10
		58％甲霜·锰锌可湿性粉剂	400 倍液	3	10
		75％百菌清可湿性粉剂	500 倍液	3	10

（续）

防治对象	主要 发生时期	推荐药剂名称	使用方法	每茬最多 使用次数	安全间 隔期（d）
白粉病	开花结瓜期	12.5%腈菌唑乳油（腈菌唑）	1 500 倍液喷雾	3	7
		10%苯醚甲环唑水分散 粒剂	1 200 倍液喷雾	3	7
		12.5%烯唑醇可湿性粉剂	2 000～2 500 倍液喷雾	3	7
病毒病	开花结瓜期	2%宁南霉素水剂	500 倍液喷雾	3	5
		0.5%菇类蛋白多糖水剂	600 倍液喷雾	3	5
		20%盐酸吗啉胍乙铜可湿 性粉剂	500 倍液喷雾	3	3
细菌性角斑病	开花结瓜期	72%农用硫酸链霉素可溶 性粉剂	4 000 倍液喷雾	3	5
		72%新植霉素可溶性粉剂	4 000 倍液喷雾	3	5
		50%瑞毒铜可湿性粉剂	600 倍液喷雾	4	7
根结线虫	全生育期	1.8%阿维菌素乳油	0.67kg/hm² 处理土壤	3	7
		35%威百亩可溶液剂	6kg/hm² 处理土壤，撒施	4	7

八、采收

根据授粉日期和品种成熟时间推算，同时根据果皮的香气和皮色变化等来判断成熟度，适期采收。采收宜在清晨进行，采后存放在阴凉场所。采收时应保留 T 形瓜柄。

第八节　芹菜养液土耕栽培技术

一、茬口安排

根据不同育苗方式、栽培措施（露地或保护地）和当地气候条件选择适当时间。

秋冬茬：7 月下旬至 8 月下旬播种，9 月下旬至 10 月中旬定植，12 月上旬至翌年 3 月上旬采收。

冬春茬：9 月上旬播种，11 月上旬定植，翌年 3 月上旬至 4 月上旬采收。

二、品种选择

选用优质、抗病、耐热、适应性广、纤维少、实心和品质嫩脆的西芹品种，可选用文图拉、加州王、高优它、佛罗里达等。

三、穴盘育苗

1. 穴盘的选择　冬春季育苗选用 72 孔穴盘，夏季选用 98 孔穴盘。

2. 育苗基质

①选择已经配制好的成品育苗基质。

②复配基质。草炭与蛭石按照 2∶1 的比例复配，或者草炭、蛭石与蚯蚓粪按照 1∶1∶1 的比例复配，配制时每立方米加入 2.0kg 氮磷钾三元复合肥（15-15-15），或每立方米基质中加入 1kg 尿素和 1kg 磷酸二氢钾，肥料与基质混合拌匀后备用。

3. 基质消毒　用 50% 多菌灵可湿性粉剂 500 倍液喷洒基质，搅拌均匀，盖膜堆闷 2h，待用。

4. 种子处理　芹菜种子皮厚，含油腺，吸水性差，秋茬芹菜育苗正值高温时节，出苗慢且参差不齐，播前低温催芽可有效促进出苗。具体方法：先用 48℃ 温水浸种 30min，之后转入 15～20℃ 清水浸泡 4～6h，搓揉种子淘洗干净后沥干，用湿纱布包裹，在 15～20℃ 下催芽，每 6～8h 翻动一次，并用清水冲去种子表面黏液。也可将种子与湿润的河沙混合后置冷凉处催芽，或用 500～800mg/kg 赤霉素浸种 8～12h 后再催芽。催芽至约 80% 的种子出芽露白即可播种。

5. 播种　芹菜采用精细播种，播种种子要掺适量沙子，以利播种均匀。每穴播种 1 粒，播种深度以 1.0～1.5cm 为宜。播种后，覆盖一层基质并将多余基质用刮板刮去，使基质与穴盘格室相平，浇透水，以穴盘底部渗出水为宜。

6. 苗床管理　播后至出苗用遮阳网覆盖，苗齐逐步撤掉遮阳网，防止高温、积水烂根烂苗，小水勤浇，保持土壤湿润。出苗 2～3 片真叶前，每隔 2～3d 浇 1 次水，早晚为宜，5～6 片叶适当控水。3～4 片真叶的弱苗适量追施尿素，幼苗 1～2 片真叶时进行 1～2 次间苗除草。

7. 壮苗标准　培育壮苗主要是抑制徒长，促进花芽分化。冬春育苗，株高 10～20cm，茎粗 0.5cm 左右，具有 6～7 片真叶，能见到花蕾，苗龄 90～100d，叶色浓绿，无病虫害，植株发育均衡。夏秋育苗，具有 6～7 片叶，株高 10～15cm，茎粗 0.5cm 以上，苗龄 30～40d，根系发达，须根多。

四、定植

1. 整地施肥　宜选有机质含量丰富、土层较厚、保水保肥、排水良好的土壤。整地前消除残留物，进行深耕并施有机肥和复合肥，深翻 30cm 以上。

播种前基肥施入 $45\sim60t/hm^2$ 有机肥或蚯蚓粪，$600kg/hm^2$ 过磷酸钙，以及 $15\sim30kg/hm^2$ 微量元素螯合肥，旋耕、翻耕、整平耙细起垄。

2. 温室消毒 土壤用 50% 多菌灵可湿性粉剂 2kg 与干土拌均匀后消毒，进行高温闷棚。

3. 起垄 定植前按定植株行距起垄，南北向起垄，大行距 $70\sim80cm$，小行距 $50\sim60cm$，垄高 $15\sim20cm$。

4. 灌溉方式及覆膜 垄面铺设两条滴灌管，滴灌管布置在畦面 20cm 与 60cm 处，采用直径 15mm 内镶式滴灌，滴头间距 0.3m，实行膜下滴灌，滴灌的分支管采用直径 25cm 塑料管。南北向用地膜覆盖垄面。

5. 定植时间及方式 棚室内 10cm 深土壤温度稳定在 12℃ 以上即可定植。行距 $15\sim20cm$，株距 $10\sim12cm$，单株栽植，每 $667m^2$ 栽苗 33 000～40 000 株。定植深度以不埋住心叶为准。栽得过深浇水后心叶淤泥，影响生长，降低成活率；栽得过浅容易被水冲出，造成缺苗。定植后浇 1 次小水，过 $2\sim3d$ 后再浇 1 次缓苗水，并进行松土。

五、定植后管理

1. 温度管理 日光温室越冬芹菜采收时，株高要求达到 50cm 以上。因此，前期管理要重视温度的控制，维持棚温白天 $15\sim25℃$，地温 20℃，夜间不低于 10℃。11 月中旬外界温度降至 $6\sim12℃$ 时，可将棚扣严，有寒流时夜间要加盖草帘防寒。以后每天早揭晚盖，注意保温。

2. 湿度管理 芹菜根系浅，不耐旱和涝，浇水应勤浇，浅浇。定植后初期气温较高，土壤蒸发较快，一般可结合追肥每 $4\sim5d$ 浇水 1 次，保持畦面湿润，利于新根发生。缓苗后为防止徒长，应控制浇水量，进行浅中耕，保墒蹲苗 $10\sim15d$。蹲苗结束后进入营养生长旺盛期，叶片增大，叶柄伸长，水供应要足。

3. 营养液配制与管理

（1）母液配制 按照要配制的浓缩营养液的体积和浓缩倍数计算出配方中各种化合物的用量，将各种化合物称后放在一个 200L 塑料容器中，溶解后加水至所需配制的体积，搅拌均匀即可。

（2）工作营养液配制 在温室中建一个宽 2m、深 2m、长 4m 的储液池。利用浓缩营养液稀释为工作营养液时，应在储水池中放入需要配制体积的 60%～70% 的清水，量取所需母液的用量倒入，开启水泵循环流动或搅拌使其均匀，即完成了工作营养液的配制。

（3）营养液使用 利用营养液土耕方式，根据土壤质地和实际天气情况确定每天灌液次数，做到最小适量化。冬春季栽培每天滴液 $1\sim3$ 次，滴液量见表 6-30，阴雨天根据土壤湿度状况滴液 1 次；秋冬栽培每天滴液 $1\sim2$ 次，滴液量见表 6-30，连阴雪天不滴液。芹菜生育时期需肥量见表 6-31。

表 6-30　芹菜不同生育时期营养液滴定量

生育时期	每天滴定量（L/株）		每667m²滴定量（L）	
	冬春茬	秋冬茬	冬春茬	秋冬茬
幼苗期（30）	0.03	0.04	31 500	42 000
叶丛生长初期（25）	0.05	0.06	43 750	52 500
叶丛生长中期（20）	0.07	0.08	49 000	56 000
叶丛生长盛期（25）	0.08	0.09	70 000	78 750

表 6-31　芹菜各生育时期每667m²需肥量

单位：kg

生育时期	尿素	磷酸二氢铵	硝酸钾	硫酸钾
幼苗期	3.80	1.34	2.85	4.57
叶丛生长初期	5.79	2.52	4.27	6.86
叶丛生长中期	9.44	2.94	8.30	8.18
叶丛生长盛期	12.40	4.67	8.54	8.27
总量	31.43	11.47	23.96	27.88

六、病虫害防治

蚜虫用 50％抗蚜威可湿性粉剂 2 000～3 000 倍液，或 10％吡虫啉可湿性粉剂 1 000～1 500 倍液，或 0.5％藜芦碱醇液（护卫鸟）800 倍液喷雾防治。温室白粉虱可选用 25％扑虱灵可湿性粉剂 1 000～1 500 倍液，或 2.5％三氟氯菊酯乳油（功夫）3 000 倍液，或 25％灭螨猛可湿性粉剂 1 000～1 500 倍液喷雾防治。对早疫病（叶斑病）和斑点病（晚疫病、叶枯病）可选用 50％扑海因可湿性粉剂 1 000 倍液，或 70％甲基硫菌灵可湿性粉剂 600 倍液喷雾防治。对软腐病（腐烂病）用 30％琥胶肥酸铜（DT）胶悬剂 500 倍液，或新植霉素 4 000 倍液，或 47％加瑞农可湿性粉剂 800 倍液，或 72％农用硫酸链霉素可湿性粉剂 3 000～4 000 倍液喷雾防治。

七、采收

当芹菜植株长至 60～70cm 时可采收上市，若遇到上市量过大可晚揭早盖草帘，缩短见光时间，放风降湿，减少浇水，使其缓慢生长，延缓收获，以提高经济效益。

参考文献

曹云娥，2005. 日光温室番茄滴灌营养液土壤栽培试验研究 ［D］. 银川：宁夏大学.

曹云娥，高艳明，李建设，2006. 番茄营养液土培配方筛选试验初报 ［J］. 蔬菜（11）：
　42-44.

曹云娥，李建设，高艳明，2004. 营养液滴灌土壤栽培技术 ［J］. 蔬菜（12）：24-26.

曹云娥，李建设，高艳明，2005. 蔬菜养液土耕技术综述 ［J］. 吉林蔬菜（1）：46-48.

曹云娥，李建设，高艳明，2016. 不同有机物料对设施土壤环境和西瓜生长的影响 ［J］. 中
　国蔬菜（9）：47-51.

常春江，张文忠，2014. 甜瓜嫁接育苗技术 ［J］. 吉林蔬菜（5）：10.

陈华，王建共，卢成达，等，2010. 旱地春番茄高产高效栽培技术 ［J］. 山西农业科学，38
　（4）：85-87.

陈士权，2007. 夏季芹菜栽培技术 ［J］. 上海蔬菜（4）：32-33.

陈卫民，2013. 芹菜无土栽培技术研究 ［J］. 农民致富之友（20）：43-46.

陈英杰，李振云，2012. 早春大棚番茄无公害高产栽培技术 ［J］. 现代农村科技（4）：
　26-27.

邓静娟，2014. 不同贮藏与烹饪处理对水芹食用品质的影响 ［D］. 扬州：扬州大学.

丁晓华，2018. 越冬茬番茄日光温室栽培技术 ［J］. 河北农业（9）：27-28.

冯静，2016. 营养液中不同 N、K 配施对设施基质栽培西葫芦生长的影响 ［D］. 泰安：山东
　农业大学.

付猛，王文艳，2017. 日光温室越冬茬黄瓜栽培技术 ［J］. 蔬菜（9）：51-54.

高波，2015. 不同 LED 光质和营养液对芹菜生长、产量、品质及光合特性的影响 ［D］. 杨
　凌：西北农林科技大学.

高翠敏，王云峰，2018. 茄子栽培技术 ［J］. 现代农业科技（19）：94，96.

高贵涛，2012. 越冬茬番茄高效栽培法 ［J］. 新农村（9）：26.

高虹，王成云，2010. 棚室绿色食品番茄早熟栽培技术 ［J］. 现代化农业（10）：17-19.

高艳明，李建设，曹云娥，2006. 日光温室番茄滴灌营养液土培试验研究 ［J］. 西北农业学
　报，15（6）：121-126.

高艳明，李建设，2008. 绿色食品（A 级）西瓜日光温室生产栽培技术 ［J］. 黑龙江农业科
　学（5）：120-122.

高艳明，李建设，曹云娥，2006. 日光温室番茄滴灌营养液土培试验研究 ［J］. 西北农业学
　报（6）：121-126.

哈婷，张香梅，高艳明，等，2018. 营养液供液量对夏秋茬基质培茄子生长发育、产量及品
　质的影响 ［J］. 农业工程技术（1）：54-60.

何从亮，毛久庚，甘小虎，等，2012. 温室辣椒长季节基质袋栽培技术研究 ［J］. 中国园艺
　文摘，28（12）：42-43.

姜洪甲，汪邈，林高玉，等，2003. 甜瓜的两种实用嫁接育苗技术 ［J］. 吉林蔬菜（5）：

9-10.

蒋咏, 张万付, 陈丽娜, 2011. 暖棚吊蔓甜瓜栽培技术 [J]. 现代农业技术 (11): 136-137.

李莉红, 2004. 冬春早春辣椒无公害生产技术 [J]. 农业环境与发展 (6): 13-15.

李秀云, 孙雪梅, 2012. 茄子嫁接栽培技术 [J]. 安徽农学通报 (下半月刊), 18 (22): 37, 125.

梁战友, 2014. 日光温室春提早番茄高产栽培技术 [J]. 农村科技 (8): 61-62.

刘渤, 李冬瑞, 马广福, 等, 2013. 薄皮甜瓜 (香瓜) 栽培技术 [J]. 宁夏农林科技, 54 (5): 17-20, 83.

刘彩云, 吴雪梅, 陈生军, 2014. 日光温室蔬菜穴盘育苗栽培技术 [J]. 蔬菜 (10): 48-49.

刘峰, 2009. 日光温室黄瓜病虫害的发生规律及无公害防治技术研究 [D]. 扬州: 扬州大学.

刘静宇, 2007. 辣椒无土栽培技术 [J]. 河北农业科技 (11): 14-15.

刘绚霞, 董振生, 刘创社, 等, 2001. 新型西瓜高效营养液配方筛选与应用研究初报 [J]. 陕西农业科学 (11): 22-23.

刘宗泉, 王广龙, 王素芳, 等, 2014. 黄淮地区保护地番茄农药残留控制生产技术 [J]. 安徽农学通报, 20 (15): 86-87, 90.

马竞, 2017. 农友长茄嫁接育苗技术研究 [J]. 农家参谋 (6): 37.

马艳红, 2006. 冬季温室辣椒高产栽培技术 [J]. 农业工程技术 (温室园艺) (7): 46-47.

马真胜, 2013. 日光温室越冬茬番茄栽培技术 [J]. 甘肃农业 (6): 58, 60.

牛静娟, 2003. 无土栽培营养液调配及灌溉控制系统开发 [D]. 天津: 河北工业大学.

潘复生, 彭顺和, 席兰萍, 2016. 生菜—普通白菜—芹菜—菜薹一年多熟高效栽培模式 [J]. 中国蔬菜 (5): 97-100.

潘军, 2009. 辽宁地区荷兰绿萼紫长茄日光温室一年一大茬栽培技术 [J]. 辽宁农业职业技术学院学报, 11 (5): 21-22.

彭江, 2003. 北方冷凉地区西瓜早春育苗技术的初探 [J]. 甘肃农业 (7): 51-52.

彭智通, 徐水勇, 钟凤林, 2011. 西葫芦栽培技术 [J]. 中国果菜 (7): 4-6.

蒲鸿飞, 2015. 无公害辣椒规范化栽培技术 [J]. 农业开发与装备 (1): 148, 158.

强强, 2012. 宁夏主要蔬菜价格旬间变动与蔬菜茬口安排分析 [D]. 银川: 宁夏大学.

乔源, 2016. 氮磷钾供应对水培芹菜产量、品质及元素利用效率影响的研究 [D]. 杨凌: 西北农林科技大学.

申战士, 2016. 蔬菜种植模式及茬口安排 [J]. 河南农业 (4): 48.

盛锦根, 2016. 伏缺期蔬菜设施抗逆栽培示范及综合表现与分析 [J]. 安徽农学通报, 22 (8): 49-51, 86.

宋夏夏, 束胜, 郭世荣, 等, 2015. 黄瓜基质栽培营养液配方的优化 [J]. 南京农业大学学报 (2): 197-204.

孙伟, 杜玉红, 李磊, 等, 2009. 无公害茄子栽培技术 [J]. 中国园艺文摘, 25 (7): 129.

汪赋菊, 苏进伟, 杨存雨, 2008. 瓜类蔬菜大棚温室育苗技术 [J]. 现代农业科技 (23): 39, 41.

汪生林，凡振伶，高艳明，等，2018. 营养液供液量与供液频率对冬春茬辣椒的影响 [J].
　　排灌机械工程学报（1）：69-76.

汪生林，高艳明，李建设，等，2016. 营养液供液频率与供液量对基质培夏茬剥皮甜瓜生长
　　发育的影响 [J]. 灌溉排水学报（6）：31-36.

王春红，2013. 北方大棚吊蔓西瓜栽培技术 [J]. 现代农业科技（7）：93-95.

王尔静，2017. 大棚无公害番茄病虫害防治技术 [J]. 农民致富之友（10）：177-178.

王发胜，刘艳，孙彦，2005. 日光温室越冬芹菜栽培技术 [J]. 农业新技术（6）：30.

王蕾，2016. 日光温室番茄长季节栽培技术 [J]. 上海蔬菜（3）：22-23.

王萍，2017. 生育期营养液浓度调控对番茄生长、产量及品质的影响 [D]. 杨凌：西北农林
　　科技大学.

王永昌，王秋艳，2011. 北方设施茄子规范化生产无土栽培技术 [J]. 农业工程技术（温室
　　园艺）（1）：45.

王勇，刘春艳，杨秀荣，等，2006. 辣椒无公害育苗技术操作规范 [J]. 北方园艺（6）：
　　73-74.

吴登峰，2016. 辣椒种植技术及病虫害防治 [J]. 农技服务（4）：132.

吴东升，张燕，曹云娥，2017. 不同配方营养液对设施番茄品质及产量的影响 [J]. 宁夏农
　　林科技，58（11）：22-26.

吴长义，2013. 棚室综合利用栽培技术 [J]. 农民致富之友（3）：6.

武志勇，2008. 日光温室秋冬茬黄瓜栽培技术综述 [J]. 北京农业（3）：1-3.

夏妍，于锡宏，2003. 棚室西瓜栽培关键技术 [J]. 北方园艺（1）：14-15.

谢辉，2018. 日光温室秋冬茬番茄栽培技术 [J]. 农家参谋（15）：73.

杨其长，张成波，2005. 植物工厂系列谈（三）——植物工厂研究现状及其发展趋势 [J].
　　农村实用工程技术（温室园艺）（7）：44-45.

杨树延，2011. 日光温室黄瓜栽培技术 [J]. 现代农业科技（1）：134-135.

银庆波，2009. 生物菌肥拌种须知 [J]. 农民致富之友（7）：19.

于立芝，李青，孔凡克，等，2012. 无公害食品日光温室番茄生产技术规程 [J]. 山东农业
　　科学，44（2）：122-124.

张桂祥，2002. 黄瓜的 4 种嫁接育苗技术 [J]. 长江蔬菜（10）：17-18.

张丽娟，2012. 日光温室芹菜无公害栽培技术操作规程 [J]. 北京农业（21）：39-40.

张伟亮，申海江，2008. 温室番茄病虫害防治"六项"技术 [J]. 农业工程技术（温室园
　　艺）（1）：42.

张晓鹏，2018. 温室秋冬茬番茄栽培技术 [J]. 现代农业（8）：4.

张秀玲，2016. 茄子无公害栽培技术 [J]. 农民致富之友（11）：68.

张颖，2018. 辣椒高产栽培技术 [J]. 农民致富之友（5）：5.

赵洪颜，钱选民，2016. 西瓜栽培技术 [J]. 农业与技术（15）：95-96.

赵汝华，张红霞，刘志德，2010. 设施农业辣椒栽培技术要点 [J]. 新农村（9）：186-187.

周艺敏，程奕，孟昭芳，等，2002. 不同营养液及基质对黄瓜产量和品质的影响 [J]. 华北
　　农业学报（1）：82-87.

朱红艳，杨岚，王琴，2018. 不同生育期营养供给方法对设施番茄生长、品质及产量的影响[J]. 内蒙古农业大学学报，39（2）：25-33.

朱华伟，2013. 豫南地区日光温室芹菜——黄瓜高效栽培技术模式[J]. 中国果菜（8）：8-9.

祝剑峰，2014. 农友长茄嫁接育苗技术研究[J]. 安徽农学通报，20（9）：74，123.

第七章
设施蔬菜
营养液基质栽培技术

第一节　基质选配

　　基质是一种用于固定栽培作物、提供作物根系水分和营养的基础物质，是无土栽培中重要的栽培组成材料。无土栽培基质种类繁多，常见的有岩棉、蛭石、珍珠岩、沙、石砾、草炭、椰糠、稻壳、菌渣、炉渣、锯末等，此外，生产上为了克服单一基质理化性质的不足，也常将两种或3种基质按一定比例混合制成混合基质来使用。

　　合理选择基质是基质培成功与否的关键。基质的选用主要考虑根系的适应性、基质的适用性及基质的经济性三点。其中根系的适应性是指所用基质能够满足栽培作物根系对湿度、透气性等的要求；基质的适用性指所选基质是否适合所种的作物。一般来说，基质的容重为 $0.5g/cm^3$ 左右，总孔隙度为60%左右，大小孔隙比为0.5左右，理化性质稳定，酸碱度适中，无有毒物质，都是适用的。生产中决定基质是否适用，需要结合栽培管理方式有针对地进行栽培试验。基质的经济性指选择基质时要考虑到基质的来源、成本等因素，尽量选择取材方便、原材料易于获取、价格低廉、用后方便处理的基质。混合基质也称复合基质，其根据实际生产要求配制，理化性质优良，有利于提高栽培效果，近年来应用更为广泛，但不同作物所用的复合基质的组成和配比也应有所不同。

第二节　营养液配制

　　营养液是将含有作物生长发育所必需的各种营养元素的化合物和少量为使某些营养元素的有效性更为长久的辅助材料，按一定的数量和比例溶解于水中配制而成的溶液，它是无土栽培作物生长的主要养分和水分来源。不同地区、不同种类的作物或同种作物的不同生育时期所用的营养液配方、浓度均有所不同，需根据实际情况灵活调整。因此，营养液的配制与管理是无土栽培的基础和关键。

一、营养液配制原则

营养液配制总的原则是确保在配制后存放和使用营养液时都不会产生沉淀。可能产生沉淀的有钙离子、镁离子、亚铁离子等阳离子，以及硫酸根离子、磷酸二氢根离子等阴离子，应重点关注。

二、营养液配制方法

1. 配制前的准备工作 配制营养液前，准备好 2～3 个深色不透光的母液罐。配制营养液的水用自来水、雨水、井水或水质达到饮用水标准的水。

2. 计算肥料用量 根据配方中各营养元素的浓度和要配制的浓缩储备液的体积、浓缩倍数，计算出各种肥料的用量，肥料最好选用工业级别。

3. 母液的配制 为方便保存营养液，一般配制成浓缩 100～200 倍的营养液，也称为母液，然后将浓缩营养液稀释成工作营养液。为防止配制母液的过程中产生沉淀，不能将配方中的所有化合物放置在一起溶解，而应该对配方中的化合物分类，把相互之间不会产生沉淀的化合物放在一起溶解，肥料要一种一种加入，必须充分搅拌使其完全溶解。常见的母液配制方法有两种。

①共 A、B 两个母液罐。在 A 母液罐中溶解以钙盐为中心、不与钙盐产生沉淀的化合物；在 B 母液罐中溶解其余化合物，加入肥料时尽量缓慢，边加边搅拌。待全部溶解后最后补充水至所需配制的体积，搅拌均匀即可。

②共 A、B、C 3 个母液罐。A 母液罐中溶解为以钙盐为中心、不与钙盐产生沉淀的化合物；B 母液罐中溶解以磷酸盐为中心、不与磷酸盐产生沉淀的化合物，配制方法与两个母液罐母液的配制方法相同；C 罐溶解微量元素，配制时先分别配制 $FeSO_4 \cdot 7H_2O$ 和 EDTA-2Na 溶液，之后将 $FeSO_4 \cdot 7H_2O$ 溶液缓慢倒入 EDTA-2Na 溶液中，边倒边搅拌，然后将 C 母液所需的其余微量元素化合物分别溶解，再伴随搅拌分别缓慢倒入已溶解了 $FeSO_4 \cdot 7H_2O$ 和 EDTA-2Na 的溶液中，最后加清水至所需体积并搅拌均匀即可。

4. 工作营养液的配制 先在盛装工作营养液的储液池中放入需要配制体积的 60%～70% 的清水，量取所需要的 A 液倒入，开启水泵循环流动或搅拌使其均匀，然后量取所需 B 母液，用较大量清水稀释后，分别在储液池的不同部位倒入，经水泵循环流动或搅拌均匀，最后加清水至所需配制的体积。若选用 3 个母液罐，则在倒入 B 母液后，开启水泵循环流动或搅拌使其均匀，待所加水量达到总液量的 80% 时，量取 C 母液，以与 B 母液相同的方法加入储液池中，搅拌均匀后加水至所需配制的体积即可。

三、营养液配制过程中需注意的问题

①营养液配方中各肥料用量的计算需要反复检查，确保准确无误。

②配制营养液所用的大量元素肥料若属于农业用品或工业用品，纯度较低，必须进行换算。

③配制营养液的肥料需根据要求妥善保存，若肥料因保存不当有吸湿现象，需测定其吸湿量，在配制营养液时予以扣除。

④含有结晶水的化合物，如 $MgSO_4 \cdot 7H_2O$，计算时需注意。

⑤为防止母液产生沉淀，在储存时一般可加硝酸或硫酸将其酸化至 pH 3～4，同时将配制好的母液保存于阴凉避光处，微量元素的母液需用深色容器储存。

⑥配制工作营养液时，若有少量沉淀产生，应延长水泵循环流动的时间以使产生的沉淀溶解；若配制过程中由于操作不当，产生大量沉淀且长时间的水泵循环流动仍旧不能溶解时，应重新配制营养液。

第三节 主要蔬菜营养液基质栽培技术

一、黄瓜

（一）产地环境和设施类型的选择

1. 产地环境 应选择大气质量和灌溉水质良好、交通便利且远离污染源的地方。

2. 设施类型 可选择二代节能日光温室，连栋加温温室，塑料大、中拱棚等各种设施类型，并且选用具有无毒、无害、防雾、流滴性能好、抗老化、保温、高透明度等特点的温室棚膜。

（二）栽培季节划分与茬口安排

1. 日光温室茬口类型

春茬：1月中下旬定植，3月上旬上市。

秋延后茬：8月中下旬定植，9月中下旬上市。

秋冬茬：10月上中旬定植嫁接苗，11月中下旬上市。

冬春一大茬：10月中下旬定植嫁接苗，翌年元旦前后上市，5月下旬至6月上旬拉秧。

2. 塑料大、中拱棚茬口类型

春茬：3月上旬播种育苗，4月上旬定植，5月下旬上市，9月底拉秧。

秋茬：7月上旬播种育苗，8月上旬定植，9月下旬上市，11月上旬拉秧。

（三）栽培技术

1. 品种选择 选择抗病、优质、高产、商品性好、适合市场需求的品种。秋冬、冬春栽培选择耐低温弱光、对病虫多抗、品质好且畅销的品种，比如春秋王、春玉等；春夏、秋延后栽培选择高抗病毒病、耐热、生长旺盛、持续结瓜能力强、商品性好的品种，如中农16、中农10号、津优12等。

2. 育苗 选用72孔穴盘育苗，育苗基质选用已配制好的商品育苗基质，1 000盘备用基质4.65m³；或将草炭：蛭石按2：1，草炭：蛭石：发酵好的废菇料按1：1：1的比例混合，配制时每立方米加入2～2.5kg氮磷钾三元复合肥（15-15-15），或每立方米基质加入1kg尿素和1kg磷酸二氢钾或1.5kg磷酸二铵。播种之前可用55℃热水温汤浸种或用福尔马林100倍液浸种的方法对种子进行消毒，并在25～28℃下催芽8～12h，70%种子露白时即可播种。

嫁接苗有利于增强植株的抗逆性，促进黄瓜植株健壮生长，因此在黄瓜栽培中应用极为广泛。黄瓜苗嫁接比较常用的砧木有白籽南瓜和黑籽南瓜，常用的嫁接方法有插接法和贴接法。嫁接后的管理是嫁接苗能否成活的关键，嫁接后前2d，育苗区要遮光且不能通风，苗床空气相对湿度控制在95%以上，白天温度控制在25～30℃，夜间18～22℃。第三至五天，白天20～25℃，夜间15～18℃，湿度70%～80%，并逐渐开始通风见光。第六天可以撤去遮阴物，不出现萎蔫不遮阴。7d后揭开育苗区覆盖物，保持白天25～28℃，夜间14～18℃。育苗天数因季节而异，一般夏天育苗苗龄25d左右，冬季育苗苗龄30～35d。

3. 种植前准备 确定要种植的设施，提前对其消毒，并准备好栽培基质。栽培基质可根据当地情况合理选用多种基质复配，也可购买已经配好的复合基质。新基质不需处理，若是重复利用的基质，则要提前对基质进行消毒。具体方法：用50%多菌灵可湿性粉剂500倍液喷洒基质并拌匀，盖膜堆闷2h后待用。

4. 定植 待嫁接苗有3～4片真叶，设施内10cm深基质温度稳定在12℃以上，最低气温稳定在10℃以上即可定植。定植前进行5～7d的低温炼苗，白天20～23℃，夜间10～12℃，提高黄瓜苗抗寒能力。定植时根据品种每667m²3 000～3 200株为宜，株行距（0.27～0.29）m×（0.6～0.7）m。定植后浇灌定植水促进缓苗。

5. 生产管理

（1）温度管理 在缓苗期，应保持白天气温28～30℃，晚上温度不低于18℃；缓苗后，适当降低温度，白天保持在25℃左右，超过30℃时放顶风，降到 20℃时关闭放风口，天气不好可提早关闭放风口。室温降到 15℃时放草苫，遇到寒流时可在 17～18℃放草苫。前半夜温度保持在 15～20℃，后半夜 10～15℃；进入结瓜期，温室内应保持较高温度，白天温度超过 32℃再开始放风，使室内较长时间保持在 30℃左右，白天温度高，室内储存热量多，有利于夜间保持较高温度。夜间温度应保持在 10℃以上，最低 8℃。随着外界气温回升，根据室内气温的变化，放风量应逐渐加大，晴天白天保持在 27～30℃，夜间 12～14℃，高温时放腰风，后期放底脚风。天气转暖、夜间最低气温达到 15℃以上时，应把温室前底脚薄膜打开，要昼夜通风。黄瓜对根际温度要求较为严格，一般白天 18～25℃，夜间不低于 15℃。黄瓜生长发育过程中需要保证一定的昼夜温差，一般白天 25～30℃，夜间 13～15℃，昼夜温差 10～15℃较为适宜。

　　总的来说，日光温室秋冬茬黄瓜根据其在一天中不同时段的生理活动来进行温度管理，即"四段式温度管理"。上午是黄瓜一天中光合作用最强的阶段，温度控制在 28℃±2℃；下午控制在 22℃±2℃；前半夜为了促进养分运输，温度控制在 17℃±2℃；后半夜为了抑制呼吸，温度控制在 12℃±2℃。放风温度应控制在 30℃±2℃（晴天），早晨揭苫时温室内温度保持在 8～10℃，当温室内温度下降到 17℃时应盖草苫。

　　（2）湿度管理　黄瓜生长前期空气相对湿度维持在 80%～90%，生长中后期相对湿度维持在 70%～80%。通过棚室顶部喷淋、室内喷雾、强制通风、揭边幕及开天窗等措施调节棚室内湿度。一般选择在晴天上午或早晨浇水，并及时放风排湿，尽量使叶片不结露。当外界最低气温稳定在 13℃以上时，即可整夜放风。冬季揭苫后短时放风排湿，时间一般 10～30min，低温季节一般只放顶风，春季气温升高后，可以同时放顶风、腰风，放风量大小及时间长短主要根据黄瓜温度管理指标和室内外气温、风速及风向等的变化来决定。

　　（3）光照管理　黄瓜是喜光作物，但对弱光也有一定的适应性。光饱和点为 5.5 万～6 万 lx，最适光照度为 4 万～6 万 lx，光补偿点为 2 000lx。所以，首先应选用长寿无滴、防雾、透光性能好的高保温棚膜。其次，在栽培过程中，要经常保持棚室顶部及四周覆盖材料清洁，冬、春季节光照不足时可在温室后墙和两边山墙张挂反光幕以增强光照，在保证室内温度前提下尽量早揭、晚盖草苫；夏、秋季光照过强时适当使用遮阳网。此外，栽培上可采用宽窄行定植，及时去掉侧枝、病叶和老叶，改善行间和下部通风透光状况。

　　（4）营养液管理
　　①营养液配方。复合基质培黄瓜营养液大中量元素配方见表 7-1，微量元素通用配方见表 7-2。

表 7-1　复合基质培黄瓜营养液大中量元素配方

元素	NO₃-N	NH₄-N	P	K	Ca	Mg	S
浓度（mmol/L）	12.00	1.30	1.30	5.00	3.00	2.00	2.00

表 7-2　复合基质培黄瓜营养液微量元素配方

元素	Fe	B	Mn	Zn	Cu	Mo
浓度（mg/L）	3.00	0.50	0.50	0.05	0.02	0.01

②营养液施用。由于基质养分含量较低，定植后 2～3d 即开始灌溉营养液，总的灌溉原则是少量多次。黄瓜从 4～5 片真叶展开到第一雌花开放、根瓜坐住期间，每株每天滴灌量约 1.5L；结瓜期植株需水需肥量均增加，可适当提高营养液 EC 值，并延长营养液灌溉的间隔时间，加大营养液滴灌量，每株每天滴灌量约 2L。槽培每天滴灌 2～3 次，袋培 3～4 次，阴雨天气适当减少滴灌量，总之使基质湿度保持在其最大持水量的 70%～85%，每隔 10～15d 滴 1 次清水以防基质盐分积聚。采收之前应适量控制营养液供液量，防止植株徒长，促进根系发育，增强植株的抗逆性。高温季节要经常检测基质中的电导率，可适当降低营养液浓度，不要超过 2.2mS/cm，以 1.8～2.0mS/cm 为宜。浓度高时，应兼灌清水；适温及低温季节浓度可逐步提高，但以不超过 2.5mS/cm 为宜。灌溉过程中应及时检查滴灌液是否均匀，以确保养分的充足供应。

（5）叶面施肥　黄瓜苗期长势较弱，每隔 7～10d 适当交替喷施叶面肥。

（6）CO₂施肥　黄瓜结瓜期增施 CO₂ 不仅可增产 20%～25%，还可提高黄瓜品质，增强植株的抗病性。在温度、光照适宜的条件下，在根瓜接近采收时，开始施用 CO₂ 气肥。通常在日出后 30min 至换气前 2～3h 内施 CO₂ 气肥，晴天浓度以 800～1 000mg/L 为宜，光线较弱时浓度以 500mg/L 为宜。施气体条件下，昼温、夜温、湿度等都要求正常管理，要防止低温、长期不通风、湿度过大、施肥过多等情况造成生长过旺。

（7）植株调整

①吊蔓。生长期较长的黄瓜茬口，多采用聚丙烯塑料绳吊蔓，一般在瓜蔓长至 30cm、6～7 片真叶时进行。吊蔓工作需经常进行，使植株保持向上生长。为了受光均匀，吊蔓时应使黄瓜植株顶端处在南低北高的一条斜线上，将黄瓜植株顶端回转，穿于吊绳间，个别生长势强的植株应弯曲缠在吊绳上。

②整枝。整枝工作主要包括打侧枝、打老叶、摘卷须和摘雄花。黄瓜以主蔓结瓜为主，发生侧枝应及时摘除或留一瓜摘心，同时应及时摘除卷须、雄花、砧木的萌蘖及叶龄 60d 以上的老叶、病叶，以减少养分消耗并防止病菌传

播。整枝工作应在上午进行，有利于伤口快速愈合，减少病菌侵染。

③落蔓和盘蔓。当瓜蔓长至绳顶端后开始落蔓，落蔓前应提前摘除植株基部的老叶，高度以功能叶保持在温室的最佳空间位置为宜，以利于植株进行光合作用。落蔓工作应在晴天下午进行，操作过程中要小心，避免折断茎蔓。

6. 病虫害防治　黄瓜主要病害有霜霉病、白粉病、炭疽病、疫病、枯萎病、灰霉病、角斑病等，主要害虫有蚜虫、白粉虱、蓟马、斑潜蝇等。

（1）农业防治　选用抗病品种，针对当地主要病虫害种类，选用优质、高抗、多抗品种。创造适宜黄瓜生长发育的环境条件，施足有机肥，控制氮素化肥，平衡施肥。与非葫芦科作物实行 3 年以上轮作。

（2）物理防治

①应用黄板、蓝板诱杀害虫，棚内间隔 5m，距植株自然高度 15～20cm 处，每 667m² 交替张挂黄板、蓝板各 20～30 块，以诱杀白粉虱、斑潜蝇、蓟马等。

②棚内每 667m² 挂硫黄熏蒸器 5～7 个，每隔 10～15d 熏蒸 1 次，对白粉病防治效果极佳。

（3）生物防治　积极保护并利用天敌，采用病毒、植物源农药和生物源农药防治病虫害。如每 667m² 叶面喷施 0.5％苦参碱水剂 60～90mL，或叶面喷施 0.3％印楝素乳油 600～800 倍液等，7d 喷 1 次，连喷 2 次，交替用药。

（4）药剂防治　优先采用粉尘法、烟熏法，在干燥晴朗天气也可喷雾防治，注意轮换用药，合理混用。农药的使用应符合 GB/T 8321（所有部分）的规定。化学药剂防治见表 7-3。

表 7-3　黄瓜主要病虫害药剂防治方法

防治对象	防治药剂	药剂使用方法
霜霉病	5％百菌清粉剂或 5％克露粉剂	每 667m² 用喷粉器喷施 1kg
	45％百菌清烟剂	每 667m² 200～250g，分放 5～6 处，傍晚点燃闭棚过夜
	70％乙膦铝·锰锌可湿性粉剂 500 倍液，或霜霉威盐酸盐和氟吡菌胺复配剂（银法利）800 倍液，或 72％霜脲·锰锌可湿性粉剂（克露）500 倍液	叶面喷雾，5～7d 喷 1 次，连喷 2～3 次，交替用药
白粉病	10％苯醚甲环唑水分散粒剂（世高）800 倍液，或 40％氟硅唑乳油（福星）9 000～10 000 倍液，或 50％嘧菌酯水分散粒剂（翠贝）1 200 倍液	叶面喷雾，5～7d 喷 1 次，连喷 2～3 次，交替用药

（续）

防治对象	防治药剂	药剂使用方法
炭疽病	10%噁霉灵粉剂或5%百菌清粉剂	每667m² 1kg，傍晚对水喷洒
	45%百菌清烟剂	每667m² 250g
	70%代森锰锌可湿性粉剂700倍液，或2%抗霉菌素（农抗120）水剂600～800倍液或2%武夷菌素（BO-10）水剂200倍液	叶面喷雾，5～7d喷1次，连喷2～3次，交替用药
疫病	72.2%霜霉威盐酸盐水剂（普力克）600～700倍液，或72%克露可湿性粉剂800倍液	叶面喷雾，5～7d喷1次，连喷2～3次，交替用药
灰霉病	10%腐霉利烟剂（速克灵），或45%百菌清烟剂	每667m² 200～250g，熏3～4h
	10%灭克粉剂，或5%百菌清粉剂	每667m² 1kg，于傍晚撒施
	50%农利灵可湿性粉剂1 500倍液；或50%腐霉利可湿性粉剂（速克灵）2 000倍液；或50%异菌脲可湿性粉剂（扑海因）1 000～1 500倍液	叶面喷雾，5～7d喷1次，连喷2～3次，交替用药
蚜虫	10%吡虫啉可湿性粉剂	每667m² 10g，对水喷雾
蓟马	6%乙基多杀菌素悬浮剂	每667m² 10～20mL，对水喷雾
白粉虱	10%扑虱灵乳油1 000倍液	叶面喷雾
斑潜蝇	1.8%阿维菌素乳油3 000倍液	叶面喷雾

注：采收前15～20d禁止用药。

7. 采收 黄瓜的食用器官为嫩瓜，其采收的早晚因品种、苗龄、气候条件及栽培管理的不同而有所不同，从播种至采收一般为50～60d。黄瓜在达到商品成熟度时应及时采收，在皮色从暗绿变为鲜绿有光泽、花瓣未脱落时采收最佳。采摘太早，果实保水能力弱，货架寿命短；采摘太迟，果实老化，品质较差，且大量消耗植株养分，造成植株生长失衡，上层果实畸形或化瓜。结瓜初期2～3d采收1次，结瓜盛期1～2d采收1次。为避免坠秧，根瓜应适当提早采收。

二、番茄

（一）产地环境和设施类型的选择

选择地势高燥、向阳、排水良好、交通便利且远离污染源的地方。也可在沙漠、盐碱荒地直接建各种设施类型，如连栋加温温室，二代节能日光温室，大、中拱棚等。

（二）栽培季节划分与茬口安排

1. 玻璃温室、日光温室茬口

早春茬：11月上旬育苗，12月下旬定植，翌年3月中下旬上市，6月下旬拉秧。

秋冬茬：7月下旬育苗，8月下旬定植，10月下旬上市，翌年1月下旬拉秧。

冬春一大茬：7月上旬育苗，8月上旬定植，10月中下旬开始上市，翌年6月初前后拉秧。

2. 塑料大、中拱棚茬口

春茬：春提前越夏栽培，大拱棚温度条件好可在3月下旬定植，中拱棚一般4月上旬定植，6月下旬上市，9月底拉秧。

秋茬：7月上旬播种育苗，8月上旬定植，9月下旬上市，11月上旬拉秧。

（三）栽培技术

1. 品种选择　选择抗病、优质、高产、商品性好、耐储运、适合市场需求的品种。早春、秋冬栽培选择耐低温弱光、对病虫多抗、着色好、品质优的品种，如京番301、金鹏1号、佳粉15、佳源大粉、玛丽娅3号、中杂101等；春夏、秋延后栽培选择高抗病毒病、耐热、产量高、品质好的品种，如粉太郎、欧盾、毛粉802、中研988、美国大红等。

2. 育苗

（1）种子处理与播种　冬春季育苗选用98孔穴盘苗，夏季育苗选用72孔穴盘苗。育苗基质可将草炭、蛭石按2∶1，或草炭、蛭石、发酵好的废菇料按1∶1∶1的比例混合，也可使用商品育苗基质。播种前对基质和种子进行消毒。基质消毒用50%多菌灵可湿性粉剂500倍液或40%甲醛喷洒，拌匀并盖膜堆闷2h备用。种子消毒可用温汤浸种或药剂浸种。浸种后将种子搓洗干净，捞出沥干水分，用干净的湿布或棉被包好，在28~30℃条件下催芽，待70%种子露白时即可播种。每穴播1粒种子，之后覆盖基质约1cm厚，并浇透水。

（2）苗期管理　番茄出苗前，控制日温25~30℃，夜温18~20℃为宜，此阶段一般不需灌溉，若基质表面全部变干，可灌溉一次。当70%的种子出苗时降低温度，白天25~28℃，夜间15~18℃。连阴天应控制温度低于晴天2~3℃为宜。出苗整齐期到2叶1心期，日温保持25~28℃，夜温保持15~18℃。晴天时，每隔2d在上午喷洒少量清水。播后20d、30d，喷施适量的

0.2%尿素或0.2%磷酸二氢钾。2叶1心期后，可每天上午灌溉一次，阴雨天不灌溉。

3. 定植 提前对棚室进行消毒，并准备好栽培基质及栽培、灌溉所用的其余设施设备。番茄多采用基质槽培，首先提前筑好栽培槽，一般槽高30cm、槽宽60cm，槽间距80cm，之后填入20～25cm基质，基质可按草炭：蛭石＝1：1混配，也可购买商品复合基质，最后安装滴灌带。当设施内及早春地膜覆盖10cm基质温度稳定在12℃以上，最低气温稳定在10℃以上，即可定植，此时幼苗子叶完好，茎秆粗壮，叶片深绿，节间短，根系发达，无病虫危害，株高12～15cm，4～5片真叶。夏季育苗苗龄30d左右，冬季育苗苗龄40～45d。定植时株距45～50cm，每667m²栽植2 000株左右，每槽栽植两行，栽植深度不超过子叶，最后滴灌定植水。

4. 生产管理

（1）温湿度管理 定植初期不放风，棚室内保持较高的温度和湿度，以促进缓苗。一般控制日温25～30℃，不可高于35℃，夜温15～18℃，空气湿度保持在60%～80%。缓苗后开始放风排湿，昼夜温度可比缓苗前低2～3℃，以日温22～28℃，夜温12～16℃为宜。结果盛期应保持日温25～28℃，夜温15～18℃，相对湿度维持在45%～55%，不超过60%。一般在晴天上午或早晨浇水，并及时放风排湿，尽量使叶片不结露。当外界最低气温稳定在12℃以上时，即可整夜放风。

（2）光照管理 番茄喜充足的阳光，温室栽培应保证3万lx以上的光照度，才能维持其正常生长。因此设施番茄栽培首先要选用透光性能好的高保温棚膜，在冬春季节光照较弱时要经常清扫棚膜，保持棚膜表面清洁，同时可在日光温室后墙张挂反光幕，在保证温度的前提下，尽量早揭晚盖保温被，以延长光照时间。

（3）营养液管理

①营养液配方。复合基质培番茄营养液大中量元素配方见表7-4，微量元素通用配方见表7-5。

表7-4 复合基质培番茄营养液大中量元素配方

元素	NO₃-N	NH₄-N	P	K	Ca	Mg	S
浓度（mmol/L）	8	0.9	0.9	5	2	2	2

表7-5 复合基质培番茄营养液微量元素配方

元素	Fe	B	Mn	Zn	Cu	Mo
浓度（mg/L）	3	0.5	0.5	0.05	0.02	0.01

②营养液施用。番茄定植后 3d 即开始滴灌营养液。苗期番茄长势较弱，营养液需求量较少，一般每株每天滴灌 500mL 左右。结果期番茄长势旺盛，营养液需求量增加，以每株每天 2 000mL 为宜，期间可视基质干湿情况适当补充滴灌，阴雨雪天灌溉量减半或不灌溉。灌溉一般在白天进行，灌溉后应及时通风排湿。高温季节要经常检测基质中的电导率，不要超过 2.2mS/cm，以 1.8～2.0mS/cm 为宜。浓度高时，应兼灌清水，适温及低温季节浓度可逐步提高，但以不超过 3.0mS/cm 为宜。灌溉过程中及时检查滴灌是否均匀，以确保养分的充足供应。

（4）叶面施肥 依据番茄长势及气候情况选择适当的叶面肥，每 5～7d 喷施 1 次，交替使用。如结果前期为防止植株徒长，多喷施磷酸二氢钾、复合肥等；结果期番茄需要较多的钙，可喷施氯化钙、过磷酸钙、补钙灵等。

（5）CO_2 施肥 在温度、光照适宜的条件下，于番茄结果期开始施用 CO_2 气肥，晴天浓度以 800～1 000mg/L 为宜，光线较弱时浓度以 500mg/L 为宜。

（6）植株调整 无土栽培番茄多选用无限生长型品种进行长季节栽培，当植株长至 25～30cm 时，及时用尼龙绳吊蔓。整枝方式采用单干整枝，其余侧枝全部去掉。第一穗果以下侧枝长到 3～5cm 时摘除，每株达预留果穗后，在最后一穗花上留 2～3 片叶摘心。当番茄第一穗果已经完全膨大并进入白熟期时，开始摘除第一穗果下部的老叶。此后随着结果部位的上移，基部老叶应及时摘除。

（7）保花保果与疏花疏果 设施番茄反季节生产过程中，由于温度低、光照弱等环境条件造成植株生长弱，花器发育不良，因此易引起落花落果。为提高产量，一般采用震动授粉、投放熊蜂授粉、番茄灵（25～30mg/L）或丰产剂 2 号进行喷花等措施进行保花保果，用番茄灵或丰产剂 2 号喷花时应注意温度低时增加浓度，温度高时降低浓度，避免浓度过高导致果实畸形。

疏花疏果是保证番茄优质高产的必要技术措施，及时疏果可以减少养分消耗，改善果实品质并提高果实商品率。所以生产中应及时摘除发育不良的花和果实，每穗选留果实 4～5 个。

5. 病虫害防治 贯彻"预防为主，综合防治"的植保方针，在有病虫害发生时，优先考虑农业防治、物理防治和生物防治方法，必要时在不影响番茄产品安全的前提下，可以辅之以化学药剂防治。番茄在生产过程中病虫害很多，生理性病害如畸形果、脐腐病、裂果、着色不良等，多是由于不良环境条件和管理不当引起的营养失调造成的；病理性病害有早疫病、晚疫病、灰霉病、叶霉病、猝倒病、立枯病、白粉病、软腐病、病毒病；主要害虫有白粉虱、蓟马、蚜虫、棉铃虫、潜叶蝇、夜蛾类幼虫等。

（1）农业防治 选用抗病品种，针对当地主要病虫害种类，选用优质、高抗、多抗品种；加强田间管理，创造适宜番茄生长发育的环境条件，平衡施肥，培育壮苗；与非茄果类作物实行 3 年以上轮作。

（2）物理防治

①应用黄板、蓝板诱杀害虫，或铺设银灰色地膜驱避蚜虫。棚内间隔 5m，距植株自然高度 15～20cm 处，每 667m² 交替张挂黄板、蓝板各 20～30 块以诱杀白粉虱、斑潜蝇、蓟马等。采用频振式杀虫灯或黑光灯诱杀星白雪灯蛾。

②棚内每 667m² 挂硫黄熏蒸器 5～7 个，每隔 10～15d 熏蒸 1 次，对白粉病防治效果极佳。

（3）生物防治　积极保护并利用天敌，采用病毒、植物源农药和生物源农药防治病虫害。如可在棚室投放丽蚜小蜂防治白粉虱；可每 667m² 喷施 0.5% 苦参碱水剂 60～90mL，7d 喷 1 次，连喷 2 次，或 0.3% 印楝素乳油 600～800 倍液等进行叶面喷施；可利用中生菌素农抗 751 水剂 100 倍液防治细菌性病害，每隔 5～6d 喷 1 次，连喷 2～3 次。

（4）药剂防治　设施栽培优先采用粉尘法、烟熏法，在干燥晴朗天气也可喷雾防治，注意轮换用药，合理混用。农药的使用应符合 GB/T 8321（所有部分）的规定。化学药剂防治见表 7-6。

表 7-6　番茄主要病虫害药剂防治方法

防治对象	防治药剂	药剂使用方法
早疫病	20% 百菌清烟剂	每 667m² 200g
	70% 代森锰锌可湿性粉剂	每 667m² 170g，开花坐果期及坐果盛期各防治 1 次
晚疫病	72.2% 霜霉威盐酸盐水剂 1 500 倍液，或 52.5% 乙酰胺可湿性粉剂（抑快净）2 000 倍液	叶面喷雾，5～7d 喷 1 次，连喷 2～3 次，交替用药
灰霉病	15% 腐霉利烟剂	每 667m² 200g
	45% 百菌清烟剂	每 667m² 250g
	霜霉威盐酸盐和氟吡菌胺复配剂（银法利）800 倍液，或 40% 施佳乐悬乳剂 1 200 倍液，或 28% 灰霉克可湿性粉剂 600 倍液	叶面喷雾，5～7d 喷 1 次，连喷 2～3 次，交替用药
叶霉病	10% 多氧霉素可湿性粉剂（宝丽安）600 倍液，或 2% 春雷霉素可湿性粉剂 600 倍液，或 50% 加瑞农可湿性粉剂 600 倍液，或 60% 防霉宝可湿性粉剂 600 倍液	叶面喷雾，5～7d 喷 1 次，连喷 2～3 次，交替用药

（续）

防治对象	防治药剂	药剂使用方法
猝倒病	72.2%普力克水剂 750 倍液，或 25%甲霜灵可湿性粉剂 800～1 000 倍液，或 70%代森锌可湿性粉剂 500 倍液，或 90%噁霉灵水剂 2 000 倍液	叶面喷雾，7～10d 喷 1 次，连喷 2～3d，交替用药
立枯病	青枯立克 50mL＋大蒜油 15～20mL 对水 15kg，或 30%甲霜噁霉灵水剂 800 倍液、38%噁霜嘧铜菌酯水剂 1 000 倍液、75%百菌清可湿性粉剂 600 倍液，或新型杀菌剂门神水剂 1 500 倍液，或 20%甲基立枯磷乳油 1 200 倍液	叶面喷雾，施药间隔 7～10d，视病情连防 2～3 次
白粉病	10%苯醚甲环唑水分散粒剂（世高）800 倍液，或 40%氟硅唑乳油（福星）9 000 倍液	叶面喷雾，5～7d 喷 1 次，连喷 2～3 次，交替用药
软腐病	77%可杀得可湿性粉剂 500 倍液，或 50%琥胶肥酸铜可湿性粉剂 500 倍液，或 33.5%喹啉铜可湿性粉剂 1 000 倍液	叶面喷雾，4～5d 喷 1 次，交替用药
病毒病	5%菌毒清水剂 300 倍液，或 3.8%病毒必克水乳剂 400 倍液，或 40%病毒灵可湿性粉剂 1 000 倍液	叶面喷雾，5～7d 喷 1 次，连喷 2～3 次，交替用药
白粉虱	10%扑虱灵乳油 1 000 倍液	叶面喷雾
蓟马	6%乙基多杀菌素悬浮剂	每 667m² 10～20mL，对水喷雾
蚜虫	10%吡虫啉可湿性粉剂	每 667m² 10g，对水喷雾
棉铃虫	50%辛硫磷乳油 1 000 倍液，或 20%灭多威乳油、50%棉铃宝乳油、20%灭铃净乳油 1 000～1 500 倍液	在卵盛期施药，叶面喷雾，每 3～5d 喷 1 次，交替用药
斑潜蝇	1.8%阿维菌素乳油 3 000 倍液	叶面喷雾
银纹夜蛾	1.8%阿维菌素乳油 2 000 倍液，或 2.5%高效氯氰菊酯乳油 2 000 倍液，或 10%吡虫啉可湿性粉剂 2 500 倍液，或 5%抑太保乳油 2 000 倍液	叶面喷雾，于低龄期喷洒，20d 喷 1 次，连续防治 1～2 次，交替使用

注：采收前 15～20d 禁止用药。

6. 采收 番茄以成熟果实为产品，一般在定植后 60d 左右可陆续采收。按果实成熟度的不同，可分为白熟期、转色期、成熟期和完熟期 4 个时期，采收时可根据销地市场灵活把握。白熟期果实不再膨大，果色泛白，果实品质较差，可人工催熟或采收储藏。转色期果实果顶开始变红，硬度较高，品质较好，适用于采后需长途运输 1～2d 销售。成熟期果实除果肩外全部变红，营养价值较高，但果实尚未软化，适用于采后就近销售。完熟期果实全部变红，果肉开始软化，甜度增大，种子成熟饱满，但不耐储运。采收时要去掉果柄，以免刺伤别的果实。番茄采收后，要根据果实大小和形状等进行分级、分类包装上市。生长期施过化学农药的番茄，安全间隔期后采摘。

三、茄子

（一）产地环境和设施类型的选择

选择地势高燥、向阳、排水良好、交通便利且远离污染源的地方。也可在沙漠、盐碱荒地直接建各种设施类型，如二代节能日光温室，大、中拱棚等。

（二）栽培季节划分与茬口安排

1. 日光温室茬口类型
早春茬：12 月中旬播种，翌年 2 月中下旬定植，4 月始收。
冬春一大茬：10 月中下旬定植嫁接苗，翌年元旦前后上市，5 月下旬至 6 月上旬拉秧。
秋冬茬：10 月上中旬定植嫁接苗，11 月中下旬上市。
2. 塑料大、中拱棚茬口类型
春茬：3 月上旬播种育苗，4 月上旬定植，5 月下旬上市，9 月底拉秧。
秋茬：7 月上旬播种育苗，8 月上旬定植，9 月下旬上市，11 月上旬拉秧。

（三）栽培技术

1. 品种选择 选用适应性强、抗病、高产、耐低温、耐储藏并在当地口碑好的保护地品种。秋冬、冬春栽培选择耐低温弱光、对病虫多抗的品种，如布利塔、郎高及辽茄 7 号等；春夏、秋延后栽培选择高抗病毒病、耐热的品种，如黑帅圆茄、黑茄王、宁茄 5 号等。
2. 育苗
（1）种子处理与播种 选用 72 孔穴盘育苗。育苗最好采用新基质，一般可用草炭、蛭石按 2∶1，或草炭、蛭石、发酵好的废菇料按 1∶1∶1 的比例混合配制，或选用已配制好的商品育苗基质，1 000 盘备用基质 4.65m³，再用

50%多菌灵可湿性粉剂 500 倍液喷洒基质,拌匀,盖膜堆闷 2h,最后将处理好的新基质装入育苗盘中,压实,浇透水,待用。茄子种子播种之前,需要浸种消毒,一般选用温汤浸种或药剂浸种,之后将种子用清水冲洗干净,用干净的纱布包好,放在 28℃左右的地方催芽,催芽温度最好不低于 25℃,环境湿度维持在 85%,待 80%种子露白时即可播种。每穴播 1 粒,并覆 1cm 厚基质,最后浇透水。出苗前白天床温保持在 26~28℃,夜间 20℃左右,约 5d 即可出苗。

(2)苗期管理 幼苗出土后及时进行降温管理。80%的幼芽出土后降低室温至白天 20~25℃,夜间 20℃,超过 28℃时适量通风,通风量不可过大过猛。室温降至 20℃左右时停止放风。在子叶已展开、第一片真叶吐尖时,可提高室温,白天 25~27℃,夜间 16~18℃,地温 18~20℃。基质水分含量对幼苗生长的影响也很大,在幼苗子叶展开至 2 叶 1 心时,保持基质水分含量为最大持水量的 70%~80%;3 叶 1 心至商品苗销售,水分含量为 75%左右。浇水要勤浇少浇,始终保持表层基质见干见湿。茄子幼苗对光照条件要求严格,光照不足时,幼苗易徒长,所以应调节光照时间,每天保持光照 8h 以上。

3. 嫁接育苗 为提高茄子抗病性和抗逆性,生产上常使用嫁接育苗。选用与茄子嫁接亲和力强,抗病性及抗逆性强的托鲁巴姆、赤茄等做砧木,嫁接时多采用劈接法和靠接法。接穗、砧木的育苗方法同穴盘育苗,错开接穗、砧木播种时间,掌握最佳嫁接时期。嫁接后前 2d,要遮光并保温保湿,不能通风,苗床空气相对湿度控制在 95%以上,温度控制在白天 25~30℃、夜间 18~22℃。第三至五天,白天 20~25℃,夜间 15~18℃,湿度 70%~80%,并逐渐开始通风见光。第六天可撤去遮阴物,不出现萎蔫不遮阴。7d 后揭开小拱棚,白天 25~28℃,夜间 14~18℃。定植前进行 5~7d 的低温炼苗,白天 20~23℃,夜间 10~12℃,提高幼苗抗寒能力。靠接苗 10~12d 断掉接穗的根,同时去掉砧木萌发的侧芽。

4. 定植 提前对棚室进行消毒,并准备好栽培基质及栽培、灌溉所用的其余设施设备。当设施内及早春地膜覆盖 10cm 基质温度稳定在 12℃以上,最低气温稳定在 10℃以上时,即可定植。此时幼苗株高 18~20cm,6~7 片叶,门茄有 70%以上现蕾,茎粗壮,紫色,根系发达。定植时根据品种每 667m² 栽 3 000~3 200 株为宜,株行距(0.27~0.29)m×(0.6~0.7)m,每畦栽植两行,栽植深度以基质坨与畦面取平或稍露出为宜,然后滴灌定植水。

5. 生产管理

(1)温度管理 缓苗期一般不通风换气,白天温度尽量保持 28~30℃,晚上不低于 18℃,基质温度 15℃以上;初花期,白天 25~30℃,夜间 10~

15℃；结果期，白天 30～32℃，夜间 13～15℃，阴天温度适当降低。

（2）湿度管理　生长前期空气相对湿度维持在 80%～90%，生长中后期相对湿度维持在 70%～80%。在晴天上午或早晨浇水，并及时放风排湿，尽量使叶片不结露。当外界最低气温稳定在 15℃以上时，即可整夜放风。

（3）光照管理　冬春季节生产白天以增光为主，要经常清扫棚膜，保持棚膜表面清洁，日光温室后墙张挂反光幕，选用透光性能好的高保温棚膜。夏季为防止强光灼伤可用遮阳网遮光。

（4）营养液管理

①营养液配方。复合基质培茄子营养液大中量元素配方见表 7-7，微量元素通用配方见表 7-8。

表 7-7　复合基质培茄子营养液大中量元素配方

元素	NO_3-N	NH_4-N	P	K	Ca	Mg	S
浓度（mmol/L）	12	1.3	1.3	5	3	2	2

表 7-8　复合基质培茄子营养液微量元素配方

元素	Fe	B	Mn	Zn	Cu	Mo
浓度（mg/L）	3	0.5	0.5	0.05	0.02	0.01

②营养液施用。由于基质所含养分较少，定植后 3d 即开始滴灌营养液。苗期长势较弱，每天每株供液 700mL。生育中期茄子植株增高，长势较好，需水量增加，适当延长营养液滴灌间隔时间，加大营养液滴灌量，每天每株供液 900mL，整个生育期每天供液频率均为 1～2 次，期间可视基质干湿情况补充滴灌营养液。当茄子开始生殖生长时，可以适当提高营养液浓度，以保障养分的供给。高温季节要经常检测基质中的电导率，不要超过 2.2mS/cm，以 1.8～2.0mS/cm 为宜。浓度高时，应兼灌清水，适温及低温季节浓度可逐步提高，但以不超过 2.5mS/cm 为宜。及时检查滴灌液是否均匀，以确保养分的充足供应。

（5）叶面施肥　茄子苗期长势较弱，每隔 7～10d 适当交替喷施叶面肥。

（6）CO_2 施肥　在温度、光照适宜的条件下，于门茄接近采收时，开始施用 CO_2 气肥，晴天浓度以 800～1 000mg/L 为宜，光线较弱时浓度以 500mg/L 为宜。

（7）植株调整　茄子植株属连续的二杈分枝，开花结果习性相当规则，整枝较简单，但茄子根系发达，茎粗壮直立，分枝能力强，如果任其自然生长，就会枝叶丛生，影响通风透光，不仅会造成植株徒长、养分浪费，引起落花，还易引发病害，从而影响产量。调整方法有单干、双干、自然开心整枝，生产上多采用双干整枝，即在门茄处保留双干，任其向上生长，其余侧枝全部打掉。在生长盛期，可适当摘除弱枝和老叶，以减少养分消耗并增加通风透光。生长后期，植株较高大，可利用尼龙绳吊秧，将枝条固定。冬季温度较低时，可用 2,4-滴蘸花或防落素喷花处理，以防止落花落果。

6. 病虫害防治　贯彻"预防为主，综合防治"的植保方针，同时要遵循绿色、环保的植保理念，通过加强光照、通风、降低空气湿度等措施预防病虫害发生。一旦发生病虫害，应根据茄子不同生长阶段病虫害特点，以农业防治、物理防治、生物防治为主，药剂防治为辅，并尽量减少化学农药的使用量，确保产品品质。茄子生长发育过程中的主要病虫害有绵疫病、灰霉病、黄萎病、干腐病、猝倒病、立枯病、青枯病、红蜘蛛、美洲斑潜蝇等。

（1）农业防治　选用抗病品种，针对当地主要病虫害种类，选用优质、高抗、多抗品种；创造适宜茄子生长发育的环境条件，施足有机肥，控制氮素化肥，平衡施肥；与非茄科作物实行 3 年以上轮作。

（2）物理防治

①应用黄板、蓝板诱杀害虫，棚内间隔 5m，距植株自然高度 15～20cm 处，每 667m² 交替张挂黄板、蓝板各 20～30 块以诱杀白粉虱、斑潜蝇、蓟马等。

②棚内每 667m² 挂硫黄熏蒸器 5～7 个，每隔 10～15d 熏蒸 1 次，对白粉病防治效果极佳。

（3）生物防治　积极保护并利用天敌，采用病毒、植物源农药和生物源农药防治病虫害。如每 667m² 叶面喷施 0.5% 苦参碱水剂 60～90mL 或 0.3% 印楝素乳油 600～800 倍液等，7d 喷 1 次，连喷 2 次，交替用药。

（4）药剂防治　优先采用粉尘法、烟熏法，在干燥晴朗天气也可喷雾防治，注意轮换用药，合理混用。农药的使用应符合 GB/T 8321（所有部分）的规定。化学药剂防治见表 7-9。

表 7-9　茄子主要病虫害药剂防治方法

防治对象	防治药剂	药剂使用方法
绵疫病	1:1:160 波尔多液，或 50% 甲基硫菌灵可湿性粉剂 1 000 倍液，或 50% 克菌丹可湿性粉剂 500 倍液	发病前或雨季来临前喷药预防 1 次，发病后，摘除病果、病叶，7d 左右喷药 1 次，连喷 2～3 次，交替用药
	72% 杜邦克露可湿粉剂 800～1 000 倍液，或 58% 甲霜·锰锌可湿性粉剂 500 倍液，或 64% 杀毒矾可湿性粉剂 500 倍液	发病高峰时用药，每 667m² 1kg 用喷粉器喷施

（续）

防治对象	防治药剂	药剂使用方法
灰霉病	50%速克灵可湿性粉剂1 500倍液，或75%百菌清可湿性粉剂500倍液	叶面喷雾，每隔7d喷施1次，交替用药
黄萎病	50%琥胶肥酸铜（DT杀菌剂）可湿性粉剂350倍液	随滴灌灌根，隔1d灌1次，连灌2次
干腐病	用75%百菌清可湿性粉剂600倍液，或50%甲基硫菌灵可湿性粉剂1 000倍液，或65%代森锌500倍液，或70%代森锰锌500倍液	发病初期叶面喷雾，5～7d喷1次，连喷2～3次，交替用药
猝倒病	75%敌克松可溶粉剂1 000倍液，或50%福美双可湿性粉剂500倍液，或25%多菌灵可湿性粉剂800倍液；发病时用高锰酸钾800～1 000倍液灌根	叶面喷雾，5～7d喷1次，连喷2～3次，交替用药，然后清洗叶面
立枯病	喷施75%百菌清可湿性粉剂600倍液，或64%杀毒矾可湿性粉剂500倍液，或70%代森锰锌可湿性粉剂500倍液	叶面喷雾，7～10d喷1次，连喷2～3次，交替用药
红蜘蛛	在发生初期用20%三氯杀螨醇1 000倍液，或25%灭螨猛可湿性粉剂1 000～1 500倍液，或40%环丙杀螨醇可湿性粉剂1 500～2 000倍液，或78%克螨特乳油2 000倍液	叶面喷雾，重点喷叶背，5～7d喷1次，连喷2～3次，交替用药
美洲斑潜蝇	可用1.8%爱福丁乳油3 000～4 000倍液，或90%万灵可湿性粉剂2 500～3 000倍液，或98%巴丹原粉1 500～2 000倍液，或50%蝇蛆净粉剂2 000倍液	叶面喷雾，7～10d喷1次，连喷2～3次，交替用药。早晨或傍晚喷药，防治幼虫宜在低龄期
	敌敌畏	保护地，熏蒸

注：采收前15～20d禁止用药。

7. 采收 茄子以嫩果供食用，适时采收关系到茄子的品质和产量。门茄要早收为宜，过晚会影响对茄的生长发育。判断茄子采收标准，要看茄子萼片与果实相连接的地方的一条白色环状带（俗称"茄眼睛"），"茄眼睛"已趋于不明显或正在消失，表明果实已停止生长，应及时采收。采收时要用剪刀剪下果实，防止撕裂枝条。低温时期果实生长比较缓慢，采收要相应提早。生长期施过化学农药的茄子，安全间隔期后采摘，采摘后分级包装上市。

四、辣（甜）椒

（一）产地环境和设施类型的选择

产地环境和设施类型的选择与番茄、茄子等相同。

（二）栽培季节划分与茬口安排

1. 日光温室茬口类型

早春茬：11 月上旬育苗，翌年 1 月下旬定植，4 月中下旬上市，7 月下旬拉秧。

冬春一大茬：8 月下旬至 9 月上旬播种，10 月上旬至 11 月上旬定植，翌年 1 月上旬始收，直到夏季。

秋冬茬：秋冬茬主要是指深秋到春季供应市场的栽培茬口，主要供应元旦市场。一般 7 月上旬播种育苗，苗龄 60～70d，9 月上中旬定植，10 月中旬开始采收，翌年 1 月下旬拉秧。

2. 塑料大、中拱棚茬口类型　1 月中下旬播种，2 月中下旬分苗，4 月上旬定植，此茬可以通过剪枝再生后进行大棚秋延后栽培。

（三）栽培技术

1. 品种选择　选择抗病、优质、高产、商品性好、适合市场需求的品种。秋冬、冬春栽培选择耐低温弱光、对病虫多抗的品种，如洋大帅、扬椒 5 号、绿如意 F_1、早丰甜椒、农大 40 等；春夏、秋延后栽培选择高抗病毒病、耐热的品种，如康大 401、康大 601、江蔬 2 号、中线 101 等。

2. 播种育苗

（1）穴盘育苗及基质准备　采用穴盘育苗，冬、春季育苗选用 72 孔穴盘，夏季选用 128 孔穴盘。育苗最好采用新基质，将处理好的新基质装入育苗盘中，压实，浇透水，放置 2～3h 后进行播种。

（2）种子处理　辣椒种子发芽较慢，通常需要提前进行种子处理，常用的方法是温汤浸种并催芽后进行播种，即先用温水将种子浸泡 15min 后，把种子捞出，放在 55℃左右的温水中不断搅拌，并用温度计检测水温，当水温低于55℃时，往里补充热水，使浸泡温度保持在 55～60℃，15min 后，继续搅拌水温降至 30℃左右，继续浸种 5～6h 后，捞出催芽。也可以用多菌灵等杀菌剂处理，同时为了防止病毒病的发生，也可以使用 10%磷酸三钠、硫酸铜等药剂对种子进行处理。

（3）播种　待 80%辣椒种子露白后即可播种，每穴播 1 粒，深度以 1.0～1.5cm 为宜。播种后覆盖基质 1cm 厚左右，然后将育苗盘浇透水，以水从穴盘底孔滴出为宜。

（4）苗期管理　播种至齐苗阶段温度管理是重点，应保持白天 25～28℃，夜间 18～20℃为宜；齐苗后降低温度，白天 22～25℃，夜间 15～18℃；苗期子叶展开至 2 叶 1 心，水分含量为最大持水量的 75%～80%；苗期 2 叶 1 心后，结合喷水进行 1～2 次叶面喷肥；3 叶 1 心至商品苗销售，水分含量为 75%左右。定植前 10d 开始炼苗，夜温可降至 8～12℃，并加大通风量，以适应定植后的自然环境。

为提高辣椒的抗病害能力及对环境的适应性，也可采用嫁接育苗。辣椒嫁接应选择亲和性好、抗逆性强、耐低温、根系发达，且能较好保持辣椒风味的砧木品种。如威状贝尔、新峰四号、塔基 PFR-K64、LS279 等，接穗、砧木的育苗方法同穴盘育苗，错开接穗、砧木播种时间，掌握最佳嫁接时期，嫁接方法一般采用劈接法和斜切接，嫁接后的管理同其余嫁接苗。

3. 定植　提前对棚室进行高温消毒或药剂消毒，并准备好栽培基质及灌溉等各项设备，基质采用各种复合商品基质均可，主要为草炭、蛭石、珍珠岩等。若采用槽培，灌溉时可铺设滴灌带。当设施内及早春地膜覆盖 10cm 基质温度稳定在 12℃以上，最低气温稳定在 10℃以上，幼苗达到壮苗标准时，即可定植，此时幼苗子叶完好，茎秆粗壮，叶片深绿，节间短，根系发达，无病虫危害，株高 12～15cm，6～7 片真叶，苗龄 50～55d。定植时，根据品种每 667m² 栽植 3 000～3 200 株为宜，株行距（0.27～0.29）m×（0.6～0.7）m。每畦按株距栽植两行，栽植深度以基质坨与畦面取平或稍露出为宜，然后滴灌定植水。

4. 生产管理

（1）温度管理　缓苗期一般不通风，保证棚室内高温、高湿以促进缓苗，此时日温尽量保持在 28～32℃，夜温 20～25℃，地温 15℃以上；缓苗后至结果前日温降到 25～30℃，高于 32℃时通风，低于 25℃时闭风，夜温保持 15～20℃。门椒坐住后适当提高夜温促进植株生殖生长。门椒采收后要适当加大通风量，此时保持日温 25～28℃，夜温 15～20℃。在种植过程中，冬、春季注意寒流预报，及时加盖二层幕或采取临时保温措施，防止低温冷害。高温季节延长通风时间，控制温度在适当的范围内，当外界最低气温稳定在 15℃以上时，进行昼夜通风。外界温度过高时可采取适当的降温措施，如安装湿帘风机、覆盖遮阳网等。

（2）湿度管理　生长前期空气相对湿度维持在 70％～80％，生长中后期相对湿度维持在 60％～70％。在晴天上午或早晨浇水，并及时放风排湿，尽量使叶片不结露。

（3）光照管理　辣椒喜光，但也较耐阴，光补偿点为 1 500lx，饱和点约 3 万 lx。光照充足时有利于植株正常生长，促进产量形成；光照不足时易造成植株徒长并引起落花落果。因此，应调节棚室内光照时间，每天最少 8h 以上。冬春季节要经常清扫棚膜，保持棚膜表面清洁，并在保证温度的前提下尽量早揭、晚盖保温被或草毡，也可在日光温室后墙张挂反光幕，选用透光性能好的高保温棚膜。

（4）营养液管理

①营养液配方。复合基质辣椒营养液大中量元素配方见表 7-10，微量元素通用配方见表 7-11。

表 7-10　复合基质培辣椒营养液大中量元素配方

元素	$NO_3\text{-}N$	$NH_4\text{-}N$	P	K	Ca	Mg	S
浓度（mmol/L）	12.00	1.30	1.30	5.00	3.00	2.00	2.00

表 7-11　复合基质培辣椒营养液微量元素配方

元素	Fe	B	Mn	Zn	Cu	Mo
浓度（mg/L）	3.00	0.50	0.50	0.05	0.02	0.01

②营养液施用。由于栽培基质所含养分较少，所以定植后 3d 即开始滴灌营养液。苗期植株长势较弱，滴液量为每株每天 500mL；生育中期植株增高，长势旺盛，需水量增加，可适当延长营养液滴灌间隔时间，加大营养液滴灌量，每株每天 1 000mL；结果期植株耗水较大，每株每天 1 500mL，期间可视基质干湿情况补充滴灌营养液，阴、雨、雪天灌溉量减半或不灌溉。高温季节要经常检测基质的电导率，不要超过 2.2mS/cm，以 1.8～2.0mS/cm 为宜，浓度高时应兼灌清水。高温季节可适当降低营养液 EC，补充植株蒸腾作用需要的多余水分；适温及低温季节营养液浓度可逐步提高，但以不超过 2.5mS/cm为宜。在栽植过程中应及时检查滴灌液是否均匀，以确保养分和水分的充足供应。

（5）叶面施肥　辣椒前期长势较弱，每隔 7～10d 适当交替喷施叶面肥。

（6）CO_2 施肥　在温度、光照适宜的条件下，门椒接近采收时，开始施用 CO_2 气肥，晴天浓度以 800～1 000 mg/L 为宜，光线较弱时浓度以 500 mg/L 为宜。

（7）植株调整　为了便于管理并提高产量，大型辣椒植株必须进行整枝，主要包括摘叶、摘心和整枝等。一般采用双干整枝，整枝时留对称的长势良好的两个枝条，其余侧枝全部去掉，主要侧枝上的次一级侧枝所结幼果直径达到1cm左右时，可以根据植株长势在这些侧枝上留4～6片叶摘心。期间根据坐果的密度及辣椒的生长情况可以多留或少留花序，中后期长出的徒长枝要全部去除，老、黄、病叶应及时摘除。若植株过于高大，需吊蔓防止倒伏。

（8）防止落花落果　落花落果一般都是因为授粉受精不良而造成的，受温度和湿度的影响较大。主要通过农业综合防治措施，包括选择耐低温、耐弱光品种，保持适宜温度，日温25～30℃，夜温20℃左右等。此外还应注意合理密植，科学施肥，加强水分管理，及时防治病虫害，在辣椒早期开花时用番茄灵25～30mg/L或丰产剂2号，进行喷花。低温时浓度高些，气温升高时浓度适当降低，避免浓度过高导致果实畸形。一般花穗上有4～5朵花开放时，可用小型喷雾器对整个花序喷洒调节剂。

5. 病虫害防治　辣椒主要病害有疫病、病毒病、灰霉病、疮痂病、猝倒病、立枯病、枯萎病、细菌性叶斑病、白粉病、脐腐病、炭疽病等。主要害虫有螨类（红蜘蛛、小黄螨、茶黄螨）、蚜虫、白粉虱、斑潜蝇和棉铃虫等。贯彻"预防为主，综合防治"的植保方针，以农业防治、物理防治、生物防治为主，化学防治为辅。

（1）农业防治　选用抗病品种，针对当地主要病虫害种类，选用优质、高抗、多抗品种。创造适宜辣（甜）椒生长发育的环境条件，平衡营养液中各种养分的用量。与非茄科作物实行3年以上轮作。

（2）物理防治

①应用黄板、蓝板诱杀害虫，棚内间隔5m，距植株顶端15～20cm处每667m²交替张挂黄板、蓝板各20～30块，以诱杀白粉虱、斑潜蝇、蓟马等。

②棚室每667m²内悬挂硫黄熏蒸器5～7个，每隔10～15d熏蒸1次，对白粉病防治效果极佳。

（3）生物防治　积极保护并利用天敌，采用病毒、植物源农药和生物源农药防治病虫害。如投放丽蚜小蜂防治白粉虱，每667m²喷施0.5%苦参碱水剂60～90mL或0.3%印楝素乳油600～800倍液等进行叶面喷施，7d喷1次，连喷2次，交替用药。

（4）药剂防治　优先采用粉尘法、烟熏法，在干燥晴朗天气也可喷雾防治，注意轮换用药，合理混用。农药的使用应符合GB/T 8321（所有部分）的规定。化学药剂防治见表7-12。

表7-12 辣（甜）椒主要病害药剂防治方法

防治对象	防治药剂	药剂使用方法
疫病	发病初期用70%乙膦·锰锌可湿性粉剂500倍液，或58%甲霜·锰锌可湿性粉剂600倍液，或64%杀毒矾可湿性粉剂500倍液，或25%甲霜灵可湿性粉剂800倍液，或72.7%普力克水剂600~700倍液，或68%瑞毒铝铜250倍液，或72.7%克露可湿性粉剂500倍液，或1:1:200波尔多液	叶面喷雾，5~7d喷1次，连喷2~3次，交替用药；也可灌根
病毒病	20%病毒A可湿性粉剂500倍液，或1.5%植病灵乳剂1 000倍液，或抗毒剂1号200~300倍液	早期发现病株及时拔除以防止蔓延，叶面喷雾，定植前后各喷1次，或每隔7d喷1次，连喷3~4次
灰霉病	50%扑海因可湿性粉剂1 500倍液，或50%速克灵可湿性粉剂2 000倍液，或50%多菌灵可湿性粉剂500倍液，或70%甲基硫菌灵可湿性粉剂800倍液，或50%农利灵可湿性粉剂1 000倍液，或50%福美双可湿性粉剂600倍液，或50%多霉灵可湿性粉剂1 000~1 500倍液	叶面喷雾，5~7d喷1次，连喷2~3次，交替用药
疮痂病	发病初期喷施60%琥铜·乙膦铝可湿性粉剂500倍液，或新植霉素4 000~5 000倍液，或72%农用硫酸链霉素可溶性粉剂4 000倍液，或14%络氨铜水剂300倍液，或77%可杀得可湿性粉剂500倍液或1:1:200波尔多液	叶面喷雾，5~7d喷1次，连喷2~3次，交替用药
	10%腐霉利烟剂（速克灵），或45%百菌清烟剂，或10%灭克粉剂，或5%百菌清粉剂	闭棚熏蒸
猝倒病	75%百菌清可湿性粉剂1 000倍液，或64%杀毒矾可湿性粉剂500倍液，或72.2%普力克水剂600倍液，或40%五氯硝基苯悬浮剂500倍液	叶面喷雾，7~10d喷1次，连喷2~3次，交替用药
立枯病	36%甲基硫菌灵悬浮剂500倍液，或5%井冈霉素水剂1 500倍稀释液，或15%噁霉灵水剂450倍液，或72%普力克水剂和50%福美双可湿性粉剂800倍混合液	叶面喷雾，5~7d喷1次，连喷2~3次，交替用药

（续）

防治对象	防治药剂	药剂使用方法
枯萎病	发病初期喷施 50%多菌灵可湿性粉剂 500 倍液，或 40%多硫悬浮剂 600 倍液，此外也可用 50%琥胶肥酸铜可湿性粉剂 400 倍液，或 14%络氨铜水剂 300 倍液灌根	每株 0.4～0.5kg 药液，连续 2～3 次
细菌性叶斑病	发病初期喷施 50%琥胶肥酸铜可湿性粉剂 500 倍液，或 14%络氨铜水剂 300 倍液，或 77%可杀得可湿性粉剂 400～500 倍液，或 1：1：200波尔多液或 72%农用硫酸链霉素可湿性粉剂 4 000 倍液	叶面喷雾，隔 10d 喷 1 次，连续2～3 次
白粉病	2%抗霉菌素（农抗 120）水剂，或 50%嘧菌酯水分散粒剂（翠贝）1 200 倍液，或 10%苯醚甲环唑水分散粒剂（世高）800 倍液，或 40%氟硅唑乳油（福星）9 000～10 000 倍液，也可用硫黄熏蒸器熏蒸	叶面喷雾，5～7d 喷 1 次，连喷2～3 次。每 667m² 硫黄熏蒸器 5～7 个，每隔 10～15d 熏蒸 1 次
脐腐病	1%过磷酸钙液，或 0.1%氯化钙液或 0.1%硝酸钙液加 5mg/L 萘乙酸液	结果初期开始预防，坐果后 30d 内开始叶面喷施，每隔 15d 喷 1 次，共喷 2～3 次
炭疽病	70%甲基硫菌灵可湿性粉剂 400～500 倍液，或 75%百菌清可湿性粉剂 500～600 倍液，或 50%多菌灵可湿性粉剂 800 倍液，或 70%代森锰锌可湿性粉剂 400 倍液	叶面喷雾，每隔 7～10d 喷 1 次，连续 2～3 次，交替使用

注：采收前 15～20d 禁止用药。

6. 采收 辣（甜）椒是连续挂果的作物，可多次采收。门椒、对椒应适当早采，以免坠秧影响植株生长及后续果实的膨大。此后辣（甜）椒的采收原则上是在花后 20～25d，果实充分膨大，果肉变硬、果皮发亮后进行，但根据市场需求及市场价格的变动，辣（甜）椒的采摘时间可灵活掌握。若以红椒为鲜菜食用的，在果实 80%～90%红熟时采摘最好，制干椒的要等果实完全红熟后才可采收。采收盛期一般每隔 3～5d 采收一次，生长期施过化学农药的辣（甜）椒，安全间隔期后采摘，采摘后根据果实大小和形状等分级包装上市。辣（甜）椒枝条较脆，采摘时不能用手猛揪，以免枝条折断，采收时间选择在晴天的早上进行。

五、西瓜

(一) 产地环境和设施类型的选择

选择地势高燥、光照充足、排水良好、交通便利且远离污染源的地方。也可在沙漠、盐碱荒地直接建各种设施类型。

(二) 栽培季节划分与茬口安排

1. 日光温室茬口

秋延后栽培：8月下旬育苗，9月中下旬定植，翌年元旦前上市。

冬春茬：12月中上旬育苗，翌年1月中旬至2月上旬定植，4月中下旬至5月中下旬采收。

早春茬：1月上旬育苗，2月初定植，五一节前上市。

2. 塑料大、中拱棚茬口　多为春提前栽培，3月中下旬育苗，4月中下旬定植，6月中下旬至7月中上旬采收。

(三) 栽培技术

1. 品种选择　选择抗病、优质、高产、商品性好、适合市场需求的品种。日光温室冬春、秋冬栽培选择耐低温弱光、对病虫多抗、耐储运的品种，适宜品种有翠蓝、宝蓝、京欣1号、郑杂5号、郑杂7号、玲珑王、红小玉等；塑料大、中拱棚春夏栽培选择高抗病毒病、耐热的品种，如京欣2号、京欣3号、抗病京欣等。

2. 嫁接育苗　为提高植株的抗逆性，可采用嫁接育苗。西瓜嫁接应选用亲和力强的西瓜专用砧，如黑籽南瓜或白籽南瓜、野生西瓜等。嫁接方法常用插接、靠接、劈接。砧木和接穗均采用72孔穴盘育苗，播种前需对种子进行消毒，常用的消毒方法有温汤浸种和药剂浸种，然后在28~30℃恒温下催芽，经24~48h后80%种子露白时即可播种，播种时需将种子平放，每穴播1粒，并覆盖基质1cm厚，然后浇透水。砧木和接穗的播种时间需根据欲选择的嫁接方法而定，如用插接法，则砧木需先于接穗播种5d，在砧木和接穗出现心叶，长得一样高时再进行嫁接。嫁接后前2d，要全部遮光并密闭棚室，苗床空气相对湿度控制在95%以上，温度控制在白天26~30℃、夜间20℃以上。第三至五天，白天20~25℃，夜间15~18℃，湿度70%~80%，并逐渐开始通风见光。第六天可以撤去遮阴物，不出现萎蔫不遮阴。7d后趋向正常苗床管理。白天25~28℃，夜间14~18℃，第20天左右即可定植。定植前进行5~7d低温炼苗，白天20~23℃，夜间10~12℃，提高瓜苗抗寒能力。靠接苗10～12d断掉接穗的根，同时及时去掉砧木萌发的侧芽。

3. 定植　提前对棚室进行高温消毒或药剂消毒，并准备好栽培基质及灌溉等各项设备，采用各种复合商品基质均可，主要为草炭、蛭石、珍珠岩等。若采用槽培，灌溉时可铺设滴灌带，并在定植前将栽培槽灌足水。当设施内及早春地膜覆盖10cm基质温度稳定在12℃以上，最低气温稳定在10℃以上时，即可定植。定植密度依整枝方式及品种特性而定，早熟品种株距45～50cm，每667m²栽1 800～2 000株，中熟品种株距50～60cm，每667m²栽1 500～1 800株。按株距约43cm双行错位定植，穴距距离栽培槽边缘约10cm，定植后立即浇水。

4. 生产管理

（1）温度管理　定植后5～7d内闭棚增温、保温，使白天温度达到32～35℃，夜间温度保持在20℃左右，以促进缓苗；缓苗后至伸蔓期，日温保持在25～28℃，夜温15～20℃；坐瓜后至果实膨大期，应适当提高室内温度，日温30～35℃，夜温保持在18℃左右；果实膨大结束至采收期，日温28～30℃，夜温15～18℃。秋延后茬栽培时要加强夜间保温，温度低时应进行二次覆盖。

（2）湿度管理　温室内空气湿度随植株生长阶段不同略有变化，缓苗期空气湿度较高，缓苗后可加强通风，适当降低空气湿度，总体保持在60%～70%，吊蔓后调整到65%左右。湿度调节一般结合温度调控、通风换气进行，必要时可以进行室内喷雾，以增加湿度。

（3）光照管理　西瓜喜光照，在光照充足的条件下，产量高，品质好。所以，冬、春季低温期间，尽量增加光照，定期擦洗棚膜，保持较高的透光率。阴雪天增加散射光或人工补光，遇连续阴天需要人工补光。

（4）营养液管理

①营养液配方。复合基质培西瓜营养液大中量元素配方见表7-13，微量元素通用配方见表7-14。

表7-13　复合基质培西瓜营养液大中量元素配方

元素	NO₃-N	P	K	Ca	Mg	S
浓度（mmol/L）	11.50	1.84	6.19	4.24	1.02	1.71

表7-14　复合基质培西瓜营养液微量元素配方

元素	Fe	B	Mn	Zn	Cu	Mo
浓度（mg/L）	3.00	0.50	0.50	0.05	0.02	0.01

②营养液施用。由于栽培基质中养分含量较少，所以定植后 3d 即开始灌溉营养液。西瓜生长前期，养分需求量较少，可用低浓度营养液灌溉；植株现蕾后至果实膨大期，养分需求量增大，可逐渐提高营养液浓度，使营养生长与生殖生长同步进行。除阴雨雪天灌溉量减半或不灌溉外，定植至现蕾期平均每株每天灌溉量为 1.60L，开花坐瓜期平均每株每天灌溉量为 1.57L，果实膨大期平均每株每天灌溉量为 1.47L，果实成熟期平均每株每天灌溉量为 0.74L，采收前 3～5d 停止供液。

（5）叶面施肥　为实现西瓜高产栽培，根据西瓜植株生长的需要，定期在植株叶面交替喷施水溶性肥料。

（6）CO_2 施肥　温度、光照适宜的条件下，在植株生长盛期增施 CO_2（浓硫酸加少量石灰，点煤球）气肥，时间以 10:00 最好。

（7）植株调整　采用双蔓整枝，当西瓜主蔓长到 50～60cm 时进行整枝、吊蔓，选留两条蔓引蔓，其中地下留一条健壮侧蔓作为营养蔓，另一条主蔓吊起作为结果蔓，选主蔓第二雌花坐瓜，1 株留 1 个瓜，坐瓜后侧蔓打尖，主蔓预留 15～20 片叶打尖。除保留的瓜蔓外，及时去掉其余侧蔓并打掉下部的老叶、黄叶，以利通风、透光、防病。坐瓜后 7d 左右，瓜长至碗口大小时，用尼龙绳吊住瓜柄并用网兜网住幼瓜吊在绳上。坐瓜后一般不再整枝。

（8）人工授粉　西瓜是依靠昆虫作为媒介的异花授粉作物，在阴雨天气或昆虫活动较少时，为了提高坐瓜率和实现理想节位坐瓜留瓜，应进行人工辅助授粉。授粉时应当选主蔓第二雌花，也可同时选一朵侧蔓上的雌花作为留瓜后备。授粉时间以 8:00～10:00 最好，用当天开放且正散粉的新鲜雄花，将花瓣向花柄方向用手捏住，然后将雄花的雄蕊对准雌花的柱头，轻轻沾几下即可。一朵雄花可授 2～3 朵雌花。

5. 病虫害防治　西瓜常见的病害有枯萎病、蔓枯病、白粉病、炭疽病、疫病、病毒病及绵腐病等，主要害虫有蚜虫、蓟马、白粉虱、潜叶蝇、夜盗蛾、红蜘蛛等。西瓜病虫害按照"预防为主，综合防治"的植保方针，以农业防治、物理防治、生物防治为主，如在定植前对棚室彻底消毒，通风口设置防虫网，棚内张挂粘虫板等，必要时与化学防治相结合，但要做到最终产品无残留。

（1）农业防治　选用抗病品种，针对当地主要病虫害种类，选用优质、高抗、多抗品种，对带菌种子进行消毒。创造适宜西瓜生长发育的环境条件，加强栽培管理，及时调整植株，增强田间通风透光性，平衡营养液中各种养分的用量。当上茬作物采收后，及时清除残枝茎叶，并避免连作。新基质应在密闭薄膜下用溴甲烷（$50g/m^3$）熏蒸 2d 进行消毒，揭膜后透气 7d 才可使用。

（2）物理防治

①设置防虫网。将设施所有通风口及进出口均设 40 目的防虫网。

②张挂黄板、蓝板诱杀害虫。棚内间隔 5m，距植株顶端 15～20cm 处每 667m² 交替张挂黄板、蓝板各 20～30 块以诱杀白粉虱、斑潜蝇、蓟马、蚜虫等，必要时也可增加黄、蓝板的数量。

③棚内挂硫黄熏蒸器。棚室内每 667m² 悬挂硫黄熏蒸器 5～7 个，每隔 10～15d 熏蒸 1 次，对白粉病防治效果极佳。

（3）生物防治　积极保护并利用天敌，采用病毒、植物源农药和生物源农药防治病虫害。如投放丽蚜小蜂防治白粉虱，每 667m² 喷施 0.5％苦参碱水剂 60～90mL 或 0.3％印棟素乳油 600～800 倍液等进行叶面喷施，7d 喷 1 次，连喷 2 次，交替用药。

（4）药剂防治　优先采用粉尘法、烟熏法，在干燥晴朗天气也可喷雾防治，注意轮换用药，合理混用。农药的使用应符合 GB/T 8321（所有部分）的规定。化学药剂防治见表 7-15。

表 7-15　西瓜主要病虫害药剂防治方法

防治对象	防治药剂	药剂使用方法
枯萎病	36％甲基硫菌灵悬浮剂 400～500 倍液	叶面喷雾，坐瓜初期开始用药，隔 10d 喷 1 次，共喷 2～3 次
蔓枯病	75％甲基硫菌灵可湿性粉剂 600～800 倍液	每 7d 喷雾 1 次，连续喷 3～4 次
	50％多菌灵可湿性粉剂 500 倍液，或 80％代森锰锌可湿性粉剂 700 倍液，或 75％百菌清可湿性粉剂 600 倍液喷雾	叶面喷雾，发病初期用药，每周喷 1 次，连续防治 3～4 次
	10％苯醚甲环唑水分散粒剂 300 倍液，或 25％咪鲜胺可湿性粉剂 150 倍液	涂抹病斑，发病较重时使用
白粉病	10％苯醚甲环唑水分散粒剂 800 倍液，或 40％氟硅唑乳油 9 000～10 000 倍液，或 50％嘧菌酯水分散粒剂 1 200 倍液，或 80％硫黄水分散粒剂 225～300 倍液	叶面喷雾，5～7d 喷 1 次，连喷 2～3 次，交替用药
炭疽病	10％噁霉灵粉剂，或 5％百菌清粉剂	每 667m² 1kg，傍晚撒施
	45％百菌清烟剂	每 667m² 250g
	70％代森锰锌可湿性粉剂 700 倍液，或 2％抗霉菌素（农抗 120）水剂 600～800 倍液，或 2％武夷菌素（BO-10）水剂 200 倍液	叶面喷雾，5～7d 喷 1 次，连喷 2～3 次，交替用药

（续）

防治对象	防治药剂	药剂使用方法
疫病	72.2%霜霉威盐酸盐水剂（普力克）600～700倍液，或72%克露可湿性粉剂800倍液	叶面喷雾，5～7d喷1次，连喷2～3次，交替用药
病毒病	1.5%植病灵乳油1 000倍液，或菇类蛋白多糖300倍液，或24%混酯•硫酸铜水乳剂500～750倍液	叶面喷雾，交替用药，7～10d防治1次，连续2～3次
绵腐病	14%络氨铜水剂300倍液，或50%琥铜•乙膦铝可湿性粉剂500倍液	叶面喷雾，发病初期使用，每10d左右1次，连续2～3次
蚜虫	10%吡虫啉可湿性粉剂	每667m² 10g，对水喷雾
蓟马	6%乙基多杀菌素悬浮剂	每667m² 10～20mL，每隔7～10d对水喷施1次
白粉虱	10%扑虱灵乳油1 000倍液	叶面喷雾，5～7d喷1次
斑潜蝇	1.8%阿维菌素乳油3 000倍液	叶面喷雾
夜盗蛾	5%定虫隆乳油1 500倍液	叶面喷雾
红蜘蛛	10.5%阿维•哒螨灵乳油2 000～2 500倍液，或1.8%阿维菌素乳油1 500～2 000倍液等	叶面喷雾，重点喷施植株嫩叶背面、嫩茎、花器等部位，每5～7d喷1次

注：采收前15～20d禁止用药。

6. 采收　西瓜的采收时期与品种、坐瓜节位及坐瓜期密切相关，应按品种分次陆续采收。过早采收，果实尚未成熟，瓜瓤含糖量低，色泽浅，风味差；过晚采收，果实成熟过度，口感绵软，含糖量开始下降，食用品质降低。判断成熟度是西瓜采收的关键，主要方法有标记开花期法、观察外部特征法、手感听声法等，其中以标记开花期法最为科学，即用不同颜色标记物标记雌花的开花日期，根据雌花开放后的天数来判断，然后计算理论成熟日期，一般小果型品种25～26d，早、中熟品种30～35d，晚熟品种40d以上，因气温、墒情等环境因素影响，略有差异，可在理论成熟期抽样调查，确定采收期。此外，采收期还需根据市场供应情况进行灵活调节，供应当地市场的可采收九成熟瓜，运销外地的可采收八成熟瓜。

六、甜瓜

（一）产地环境和设施类型的选择

选择地势高燥、光照充足、排水良好、交通便利且远离污染源的地方。栽培设施可选择连栋加温温室,第二代节能日光温室,塑料大、中拱棚,也可在沙漠、盐碱荒地直接建各种设施类型。

(二)栽培季节划分与茬口安排

1. 日光温室茬口

秋茬:8月上中旬定植,10月下旬至11月上旬上市。

春茬:2月上中旬定植,5月上中旬上市。

2. 塑料大、中拱棚茬口

春茬:3月上旬播种育苗,4月上旬定植,6月中下旬上市。

秋茬:7月上旬播种育苗,8月上旬定植,10月上中旬上市。

(三)栽培技术

1. 品种选择 春茬一般选用耐低温弱光、易坐瓜、果形好、早熟、抗病、丰产的品种。果实的形状、大小、色泽按照当地的消费习惯确定,一般黄皮品种选用黄金王、金皇冠、伊丽莎白,绿皮品种有绿宝石2号、羊角蜜等,网纹类型的品种选用翠密、浙网29等。春夏、秋延后栽培选择高抗病毒病、耐热、可溶性固形物含量高、商品性好的品种,网纹类的有银翠、天仙、翠甜、翠蜜等,光皮类如蜜世界、湘蜜3号、湘甜瓜9号、骄雪9号等。

2. 穴盘育苗

(1)穴盘和基质准备 选用72孔或98孔穴盘育苗。育苗基质需要选择新基质,一般为草炭:蛭石=2:1,或草炭:蛭石:发酵好的废菇料=1:1:1混合,或选用已配制好的商品育苗基质,1 000盘备用基质4.65m³。使用之前需用50%多菌灵可湿性粉剂500倍液喷洒基质进行消毒,然后拌匀,盖膜堆闷2h,待用。

(2)种子消毒与浸种催芽 常用的种子消毒方法有温汤浸种和药剂消毒两种,生产中应用时依据实际情况任选其一。包衣种子不需进行温汤浸种。浸种后将种子搓洗干净,捞出并淋去水分用干净湿布包好,在25~28℃条件下,催芽8~12h,催芽期间每天清洗种子1次,待70%种子露白时即可播种,每穴播1粒,之后覆盖基质约1cm厚。

(3)苗期管理 播种至出苗期,应保持基质温度30℃左右,温室日温25~30℃,夜温18~20℃;齐苗后逐渐通风,防止高温高湿,日温保持20~25℃,夜温16~18℃;幼苗子叶展开2叶1心,应保持基质水分含量为最大持水量的75%~80%;3叶1心至商品苗销售,水分含量为75%左右。浇水应少量多次,始终保持表层基质见干见湿。一般夏季育苗苗龄25d左右,冬季育苗苗龄30~35d。当幼苗达到壮苗标准时即可定植,定植前3~5d低温炼苗。

为提高甜瓜抗病性及抗逆性，生产上也有一些选用嫁接育苗，甜瓜嫁接的砧木多用白籽南瓜。接穗、砧木的育苗方法同穴盘育苗，错开接穗、砧木播种时间，掌握最佳嫁接时期，嫁接方法一般选择插接和贴接。

3. 定植　提前对棚室进行高温消毒或药剂消毒，并准备好栽培槽、栽培基质及配套的灌溉设备。当设施内及早春地膜覆盖 10cm 基质温度稳定在 12℃以上，最低气温稳定在 10℃以上时，即可定植，此时幼苗 3 叶 1 心，子叶完好，茎秆粗壮，叶片深绿，节间短，根系发达，无病斑。定植每 667m² 以 2 300～2 500 株为宜，株行距（0.27～0.29）m×（0.6～0.7）m，每畦栽植两行，栽植深度以基质坨与畦面取平或稍露出为宜，然后滴灌定植水。

4. 生产管理

（1）温度管理　缓苗期，白天温度尽量保持 28～35℃，夜温不低于 20℃，地温 25℃左右；初花期，白天 25～30℃，夜间 15～20℃；坐瓜期，白天 27～35℃，夜间 16～20℃。为促进果实糖分积累，提高果实品质，日温不宜超过 35℃，并维持昼夜温差不低于 10℃，当温度过高时，应采取遮阴降温措施。阴天温度适当降低。

（2）湿度管理　缓苗期空气相对湿度维持在 80% 左右；开花期，空气相对湿度应维持在 50%～60%，利于授粉；生长中后期相对湿度维持在 70%～80%。在晴天上午或早晨浇水，并及时放风排湿，尽量使叶片不结露。当外界最低气温稳定在 13℃以上时，即可整夜放风。

（3）光照管理　甜瓜耐热喜光，较强的光照可以提高果实品质，因此每天最好保持光照 8h 以上。冬春季节要经常清扫棚膜，保持棚膜表面清洁，选用透光性能好的高保温无滴棚膜，并可在日光温室后墙张挂反光幕。

（4）营养液管理

①营养液配方。复合基质培甜瓜营养液大中量元素配方见表 7-16，微量元素通用配方见表 7-17。

表 7-16　复合基质培甜瓜营养液大中量元素配方

元素	NO₃-N	NH₄-N	P	K	Ca	Mg	S
浓度（mmol/L）	15	1	1	6	3	15	15

表 7-17　复合基质培甜瓜营养液微量元素配方

元素	Fe	B	Mn	Zn	Cu	Mo
浓度（mg/L）	3	0.5	0.5	0.05	0.02	0.01

②营养液施用。定植初期，幼苗根系较弱，基质所含养分较少，除滴灌外

应及时补浇营养液，防止产生弱苗。营养生长期，每天每株供液 500mL，分 1～2 次滴完；开花坐瓜期，植株所需养分、水分均较多，此时应增加营养液滴灌量，每天每株供液 1 000mL，分 2～3 次滴浇完，灌溉过程中应及时检查滴灌液是否均匀，以确保养分的充足供应。灌溉量还应结合植株长势及天气情况而灵活调整，阴、雨、雪天灌溉量减半或不灌溉。高温季节要经常检测基质中的电导率，不要超过 2.2mS/cm，以 1.8～2.0mS/cm 为宜。浓度高时，应兼灌清水，适温及低温季节浓度可逐步提高，但以不超过 2.5mS/cm 为宜。

（5）叶面施肥　甜瓜苗期长势较弱，结瓜期需肥量增大，因此应每隔 7～10d 适当交替喷施叶面肥，以增强长势并提高产量。

（6）CO_2 施肥　在温度、光照适宜的条件下，于开花结果期可以施用 CO_2 气肥，晴天浓度以 800～1 000mg/L 为宜，光线较弱时浓度以 500mg/L 为宜。

（7）植株调整　当植株长出 6～7 片真叶、株高约 50cm 时，应及时吊蔓。采用单蔓整枝，留主蔓第 12～15 节子蔓作为结果预备枝，其余子蔓全部摘除，当主蔓长至约 1.5m，25～30 片真叶时摘心。植株卷须及近地面的老叶也应及时摘除，以免浪费大量营养。

（8）授粉留瓜　在雌花开放后的 2h，即 8:00～10:00，进行人工授粉，授粉后做标记标明授粉日期。当幼果长到鸡蛋大小时，选留瓜形端正的幼瓜1～2个。当幼瓜长到 0.5kg 时，开始吊瓜。

5. 病虫害防治　甜瓜主要病害有霜霉病、白粉病、炭疽病、疫病、灰霉病、枯萎病、猝倒病和立枯病，主要害虫有蚜虫、蓟马、白粉虱、潜叶蝇等。甜瓜病虫害贯彻"预防为主，综合防治"的植保方针，以农业防治、物理防治、生物防治为主，化学药剂防治为辅。

（1）农业防治　选用抗病品种，对当地主要病虫害种类，选用优质、高抗、多抗品种。创造适宜甜瓜生长发育的环境条件，严格控制基质及棚室内的湿度。平衡施肥，施足有机肥，控制氮素化肥。甜瓜与非葫芦科作物实行 3 年以上轮作。

（2）物理防治

①应用黄板、蓝板诱杀害虫，棚内间隔 5m，距植株自然高度 15～20cm 处每 667m² 交替张挂黄板、蓝板各 20～30 块以诱杀白粉虱、斑潜蝇、蓟马等。

②棚内每 667m² 挂硫黄熏蒸器 5～7 个，每隔 10～15d 熏蒸 1 次防治白粉病。

（3）生物防治　积极保护并利用天敌，采用病毒、植物源农药和生物源农药防治病虫害。如每 667m² 喷施 0.5%苦参碱水剂 60～90mL 或 0.3%印楝素乳油 600～800 倍液等进行叶面喷施，7d 喷 1 次，连喷 2 次，交替用药。

（4）药剂防治　优先采用粉尘法、烟熏法，在干燥晴朗天气也可喷雾防治，注意轮换用药，合理混用。农药的使用应符合 GB/T 8321（所有部分）的规定。化学药剂防治见表 7-18。

表 7-18 甜瓜主要病虫害药剂防治方法

防治对象	防治药剂	药剂使用方法
霜霉病	5％百菌清粉剂或 5％克露粉剂	每 667m² 1kg 用喷粉器喷施
	45％百菌清烟剂	每 667m² 200～250g，分放 5～6 处，傍晚点燃闭棚过夜
	70％乙膦·锰锌可湿性粉剂 500 倍液，或 69％霜霉威盐酸盐和氟吡菌胺复配剂（银法利）800 倍液，或 72％霜脲·锰锌可湿性粉剂（克露）500 倍液	叶面喷雾，5～7d 喷 1 次，连喷 2～3 次，交替用药
白粉病	10％苯醚甲环唑水分散粒剂（世高）800 倍液，或 40％氟硅唑乳油（福星）9 000～10 000 倍液，或 50％嘧菌酯水分散粒剂（翠贝）1 200 倍液	叶面喷雾，5～7d 喷 1 次，连喷 2～3 次，交替用药
炭疽病	10％噁霉灵粉剂或 5％百菌清粉剂	每 667m² 1kg，傍晚撒施
	45％百菌清烟剂	每 667m² 250g
	70％代森锰锌可湿性粉剂 700 倍液，或 2％抗霉菌素（农抗 120）水剂 600～800 倍液，或 2％武夷菌素（BO-10）水剂 200 倍液	叶面喷雾，5～7d 喷 1 次，连喷 2～3 次，交替用药
疫病	70％乙膦铝可湿性粉剂 800 倍液	灌根或喷雾，7～10d 喷 1 次，连续 3～4 次
	72.2％霜霉威盐酸盐水剂（普力克）600～700 倍液，或 72％克露可湿性粉剂 800 倍液	叶面喷雾，5～7d 喷 1 次，连喷 2～3 次，交替用药
灰霉病	10％腐霉利烟剂，或 45％百菌清	每 667m² 200～250g，熏 3～4h
	10％灭克粉剂，或 5％百菌清粉剂	每 667m² 1kg，于傍晚撒施
	50％农利灵可湿性粉剂 1 500 倍液，或 50％腐霉利可湿性粉剂（速克灵）2 000 倍液，或 50％异菌脲可湿性粉剂（扑海因）1 000～1 500 倍液	叶面喷雾，5～7d 喷 1 次，连喷 2～3 次，交替用药
枯萎病	70％甲基硫菌灵可湿性粉剂或 50％多菌灵可湿性粉剂 800～1 000 倍液	叶面喷雾
	用 10％双效灵水剂 300 倍液，可在药液中加入生化黄腐酸以提高防效	灌根，每株灌药液 0.25～0.5kg，10d 左右再灌 1 次，连灌 2～3 次

（续）

防治对象	防治药剂	药剂使用方法
猝倒病	72.2%普力克水剂 400 倍液，或 70%代森锰锌可湿性粉剂 500 倍液，或 15%噁霉灵水剂 1 000 倍液	叶面喷雾，2～3L/m²，每 7～10d 喷 1 次，连续 2～3 次
立枯病	20%甲基立枯磷乳油 1 200 倍液，或 5%井冈霉素水剂 1 500 倍液，或 50%异菌脲可湿性粉剂 1 000～1 500 倍液	灌根，每隔 7d 灌 1 次，连灌 3～4 次
蚜虫	10%吡虫啉可湿性粉剂	每 667m² 10g，对水喷雾
蓟马	6%乙基多杀菌素悬乳剂	每 667m² 10～20mL，对水喷雾
白粉虱	10%扑虱灵乳油 1 000 倍液	叶面喷雾
潜叶蝇	1.8%阿维菌素乳油 3 000 倍液	叶面喷雾

注：采收前 15～20d 禁止用药。

6. 采收　甜瓜的是否成熟也可用标记开花期的方法来确定，一般早熟品种花后约 30d 成熟，中晚熟品种花后约 35d 成熟。此外，也可结合一些外观指标，即成熟果实已具有本品种固有色泽，并香味浓郁。由于果实生长期间温度、光照等均会对果实成熟产生影响，所以采收时应先进行试吃，2～3 次品尝、测定后，再确定最适采收期。采收时用剪刀将果柄两侧分别留 5cm 左右的子蔓剪切，剪下的果柄和子蔓呈 T 形，使果实外形美观。为延长果实的储运时间，采收应在午后和傍晚进行，采收后分级包装上市。生长期施过化学农药的甜瓜，安全间隔期后采摘。

参考文献

曹少娜，2017. 温室基质培番茄水分传感器合理布设位点研究［D］. 银川：宁夏大学.

曹少娜，李建设，高艳明，等，2017. 水分传感器埋设位置对温室基质栽培番茄生长特性的影响［J］. 浙江农业学报，29（6）：933-942.

丛丽君，汪生林，李建设，等，2017. 痕量灌溉管不同埋深对日光温室栽培番茄品质和产量的影响［J］. 西北农业学报，26（7）：1062-1067.

高艳明，李建设，2010. 设施辣（甜）椒素沙地栽培技术规程：DB64/T 630—2016［S］.

高艳明，李建设，杨宏伟，2007. 绿色食品（A 级）日光温室西瓜生产技术规程：DB64/T 507—2007［S］. 银川：宁夏回族自治区.

哈婷，2017. 基质培黄瓜、番茄、茄子营养液供液制度研究［D］. 银川：宁夏大学.

哈婷，张向梅，高艳明，等，2018. 营养液供液量对夏秋茬基质培茄子生长发育、产量及品质的影响［J］. 农业工程技术，38（1）：54-60.

哈婷，张向梅，李建设，等，2017. 营养液供液量及供液频率对高糖度番茄生长、产量及品质的影响 [J]. 西北农业学报，26（10）：1484-1491.

李建设，高艳明，2016. 设施番茄复合基质栽培技术规程：DB64/T 1249—2016 [S].

李建设，高艳明，2016. 设施黄瓜复合基质栽培技术规程：DB64/T 1266—2016 [S].

李建设，高艳明，张秀丽，2008. 不同苗龄叶柄插接对西瓜嫁接苗生长发育的影响 [J]. 北方园艺（10）：5-7.

李娟，2017. 营养液钾氮比及微咸水灌溉方式对日光温室番茄生长发育和果实品质的影响 [D]. 银川：宁夏大学.

李娟，李建设，高艳明，2016. 不同生育期营养液钾氮比对日光温室基质培番茄的影响 [J]. 北方园艺（17）：51-56.

李娟，李建设，高艳明，等，2016. 不同生育期营养液钾氮比对番茄生长和果实品质的影响 [J]. 浙江农业学报，28（11）：1881-1889.

马晓燕，2016. 不同容器对基质培黄瓜栽培效果研究 [D]. 银川：宁夏大学.

马晓燕，高艳明，李建设，2015. 不同容器对宁夏基质培夏秋茬黄瓜生长发育的影响 [J]. 浙江农业学报，27（9）：1555-1562.

马晓燕，高艳明，李建设，2016. 容器对基质栽培春茬黄瓜生长和产量的影响 [J]. 江苏农业学报，32（4）：879-884.

汪生林，2017. 基质培薄皮甜瓜和辣椒营养液供液量与供液频率研究 [D]. 银川：宁夏大学.

汪生林，凡振伶，高艳明，等，2018. 营养液供液量与供液频率对冬春茬辣椒的影响 [J]. 排灌机械工程学报，36（1）：69-76.

汪生林，高艳明，李建设，等，2016. 营养液供液频率与供液量对基质培夏秋茬薄皮甜瓜生长发育的影响 [J]. 灌溉排水学报，35（6）：31-36.

徐苏萌，2016. 不同基质配比对番茄生长与品质的影响研究 [D]. 银川：宁夏大学.

徐苏萌，高艳明，马晓燕，等，2016. 不同有机肥配比对设施番茄生长、品质和基质环境的影响 [J]. 江苏农业学报，32（1）：189-195.

徐苏萌，宋焕禄，高艳明，等，2015. 不同基质配比对番茄风味成分的影响 [J]. 湖北农业科学，54（15）：3689-3691.

郑佳琦，2017. 沙培番茄水分传感器最佳埋设位置及灌溉定额研究 [D]. 银川：宁夏大学.

郑佳琦，李建设，高艳明，等，2016. 基于沙培温室番茄生长特性确定水分传感器最佳埋设位置研究（英文）[J]. Agricultural Science & Technology，17（12）：2877-2884.

第八章
特色蔬菜设施栽培技术 >>

第一节　高糖度优质鲜食番茄栽培

鲜食番茄是番茄依据食用方法分类中的一类，指番茄采摘后不经加工直接食用。近年来，随着设施农业的迅猛发展，番茄等园艺作物已实现了周年供应，但菜农们为追求产量获得更大的经济效益，盲目大水大肥，导致番茄品质急剧下降，"食而无味"成为了消费者对番茄的主要评价。与此同时，国际及国内市场对高糖度番茄的需求却迅速增长。据调查，高糖度番茄的市场价格是普通番茄的3倍之多。因此，为解决生产中存在的实际问题，满足消费者需求，进一步促进农民增收，高糖度番茄的研究得到广大学者的重视。高糖度番茄是指通过选用专用品种、改变种植方式、控制灌水量及肥料配比和用量等方式，使果实糖含量达7％以上的鲜食番茄。

一、番茄

（一）设施高糖度鲜食番茄复合基质栽培技术

选择地势高燥、向阳、排水良好、交通便利且远离污染源的地方。也可在沙漠、盐碱荒地直接建二代节能日光温室、塑料大中拱棚、连栋加温温室等设施类型，选用具有无毒、无害、防雾、流滴性能好、抗老化、保温、高透明度等特点的多功能棚膜或阳光板、玻璃等，并配备滴灌系统。

1. 茬口安排

（1）日光温室、连栋加温温室茬口安排

春夏茬：12月上旬播种育苗，翌年1月下旬定植，4月中下旬上市，7月下旬拉秧。

秋冬茬：7月下旬播种育苗，8月下旬定植，10月下旬上市，翌年1月下旬拉秧。

冬茬：9月上旬播种育苗，10月中旬定植，翌年2月上中旬上市，5月上旬拉秧。

（2）塑料大、中拱棚茬口安排

春茬：3月上中旬播种育苗，4月中下旬定植，7月中下旬上市，8月下旬拉秧。

2. 栽培技术

（1）品种选择　选择抗病、优质、高产、商品性好、适合市场需求的品种。春夏茬栽培选择耐低温弱光、对病虫多抗的品种；秋冬茬选择高抗 TY 病毒病、耐热的品种。冬春茬栽培选择耐低温、耐弱光的品种，品质较好的品种有京番 301、粉太郎等。

（2）穴盘育苗

早春茬：番茄穴盘苗在 1～2 月出圃，定植前 40～45d 播种；在 3 月出圃，定植前 40d 左右播种；在 4 月出圃，定植前 35d 左右播种。

秋冬茬：番茄穴盘苗在 9 月出圃，定植前 30d 左右播种；在 10 月出圃，定植前 30～35d 播种；在 11～12 月出圃，定植前 35～40d 播种。

种子处理方法同第六章第二节番茄育苗部分。

（3）定植　提前对棚室进行消毒，确定栽培模式并准备好栽培的设施设备、栽培基质及配套的灌溉设备，当设施内 10cm 基质温度稳定在 10℃以上，最低气温稳定在 8℃以上，幼苗株高 12～15cm，3 叶 1 心至 4 叶 1 心时即可定植。定植前 5～7d 低温炼苗，提高幼苗的适应性。定植时每 667m² 栽植 2 500 株左右，行距约 70cm，株距约 38cm，栽植深度 1cm 左右，栽好后用清水浇透，平均每株浇水量约 6L。

（4）生产管理

①温度管理。生长环境的空气温度管理见表 8-1。

表 8-1　定植后温度管理

生长阶段	缓苗期（℃）		缓苗后至结果期前（℃）		结果期（℃）	
时间	白天	夜间	白天	夜间	白天	夜间
温度管理	25～30	15～18	25～28	14～16	25～28	15～18

地温以 20～22℃为宜。

②湿度管理。生长前期空气相对湿度维持在 60%～65%，生长中后期相对湿度维持在 45%～55%。在晴天上午或早晨浇水，并及时放风排湿，尽量使叶片不结露。当外界最低气温稳定在 12℃以上时，即可整夜放风。

③光照管理。整个生育期应保持 3 万～3.5 万 lx 及以上，不高于 7 万 lx 的光照度；日照时数 8h 以上。冬季光照弱时要采取补光措施，如张挂反光幕或利用人工光源补光；夏季光照强时要采取遮光措施，如覆盖遮阳网或遮阳幕

布等。

④营养液管理。

A. 营养液配方：高糖度鲜食番茄复合基质栽培营养液配方，第一穗果坐果前的配方见表 8-2，第一穗果坐果后的配方见表 8-3，营养液微量元素通用配方见表 8-4。营养液的配制方法参照第六章第二节。

表 8-2　番茄第一穗果坐果前营养液大量元素配方

元素	NO$_3$-N	NH$_4$-N	P	K	Ca	Mg	S
浓度（mmol/L）	8	0.8	0.8	4	4	2	2

表 8-3　番茄第一穗果坐果后营养液大量元素配方

元素	NO$_3$-N	NH$_4$-N	P	K	Ca	Mg	S
浓度（mmol/L）	8	0.8	0.8	8	4	2	4

表 8-4　高糖度鲜食番茄复合基质栽培营养液微量元素配方

元素	Fe	B	Mn	Zn	Cu	Mo
浓度（mg/L）	3	0.5	0.5	0.05	0.02	0.01

B. 营养液施用：定植后 3～6d 开始滴灌营养液，按每天每株 300～400mL 的量浇灌，气温低时每天 10:00 滴灌 1 次；气温高时每天 10:00、16:00 各滴灌 1 次。高温季节要经常检测基质中的电导率，不要超过 2.2mS/cm，以 1.8～2.0mS/cm 为宜。浓度高时，应兼灌清水，适温及低温季节浓度可逐步提高，但以不超过 3.0mS/cm 为宜。滴灌带要定期冲洗，灌溉过程中要及时检查滴灌出液是否均匀或堵塞情况，以确保养分的充足供应。

⑤叶面施肥。生育期内每 7～10d 向植株喷施过磷酸钙或其他适宜叶面施用的钙肥。

⑥植株调整。当植株长到 25～30cm 时及时吊线绑蔓，采用单干整枝，除保留主干外其余侧枝全部摘除。每株达预留果穗后，在最后一穗花上留 2～3 片叶摘心。在番茄生长过程中，及时摘除植株下部的病、老、黄叶和病果，拔除病株。当植株生长过高，影响受光和农事操作时，应及时落蔓。落蔓宜选晴暖午后，茎蔓含水量低、组织柔软时进行，以避免和减少落蔓时对茎秆的损伤。落蔓时，将缠绕茎蔓的吊绳松下，将空蔓有秩序地置于同一方向，逐步盘绕于栽培垄两侧。

⑦授粉。为提高番茄坐果率，改善果实品质，设施栽培番茄授粉较好的方式有熊蜂授粉和振动授粉。

A. 熊蜂授粉：在第一穗花 25% 开花时，放置熊蜂，每 667m^2 放置 1 箱

（40～60 只），30～35d 后更换 1 箱。

B. 振动授粉器授粉：将授粉器摆动杆放在花穗柄上振动 0.5s，点到即可。授粉时间 9:00～15:00。夏秋季节隔天 1 次，春冬季 3～4d 授粉 1 次。授粉时无需标记，可重复授粉，整穗坐果后授粉结束。

（5）病虫害防治　参见第六章第三节番茄部分。

（6）采收　番茄以成熟果实为产品，一般在定植后 60d 左右可陆续采收，采收时应根据销地市场把握成熟度。供应当地市场的，在商品成熟期采收；远距离运输的一般要在转色期采收。采收时要去掉果柄，以免刺伤其他果实。番茄采收后，要根据果实大小和形状等进行分级，分类包装上市。生长期施过化学农药的番茄，安全间隔期后采摘。

（二）设施高糖度鲜食番茄限根土壤栽培技术

限根土壤栽培是指人为地把植物根系限制在一定介质或空间中，控制根系体积和数量，改变根系分布与结构，优化根系功能，通过根系调节整个植株生长发育，从而实现高产、高效、优质的一项栽培技术。限根栽培不但可以提高水分利用率，而且可以改善果实品质，提高果实糖分含量。所以，将限根栽培应用于高糖度鲜食番茄的生产既降低了生产成本，又提高了产品的经济价值。

1. 茬口安排

（1）连栋温室、日光温室茬口安排

春夏茬：12 月上旬播种育苗，翌年 1 月下旬定植，4 月中下旬上市，7 月下旬拉秧。

秋延后茬口：是目前银川市种植的一个主要茬口，6 月上旬播种，6 月底至 7 月上旬定植，9 月上旬上市，11 月中下旬拉秧。

秋冬茬：7 月下旬播种育苗，8 月下旬定植，10 月下旬上市，翌年 1 月下旬拉秧。

冬春茬：9 月上旬播种育苗，10 月中旬定植，翌年 2 月上中旬上市，5 月上旬拉秧。

（2）塑料大棚茬口安排

春夏茬：3 月上中旬播种育苗，4 月中下旬定植，7 月中下旬上市，8 月下旬拉秧。

2. 栽培技术　设施高糖度鲜食番茄限根土壤栽培的品种选择、育苗、植株调整、温湿度管理、光照管理、病虫害防治及采收标准均与复合基质栽培相同。下文就二者的主要不同点加以描述。

（1）定植前准备　栽培设施内前茬作物必须为非茄科类作物，且应保证所用土壤无残留病虫害，并提前对棚室及土壤进行消毒。

（2）土壤限根　在设施内按南北走向开沟，沟距 1.4m，沟长 7.0～7.5m，沟宽 0.3m，沟深 0.2m，用 25g/m² 无纺布或黑色园艺地布隔离，如图 8-1 所示。回填土时每沟加生物有机肥 40kg、腐熟料饼 4kg、氮磷钾复合肥（N-P$_5$O$_2$-K$_2$O＝15-15-15）0.5kg、磷酸二铵 0.5kg、硫酸钾 0.5kg。回填土高出地面 0.15m。

灌溉方式采用滴灌，定植前将滴灌管铺设于畦面两侧靠近定植行的位置，覆盖地膜。

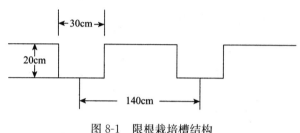

图 8-1　限根栽培槽结构

（3）定植　当设施内 10cm 土壤温度稳定在 10℃ 以上，最低气温稳定在 8℃ 以上，即可定植。定植时每畦栽植两行，行距 70cm，株距 38cm，每 667m² 栽植 2 500 株左右。按株距破膜挖穴，栽苗覆土，栽植深度 1cm 左右，然后滴灌定植水。

（4）水肥管理

①浇水。定植时浇透水，之后蹲苗。1 周后按每天每株 300～400mL 的量浇水，气温低时每天 10：00 滴灌 1 次；气温高时每天 10：00、16：00 各滴灌 1 次。雨天、雪天、强阴天不浇水。灌溉用水水质参照 GB 5084—2005《农田灌溉水质标准》执行。

②追肥。第一穗花开花后每 667m² 追施硝酸钙 5kg、全营养生物液体肥 5kg；第二穗花开花后每 667m² 追施磷酸二氢钾 5kg、全营养生物液体肥 5kg；第三穗花开花后每 667m² 追施氮磷钾全水溶肥［N-P$_5$O$_2$-K$_2$O＝（12～16）-（5～7）-（32～40）］8kg、全营养生物液体肥 5kg；以后每隔 10～15d 追施 1 次氮磷钾全水溶肥［N-P$_5$O$_2$-K$_2$O＝（12～16）-（5～7）-（32～40）］8kg、全营养生物液体肥 5kg。拉秧前 25d 停止追肥。

二、樱桃番茄

樱桃番茄是番茄中的一种特殊类型，因其果实大小近似樱桃而得名。樱桃番茄多栽培于设施内，果型小巧可爱，品质风味俱佳，因而近年来在国内国际市场颇为风靡，也常作为冬春季节的高档水果供应市场，经济价值远高于普通番茄。

（一）产地环境及设施类型的选择

选择地势高燥、向阳、排水良好、交通便利且远离污染源的地方。也可在沙漠、盐碱荒地直接建二代节能日光温室、塑料大中拱棚、连栋加温温室等设施类型，选用具有无毒、无害、防雾、流滴性能好、抗老化、保温、高透明度等特点的多功能棚膜或阳光板、玻璃等，并配备滴灌系统。

（二）茬口安排

1. 连栋温室、日光温室茬口安排

秋冬茬：7 月下旬播种育苗，8 月下旬定植，主要供应冬季市场。

冬春茬：9 月中旬播种，10 月下旬定植，主要供应元旦、春节市场。

春夏秋冬一季栽培：7 月下旬育苗，9 月中下旬定植，11 月开始采收，翌年 7 月拉秧。

2. 塑料大棚茬口安排

早春茬：11 月中下旬播种育苗，翌年 3 月中下旬定植，5～7 月采收。

（三）樱桃番茄基质培营养液栽培技术

1. 品种选择　选择抗病、优质、高产、早熟、商品性好、产量高、适合市场需求的品种。春夏茬栽培选择长势不过旺、着色均匀、品质好、对病虫多抗的品种，如碧娇等；秋冬茬选择耐低温弱光、高抗 TY 病毒及多种害虫的品种，如粉娘、小霞、千禧等品种。

2. 育苗

（1）播种　选用 72 孔穴盘育苗，提前将育苗基质拌湿用多菌灵处理后装入穴盘，装好的穴盘摞起来用力压出播种穴，每穴点播一粒种子。播种前需对种子进行消毒并催芽，待 70% 以上种子露白时即可播种，播后覆盖 1cm 厚基质，浇透水，上面覆盖无纺布，保湿透气。

（2）苗期管理　出苗前应提高温度，日温保持在 28～30℃，夜温保持在 15～22℃，该阶段一般不需灌溉，若基质变干，可补充灌溉一次。齐苗后开始降温，日温保持在 22～25℃，夜温保持在 12～15℃，当日温低于 18℃，夜温低于 12℃时需采取加温措施，该阶段可每 2d 进行一次灌溉。2 叶 1 心期后，可根据基质干湿情况，每天早晨进行一次灌溉，阴雨天不灌溉。定植前 3～5d，可适当降低室内温度并加大通风量，进行低温炼苗，提高幼苗的抗性。

3. 定植　提前对棚室、栽培基质、灌溉设备进行消毒。当设施内 10cm 基质温度稳定在 10℃以上，最低气温稳定在 8℃以上，幼苗株高 12～15cm，5～6 片真叶时即可定植。定植株距 40～45cm，每 667m² 定植 2 000～2 200 株。定植后一周内每天检查苗 2～3 次，及时剔除病苗、弱苗，并进行补苗。

4. 生产管理

（1）温度管理　缓苗期密闭棚室提高温度，保持日温 30～32℃，不可超过 35℃，夜温 18℃；缓苗后要及时通风降温，促进根系生长，保持日温 25～28℃，夜温 17～18℃及以上。结果后，日温保持 22～30℃，夜温保持 15℃以上。樱桃番茄耐高温，但同时也要保证较高的夜温，否则会影响果实着色和果肉品质。白天室内温度超过 28℃时应及时通风降温，必要时可遮阴降温；夜温低于 10℃时，需加盖保温被或通过暖气加温提高棚室温度。应注意的是，由于温度变化太快会对植株生长造成不利影响，所以加温和降温过程均要缓慢。

（2）湿度管理　樱桃番茄生育期内，应保持基质湿度 70%～80%，空气相对湿度 50%～60%。

（3）光照管理　樱桃番茄对日照长短要求不严格。正午光照较强且温度过高时，应采取适当的方法遮阴降温，如通风、张挂遮阳网等。

（4）营养液管理　适合樱桃番茄无土栽培的营养液配方很多，目前应用广泛并且效果较好的为日本山崎番茄专用配方，其大量元素组成见表 8-5，微量元素配方见表 8-6。在使用配方前需根据当地水质及基质的养分含量对配方进行调整，配方适宜的 pH 为 5.5～6.5。为保证果实的品质，樱桃番茄生长过程中应适当控制营养液供应量。一般定植后晴天上午进行灌溉，苗期至开花期，每天每株灌溉 300～400mL；开花期至坐果期，每天每株灌溉 500～800mL；坐果后，每天每株灌溉量为 1 500～2 000mL，阴雨天不灌溉或根据需要灌溉量减半。在营养液施用过程中，要经常检测营养液的 EC 值，确保在适当的范围内。一般营养液 EC 随植株生长阶段及天气情况均有变化，苗期营养液 EC 值较低，坐果期营养液 EC 值可适当提高；高温季节，可适当降低营养液 EC 值，低温季节可适当提高营养液 EC 值。

表 8-5　樱桃番茄复合基质培营养液大量元素配方

元素	NO_3-N	NH_4-N	P	K	Ca	Mg	S
浓度（mmol/L）	7.00	0.67	0.67	4.00	1.50	1.00	1.00

表 8-6　樱桃番茄复合基质培营养液微量元素配方

元素	Fe	B	Mn	Zn	Cu	Mo
浓度（mg/L）	3.00	0.50	0.50	0.05	0.02	0.01

（5）叶面施肥　若樱桃番茄长势较弱，可每隔 7～10d 进行叶面喷肥。常用的肥料有 300 倍尿素溶液、300 倍磷酸二氢钾溶液或其他商品叶面专用肥。

（6）CO_2施肥　在温度和光照适宜的条件下，于开花结果期可以施用 CO_2 气肥，晴天浓度以 800～1 000mg/L 为宜，光线较弱时浓度以 500mg/L 为宜。

（7）**植株调整**　当植株长至 30～40cm 时应及时吊蔓、绑蔓，防止植株倒伏，并及时去掉侧枝。樱桃番茄整枝常采用单干法，只保留主枝，其余侧枝全部摘除。周年生产的樱桃番茄也可采用双干整枝，即留番茄基部的第一个侧枝，让其与主枝一同生长，其余侧枝全部去掉。也可在番茄的生长过程中依据植株密度及光照条件，确定是否留其他侧枝。

当第一穗果开始转色后，第一穗果下部的老叶全部去除。冬天一般平均 15d 去除 1 次，其他季节每 7～10d 去除 1 次，每次 3～4 片，确保正常植株有至少 16 片功能叶。当果实开始采收时，为降低植株高度，方便栽培管理，并改善植株下部的通风透光条件，减少病虫害的发生，需在植株生长点距吊绳挂钩 20cm 左右时开始落蔓，降低植株高度，将植株茎蔓朝同一方向整齐盘绕。

（8）**授粉**　在开花期，为提高坐果率，确保果实品质，一般采取必要的授粉措施。条件较好或种植面积大的可以在设施内投放熊蜂，利用熊蜂授粉；也有些采用 2,4-滴或防落素蘸花，每隔 5～7d 喷 1 次，每穗花喷 2～3 次。

（9）**疏果**　果实坐住后保留每穗开花期一致、大小均匀的果实，其他尽快疏掉，每穗留果数因品种而异，一般保持 10 个左右为宜。

5. 病虫害防治　樱桃番茄常见的病虫害及防治方法与大果型番茄相同，同样优先使用农业防治、物理防治、生物防治，严重时可酌情使用化学药剂防治。具体方法参见第六章第二节。

6. 采收　红果樱桃番茄均在果实成熟时采收，一般为定植后的 50～60d，或花后 35～40d，黄果品种宜在八九成熟时采摘。采收要分批进行，一般在上午采摘，可单粒采摘也可成串采摘，单粒采要保留萼片和一段果柄，串采时要剪掉个别成熟不一致的果实，然后直接从果柄合适位置剪下即可。采收后分级包装运输，同时注意保鲜。

第二节　水生蔬菜栽培

一、水芹

1. 生产场地环境选择　要求水源充足、地势平坦、排灌便利及保水性好的生产环境。产地环境条件符合 NY 5010—2002 规定。灌溉水质符合 GB 5084—2005 规定。

2. 品种选择　选择抗逆性强、品质优、产量高的水芹品种。春茬水芹栽培可以选择溧阳白芹、春晖水芹、小叶尖叶芹，秋茬栽培适宜水芹品种为小青种、宜兴水芹、大叶黄等。

3. 催芽排种

（1）整地做畦　选择肥沃、保水性较强的土壤，旱生蔬菜茬口最佳。将田块施足基肥，每 667m² 施有机肥 2 000～3 000kg、尿素 15～20kg，深翻整地，使土肥混匀，翻深 20～30cm，旋耕整平，使田面平整，周围筑好田埂，一般宽 1～1.2m，高 12～15cm。

（2）种株催芽　水芹一般采用无性繁殖。在栽植前 15d 采集老熟种茎，先将种株从基部割下，要求茎粗在 1cm 左右，剔除 1.5cm 以上及 0.5cm 以下的过粗或过细种茎，将其理齐、捆扎、切割成直径 15cm、长 20～30cm 的小把儿，然后将小把儿交错堆码，高度 50～80cm 为宜，堆放在阴凉处，在堆底部、堆上部均覆盖一层稻草，早、晚各浇水 1 次，保湿降温，保持堆内温度在 20～25℃，以促进母茎各节叶腋中休眠芽的萌发。每隔 5～7d 于早晨凉爽时翻堆 1 次，上下调换重新堆好，使受温均匀。一般经 15d 左右，多数腋芽萌发长达 2～3cm 时，即可排种。

（3）排种　保护地栽培一年四季均可排种。催芽后的种茎，温度控制在 25℃ 左右。将催芽的种茎，茎基端朝田埂，梢端向田中间，芽头向上。排种时还要注意以下几点：一是要保证密度，排种间距通常在 10cm 左右；二是田面要平整，以利长芽生根，从而达到生长一致。排种后立即覆盖湿润的细土 1～2cm，若土壤较干，宜在田间先灌透水，待水渗透后再排种。

4. 苗期管理

（1）水分管理　排种后田间坚持小水勤浇，土壤湿度保持在田间最大持水量的 70%～80%，保持湿润而无水层，防止积水和土壤干裂。高温季节可早晨浇灌，低温时宜中午浇灌，可根据土壤实际干湿情况进行适量浇水。收获前 2～3d 浇灌充足水分，可显著增加产量和鲜嫩程度。

（2）温度管理　水芹适宜的生长温度为 25℃ 左右，当温度高于 30℃ 时，会抑制植株生长，此时可使用 70%～80% 遮光率的遮阳网遮阴，以达到降温的效果。

（3）追肥　在幼苗长出 2～3 片叶时，开始追肥。每 667m² 追施尿素和硫酸钾（含量 50%～60%）各 8～10kg，相隔 15～20d 后再追施第二次，施肥点应远离植株，以免烧伤根系。生长旺盛期，及时清除基部黄叶后进行束叶。肥料使用符合 NY/T 496—2002《肥料合理使用准则（通则）》规定。

（4）培土软化　最后一次追肥后可逐渐培土，加深土层，每增加一层均要浇透水。一般生长期培土 3～4 次，厚度 7～9cm，培土越深，水芹越嫩，品质越好，产量越高。培土时，为防止泥土将水芹压坏，可用木板插入两行植株之间，分别顺木板将泥土轻轻倒入，整平拍紧，露出上部叶片 4～5cm，将土拍实后，抽出木板，进行下一行，同时，结合培土清除杂草，并进行灌水。待大部分水芹叶片长到高于培土面时，用工具将培土时抽去木板留下的缝隙闭合，使培土紧靠植株，以利于水芹嫩茎软化，品质提高。

5. 病虫害防控

（1）主要病虫害　水芹田间主要病虫害见表 8-7。

表 8-7　水芹田间主要病虫害

名　称	发生规律	症状
斑枯病	该病在温暖多雨、空气潮湿的环境下发生严重	叶片上产生淡褐色水渍状小点，渐渐扩大成3～4mm近圆形至不规则坏死斑，边缘有黄色晕圈，中央灰白至灰褐色，略有小黑点；茎和叶柄染病，初为浅褐色小点，以后形成略凹陷近椭圆形坏死斑，有时龟裂，后期产生少量小黑点
锈病	天气温暖潮湿、雾多或露重，植株偏施氮肥，长势过旺时，发病严重	初在叶片上产生较多针尖大小浅黄色斑，呈点状或条状排列，后变红褐色，中央疱状凸起，疱斑破裂后散出橙黄至褐色粉末状物质，后期在疱斑上及附近产生暗褐色疱状斑。茎和叶柄染病，初为浅黄绿色点状或短条状凸起，有时表皮呈条状龟裂。严重时植株表面病斑密布，茎叶坏死干枯
病毒病	相对湿度在 80% 以下，持续高温干旱易使病害发生。蚜虫数量越多，发病越重。水芹生长不良、表皮破损易引起病毒病发生	发病初期叶片皱缩，有绿色或黄色斑块，新生叶片偏小，部分叶片扭曲变窄，叶柄纤细。发病严重时，心节间缩短，叶片皱缩，停止生长或黄化。发病较晚时，所生叶呈浓、淡绿相间的花叶，植株正常
褐斑病	高温多雨或高温干旱，夜间结露重，缺水、缺肥、灌水过多或植株生长不良易发病	初生叶片生长黄褐色病斑，后期扩大成形状不规则、边缘不明显、大小不一的病斑，部分融合为褐色或深褐色较大病斑，常有煤污状霉层，最后叶片逐渐枯黄
蚜虫	一年发生数代。多在植株苗期和旺盛生长阶段发生	刺吸幼嫩茎叶的汁液，造成茎叶卷缩和发黄，严重时引起枝叶枯萎，甚至整株死亡
夜蛾	一年发生 4～5 代，有强烈趋光性和趋化性，在 28～30℃ 下适宜生存	幼虫咬食叶片，初龄幼虫食叶片下表皮及叶肉，仅留上表皮呈透明斑；四龄以后进入暴食期，咬食叶片，仅留主脉

（2）农业防控　种植无病种苗，合理进行水肥管理，及时清除田间、田岸等周边杂草。

（3）化学防控　坚持"预防为主，综合防治"的植保方针。农药使用符合GB/T 8321、NY/T 1276—2007 规定。

（4）主要病害防治　具体防治方法见表 8-8。

表 8-8　水芹田间主要病虫害防治方法

防治对象	药剂名称	剂型	药剂浓度	施药时期	施药方法
斑枯病	代森锰锌	70%可湿性粉剂	500～600 倍液	发病初期	喷雾，交替使用，每 7d 喷施 1 次，共喷 3～4 次
	百菌清	75%可湿性粉剂	600～700 倍液		
	多菌灵	50%可湿性粉剂	500 倍液		
锈病	三唑酮	15%可湿性粉剂	1 500 倍液	发病初期	喷雾，每隔10～20d喷施 1 次，连续 2～3 次，采收前 20d 停止用药
	杀毒矾	64%可湿性粉剂	400～500 倍液		
	丙环唑	25%乳油	300 倍液		
病毒病	植病灵	1.5%乳油	1 000 倍液	发病初期	喷雾，每隔5～7d喷施 1 次，连续 2～3 次
	吗啉胍·羟烯腺类	40%可溶性粉剂	1 000 倍液		
	盐酸吗啉胍·铜	20%可溶性粉剂	500 倍液		
褐斑病	氟硅唑	40%乳油	8 000 倍液	发病初期	每隔 7～10d 喷施 1 次，连续 2～3 次。交替用药，采收前 5d 停止用药
	硫	50%悬浮剂	800 倍液		
	碱式硫酸铜	27.12%悬浮剂	500 倍液		

（5）主要虫害防治　具体防治方法见表 8-9。

表 8-9　水芹田间主要虫害防治方法

防治对象	药剂名称	剂型	药剂浓度	施药时期	施药方法
蚜虫	杀灭菊酯	20%乳油	3 000～4 000 倍液	危害初期	喷雾防治
	吡虫啉	10%可湿性粉剂	1 500～2 000 倍液		
	抗蚜威	50%可溶性粉剂	2 000～3 000 倍液		
夜蛾	灭杀毙	21%乳油	6 000～8 000 倍液	危害初期	喷雾防治，每隔 7d 喷施 1 次，连续 2～3 次
	氰戊菊酯	50%乳油	4 000～6 000 倍液		
	炔螨特	73%乳油	1 000 倍液		
	阿维菌素	0.6%乳油	2 000 倍液		

6. 采收　一般在培土软化后约 1 个月可进行第一次采收。此时，水芹叶柄软化变白，并长出许多带有嫩黄色叶芽的新茎，基部茎节尚未拔长，不定根

极少，品质柔嫩。以后每 20～30d 即可收获 1 次，采收时利用钉耙清除培土，利用平直镰刀割取茎盘以上部分，不能割伤茎盘和根，以免影响下茬采收。收割后清理烂叶、黄叶、水根等，修剪整理，捆扎成把，准备出售。

7. 选留种株

（1）位置选择　留种田要事先规划，专门培植。选择温暖向阳、灌排方便的块地，并精耕细作，施足肥料。

（2）种株选择　水芹种株在未经软化前选留。选择株高中等、茎秆较粗、节间较短、腋芽较多且健壮、根系旺盛、无病虫害的植株做种株，做好留种田管理工作。

（3）栽插管理　将挑选后的种株每 2～3 株一穴，株行距 20cm 左右整齐插入土壤中，适当增施磷、钾肥，如用 0.1％磷酸二氢钾喷施 2～3 次，促进茎秆健壮。田间持久保持湿润，当棚内温度上升至 30℃以上时，需在行间铺盖稻草一层，以延缓根系衰老，继续吸收和供给地上部养分，充实休眠芽内部，充分发挥优良种性。待抽薹高度到 40cm 以上时，进行一次整枝，将多余及生长细弱的杈株去除，同时拔除瘦弱植株，以利于田间通风透光，直至催芽前收割。

二、水生豆瓣菜

1. 生产场地选择　豆瓣菜生长快，分蘖力强，需肥量大，宜选择有机质丰富、肥力充足的低洼田栽培，能进行肥水灌溉，水的流动可降低水温和地温，调节小气候。

2. 生产技术管理

（1）广东小叶豆瓣菜

①小叶型，株高 30～40cm，茎粗 0.9cm 左右，两边小叶 2～3 对，顶端小叶卵圆形，长 2.6cm，宽 2.2cm，褐色，4 月下旬开花，但不结实，只能无性繁殖。

②大叶型，株高 40～50cm，茎粗 0.79cm 左右，两边小叶 1～3 对，顶端小叶圆形或近圆形，长 3.2cm，宽 3.4cm，绿色，耐寒性较强，在低温和冬季仍不变色。春季开花结籽，品质好，味鲜嫩。

（2）江西大叶豆瓣菜　大叶型，株高 40cm 左右，茎粗 0.75cm 左右，两边小叶 1～3 对，顶端小叶长卵形，长 3cm，宽 1.6cm，叶片绿色，叶脉红色，在冬季和低温条件下不变色，春季开花结籽。该品种抗逆性强，耐寒性强，但含纤维相对较多。

3. 播种

（1）适期播种　豆瓣菜用种子繁殖的一般在 3 月气温 20～25℃时播种育

苗。由于豆瓣菜种子细小，需混拌 1~2 倍细土撒播。播后撒盖一薄层过筛细土。一般播种 100g，采用 60m² 苗床，可满足 1 333.3~2 000m² 大田的用苗量。

（2）苗床育苗　苗床施入腐熟有机肥 2~4kg/m²，磷肥 100~200g/m²。翻耕整细耙平，做 1.5m 宽的播种畦，畦面要平，高差不能超过 3cm，软硬要适中。畦面过软会引起陷籽，影响种子出苗。豆瓣菜种子很小，为使播种均匀，播种前可先将种子与 20~30 倍的细沙土拌匀后一起撒播，播种后再盖一层薄细土，厚度以盖住种子为宜，播后每天用细孔水壶喷水 1~3 次。5~7d 种子发芽，幼苗出土后及时灌水，使畦面有一薄层水，以后随着幼苗的生长，再逐渐加深水层。气候炎热时，应及时加盖遮阳网。幼苗具有 1 片真叶时间苗 1 次，以后可陆续间苗 2~3 次，以防止过分拥挤导致徒长，每次间除的幼苗可另地移栽。间苗后株距一般为 2cm 左右，30~40d 后，苗高长至 8~10cm 时，即可定植。

（3）穴盘育苗　播种前将基质填入穴盘内，用玻璃或木板轻轻刮去多余基质，切忌用力压实，以免破坏其物理性质。再用手指在装好基质的穴盘上轻轻下压，将种子与 20~30 倍的细沙土拌匀后一起撒播，播种后再盖一层薄细土，厚度以盖住种子为宜，播种后及时喷水，当穴盘底部有水渗出即可。播种初期土壤湿度可大些，以保证种子吸水膨胀。后期水分不宜过多，湿润即可。

（4）扦插育苗　夏季设施栽培，一般在 4~7 月剪取 10~12cm 长的粗壮嫩茎，按行距 12~15cm，株距 8~10cm，1 穴 3 株直接扦插定植于大田。

4. 苗期管理　7~10d 出苗后揭去覆盖物，对露出的根系要轻覆土。出苗后每天喷水 1~2 次，保持苗床湿润状态，苗高 3~4cm 时，及时增加水分，同时视幼苗的长势，施腐熟淡粪水，促进幼苗生长。幼苗长至 12~15cm 高即可割苗移栽。

5. 适时定植

（1）壮苗标准　扦插苗株高 12~15cm，嫩枝长 5~6 节；实生苗 3~4 叶。

（2）定植方法与时期　双层塑料大棚可以在 3 月 5 日左右定植，单层塑料大棚可在 3 月 20 日左右定植。每畦种 8 行，行距 15cm，穴距 12cm，扦插苗每穴 3~4 株，每 667m² 种植 11.1 万~14.8 万株；实生苗每穴 1 株，每 667m² 种植 3.7 万~4.9 万株。用铲开浅穴，将种苗斜插土中，苗入土 1/3，之后浇透水。苗高长至 8~10cm 时，即可定植。

6. 定植后田间管理

（1）水分管理　主要是勤灌水，保持土壤湿润。定植苗成活后，随幼苗生长逐渐增加水分。春秋季节，每天灌跑马水 1 次；到冬季应加强大棚内湿度控制，浇水追肥后，应注意通风，降低空气湿度；夏季早晚各浇 1 次凉水。

（2）温度管理　从 12 月中下旬、夜温已降到 0℃ 以下时加扣小拱棚，用塑料薄膜覆盖，并在封冻前加深水层，以叶尖露出水面为度，保温防冻，保护过冬，到第二年 3 月下旬，气温回升到 10℃以上时撤去覆盖物；夏季温度高时应通风并覆盖遮阳网，每天早晚各灌跑马水 1 次。

（3）肥水管理　豆瓣菜生长期较短，在肥水管理上掌握以基肥为主，结合整地施足基肥。如遇生长缓慢，中下部叶片出现暗红色等缺肥症状时，可追施少量速效氮肥（每 667m² 用尿素 2～3kg）。到采收期间，每采收 1 次追复合肥（30-30-30）1 次（每 667m² 用量 1.3～2kg）。

7. 病虫害防治

（1）主要病虫害　豆瓣菜大棚主要病虫害见表 8-10。

表 8-10　豆瓣菜大棚主要病虫害

名称	发生规律	症状
褐斑病	病菌以菌核或在植物残体上的菌丝度过不良环境条件。菌核有很强的耐高低温能力，侵染、发病适温为 21～32℃。发病盛期主要在夏季。当气温升至大约 30℃，同时空气湿度很高（降雨、有露、吐水或潮湿天气等），且夜间温度高于 20℃时，造成病害猖獗	真菌性病害，下部叶片开始发病，逐渐向上部蔓延，初期为圆形或椭圆形，紫褐色，后期为黑色，直径为 5～10mm，界线分明，严重时病斑可连成片，使叶片枯黄脱落，影响开花。单株受害的叶片、叶鞘、茎秆或根部出现梭形、长条形、不规则病斑，病斑内部呈青灰色水渍状，边缘红褐色，以后病斑变成黑褐色，腐烂死亡
丝核菌病	豆瓣菜生长期间，空气潮湿，植株生长茂密，施氮肥过量，有利于发生此病。保护地在浇水后长时间闭棚，此病害发生较重	此病主要危害叶片和茎。叶片病斑圆形或不规则，浅黄至灰褐色，多从叶缘或叶尖开始侵入，湿度大时病叶腐烂，病部产生蛛丝状菌丝。发病严重时许多叶片发病、枯死或腐烂。基部染病，初呈水渍状，后变成浅褐色、不规则斑点，随病情发展病基软腐或干腐，病部缢缩，其上产生较明显的白霉，后期转变成菌核，最后全株倒折，萎蔫死亡
蚜虫	1 年发生数代。多在植株苗期和旺盛生长阶段发生	刺吸幼嫩茎叶的汁液，造成茎叶卷缩和发黄，严重时引起枝叶枯萎，甚至整株死亡
小菜蛾	全国各地普遍发生，1 年发生 4～19 代。在北方以蛹在残株落叶、杂草丛中越冬	初龄幼虫仅取食叶肉，留下表皮，在菜叶上形成一个个透明的斑，三至四龄幼虫可将菜叶食成孔洞和缺刻，严重时全叶被吃成网状

（续）

名称	发生规律	症状
黄条跳甲	1年发生世代各地有异，以成虫在茎叶、杂草中潜伏越冬，翌春气温10℃以上开始取食，20℃时食量大增，32～34℃时食量最大，超过34℃则食量大减，对低温抵抗力也强。成虫具趋光性，对黑光灯尤为敏感。成虫产卵于泥土下的菜根上或其附近土粒上，孵出的幼虫生活于土中蛀食根表皮并蛀入根内。老熟后在土中做室化蛹	以成虫和幼虫危害。成虫咬食叶片成无数小孔，影响光合作用，严重时致整株菜苗枯死，还可加害留种株的嫩荚，影响留种；幼虫在土中危害菜根，蛀食根皮等，咬断须根，严重者造成植株地上部叶片萎蔫枯死。该虫除直接危害菜株外，还可传播细菌性软腐病和黑腐病，造成更大的危害

（2）防治原则　坚持"预防为主，综合防治"的植保方针。

（3）主要病害防治　具体防治方法见表8-11。

表8-11　豆瓣菜大棚主要病害防治方法

防治对象	药剂名称	剂型	药剂浓度	施药时期	施药方法
褐斑病	甲基硫菌灵	50%可湿性粉剂	500倍液	发病初期	喷雾，每隔10d喷施1次，连续2～3次
	波尔·锰锌	78%可湿性粉剂	600倍液		
丝核菌病	井冈霉素	5%水剂	1 000倍液	发病初期	喷雾，每隔7～10d喷施1次，视病情防治1～3次，喷药后需排水晾秧2～3d
	多菌灵	50%可湿性粉剂	800倍液		

（4）主要虫害防治　具体防治方法见表8-12。

表8-12　豆瓣菜大棚主要虫害防治方法

防治对象	药剂名称	剂型	药剂浓度	施药时期	施药方法
蚜虫	杀灭菊酯	20%乳油	3 000～4 000倍液	危害初期	喷雾防治
	吡虫啉	10%可湿性粉剂	1 500～2 000倍液		
	抗蚜威	50%可溶性粉剂	2 000～3 000倍液		
	乐果	40%乳油	1 000倍液		
小菜蛾	氟啶脲（抑太保）	5%乳油	1 000～2 000倍液	一、二龄幼虫盛发期	喷雾防治，根据虫情约10d施药1次
	氟苯脲（农梦特）	5%乳油	1 000～2 000倍液		
	多杀菌素	2.5%悬浮剂	1 000倍液		
	丁醚脲（宝路）	50%可湿性粉剂	1 500倍液		
	阿维菌素	1.8%乳油	2 000～3 000倍液		

（续）

防治对象	药剂名称	剂型	药剂浓度	施药时期	施药方法
黄条跳甲	辛硫磷	50%乳油	1 000 倍液	重危害区，播前或定植前后	淋施防治，1~2次，要淋透
	敌百虫	90%晶体	1 000 倍液		

8. 采收与留种

（1）采收时间　一般从定植到采收只需 20~30d，当株高 20~25cm 时，可陆续采收。1 个生长季节多次采收，当温度 15~25℃时，20d 采收 1 次；当温度低于 15℃时，30d 采收 1 次。双层塑料大棚可以种植至 11 月 20 日左右，单层塑料大棚可以种植至 11 月 5 日左右。具体的采收时间视植株的生长情况而定，掌握在植株枝叶茂盛盖满大田时开始。

（2）采收方法　采收方法有两种。一种是逐株采摘嫩梢，采后逐把捆扎，此方法比较费工。另一种是齐泥收割，每次割去全田的 3/4，把老根踩入泥中，后施肥耙平，把留下的 1/4 种苗再行栽插。此方法多用于大面积栽培。

（3）种子繁殖方式　开花结实的品种，用种子留种。一般于 3 月中旬现蕾，4 月初结荚，5 月初荚果成熟。为了防止品种间的相互混杂，在开花前，应搭盖网纱防止品种间串粉。收获种子时，宜在早、晚进行，以防种荚开裂，散失种子。种子收获后，不能在烈日下暴晒，以防温度过高影响种子的发芽率。晒干脱粒后的种子置于阴凉干燥通风处收藏。

（4）茎蔓繁殖方式　当春季温度上升至 25℃以上时不再采收，就此留种。度过盛夏后只有基部老茎和根系得以保存做种。就地留种应选择排水好、较阴凉的田块，留种时排去田水或在 4 月将苗移到土壤结构好、地势稍高、阴凉、有水源的旱地留种。留种期间高温多雨，虫害较多，必须及时降温、防雨和治虫。

三、水生蕹菜

1. 生产场地的选择　应选择阳光充足，四周无遮光物的地块，且土壤肥沃、疏松透气性强的壤土为宜。

2. 品种选择　蕹菜有子蕹和藤蕹两种，北方多以子蕹即种子繁殖，常用品种如下。

（1）泰国空心菜　由泰国引进。叶片竹叶形，呈青绿色，梗为绿色；茎中空，粗壮，向上倾斜生长。耐热耐涝，夏季高温多湿生长旺盛，不耐寒。适于高密度栽培。在北方宜春夏露地栽培。嫩枝可陆续采收 2~3 个月，质脆、味浓，品质优良，每 667m² 产量 3 000kg。

（2）白梗　茎粗大，黄白色，节疏，叶片长卵形，绿色，生长壮旺，分枝较少。品质优良，产量高。耐肥，适于污肥水田栽培。旱地栽培要勤淋水。播种至始收 60～70d，每 667m² 产量 5 000kg。

（3）大叶空心菜　江西地方品种。植株半直立，茎叶茂盛，株高 42～50cm，开展度 35cm。叶大，心脏形，深绿色，叶面平滑，全缘。茎管状，绿色，中空有节。生长期较长，播种至始收 50d，可延续收获 70d，每 667m² 产量 3 000～3 500kg。

3. 适期播种　宁夏地区一般在定植前 20d 左右播种育苗，在 2 月下旬或 3 月上旬可以进行播种。

（1）苗床育苗　播前深翻土壤，每 667m² 施腐熟有机肥 2 500～3 000kg 或人粪尿 1 500～2 000kg、草木灰 50～100kg，与土壤混匀后耙平整细。播种前首先对种子进行处理，即用 50～60℃温水浸泡 30min，然后用清水浸种 20～24h，捞起洗净后放在 25℃左右的温度下催芽，催芽期间要保持湿润，每天用清水冲洗种子 1 次，待种子破皮露白点后即可播种。每 667m² 用种量 6～10kg。播种一般采用条播密植，行距 33cm，播种后覆土。也可以采用撒播或穴播。撒播后覆盖细土，厚度 1cm 左右；条播可以在畦面上横划 1 条浅沟，沟深 2～3cm，沟距 20cm，先浇足水，然后将种子均匀地撒施在沟内，再用细土覆盖。覆土后用薄膜覆盖畦面，以三畦为单元再搭高 1.7m、宽 6m、长度依地块而定的拱棚，棚上覆盖薄膜，并加盖保温材料（如草苫），以提高地温。播种至出苗，应保持土壤湿润，出苗后即可揭开覆盖物。当苗长至 15～20cm 时即可定植。

（2）穴盘育苗　播种前将基质填入穴盘内，用玻璃或木板轻轻刮去多余基质，切忌用力压实，以免破坏其物理性质。用手指在装好基质的穴盘上轻轻下压，将种子与 20～30 倍的细沙土拌匀后一起撒播，播种后再盖一层薄细土，厚度以盖住种子为宜，播种后及时喷水，当穴盘底部有水渗出即可。播种初期土壤湿度可大些，以保证种子吸水膨胀。后期水分不宜过多，湿润即可。待苗长至 15～20cm 时即可定植。

4. 苗期管理　播后要保墒、保温。苗高 3cm 时，要加强肥水管理，每 667m² 浇施尿素 5kg 左右；幼苗期间忌干旱，幼苗 2 叶 1 心期进行间苗，苗距 6cm 左右，并保持田间湿润，每 667m² 可用云大-120 10mg 对水 30L 喷施幼苗，促进茎叶伸长，每隔 10d 喷 1 次，连续喷 2 次。当幼苗具有 4～5 片叶、苗高 17～20cm 时即可移栽大田。

5. 适时定植

（1）壮苗标准　幼苗具有 4～5 片叶，苗高 17～20cm。

（2）定植方法与时期　双层塑料大棚在 3 月 5 日左右定植，单层塑料大棚在3月20日左右定植。播种至出苗,应保持土壤湿润;出苗后即可揭掉薄膜。当苗长至12~15cm时即可间苗;当苗长至18~20cm时即可定苗。

6. 田间管理

(1) 水分管理 蕹菜含水量大,应保证充足的水分供应。如土壤缺水,应及时补充。应遵循勤浇、量少的原则。生长季节每隔7~10d浇1次水,进入夏季,地温高、蒸发量大就应多浇水,每隔5~7d浇1次水,每次采收后3d左右浇1次水。

(2) 温度管理 蕹菜生产应尽可能保持较高的温度。棚室栽培的,温度不超过35℃不放风,夜间最低气温保证在15℃以上。为促进蕹菜生长,低温期间可在日光温室内增设小拱棚增温。

(3) 肥水管理 蕹菜2叶1心期或定植后,要加强肥水管理,一般每667m²施速效氮肥10kg左右,追肥不宜太多,植株生长期间保持土壤湿润。苗高30cm左右开始采收,每次采收后一般每667m²追施尿素10~15kg,以促进新梢发生和伸长。

7. 病虫害防治

(1) 水生蕹菜主要病虫害见表8-13。

表8-13 蕹菜大棚主要病虫害

名称	发生规律	症状
白锈病	白锈菌在0~25℃均可萌发,潜育期7~10d,低温多雨,昼夜温差大,露水重,连作或偏施氮肥,植株过密,通风好,以及地势低,排水不良田块发病重	主要危害叶片。病斑生在叶两面,病叶正面初现淡黄绿至黄色斑点,后渐变褐,病斑较大;叶背生白色隆起状疱斑,近圆形或椭圆形或不规则,有时愈合成较大的疱斑,后期疱斑破裂散出白色孢子囊。叶面受害严重时,病叶畸形,叶片脱落。茎受害时,症状同叶,但茎部肿胀畸形
轮斑病	高湿、郁闭栽培田易感病	主要危害叶片。发病初期叶片上出现小黑点,后逐渐扩大至褐色圆形斑,边缘稍隆起,具有同心轮纹;发病严重时,病斑相互连接,病叶枯黄
蚜虫	1年发生数代,多在植株苗期和旺盛生长阶段发生	刺吸幼嫩茎叶的汁液,造成茎叶卷缩和发黄,严重时引起枝叶枯萎,甚至整株死亡

（续）

名称	发生规律	症状
小菜蛾	全国各地普遍发生，1年发生4～19代。在北方以蛹在残株落叶、杂草丛中越冬	初龄幼虫仅取食叶肉，留下表皮，在菜叶上形成一个个透明的斑，三至四龄幼虫可将菜叶食成孔洞和缺刻，严重时全叶被吃成网状
红蜘蛛	一般情况下，在5月中旬达到盛发期，7～8月是全年的发生高峰期，尤以6月下旬到7月上旬危害最为严重	危害方式是以口器刺入叶片内吮吸汁液，使叶绿素受到破坏，叶片呈现灰黄点或斑块，叶片枯黄、脱落，甚至落光

（2）防治原则　坚持"预防为主，综合防治"的植保方针。

（3）主要病害防治　具体防治方法见表8-14。

表8-14　水生蕹菜大棚主要病害防治方法

防治对象	药剂名称	剂　型	药剂浓度	施药时期	施药方法
白锈病	甲霜灵	25%可湿性粉剂	800倍液	发病初期	喷雾，每隔7d喷施1次
	乙膦铝	40%可湿性粉剂	250～300倍液		
	杀毒矾	64%可湿性粉剂	500倍液		
轮纹病	多菌灵	50%可湿性粉剂	800倍液	发病初期	喷雾，15～20d用药1次
	甲基硫菌灵	50%可湿性粉剂	500倍液		
	可杀得	77%可湿性粉剂	500倍液		

（4）主要虫害防治　具体防治方法见表8-15。

表8-15　水生蕹菜大棚主要虫害防治方法

防治对象	药剂名称	剂　型	药剂浓度	施药时期	施药方法
蚜虫	杀灭菊酯	20%乳油	3 000～4 000倍液	危害初期	喷雾防治
	吡虫啉	10%可湿性粉剂	1 500～2 000倍液		
	抗蚜威	50%可溶性粉剂	2 000～3 000倍液		
小菜蛾	氟啶脲（抑太保）	5%乳油	1 000～2 000倍液	危害初期	交替喷雾防治，每隔7d喷施1次，连续2～3次
	多杀菌素	2.5%悬浮剂	1 000倍液		
	丁醚脲（宝路）	50%可湿性粉剂	1 500倍液		
	阿维菌素	1.8%乳油	2 000～3 000倍液		
	功夫	2.5%乳油	3 000倍液		
	溴氰菊酯	2.5%乳油	3 000倍液		
红蜘蛛	灭扫利	20%乳油	2 000倍液	危害期	交替喷雾防治
	克螨特	73%乳油	1 000倍液		

8. 采收与储藏

（1）采收时期　种后 30～40d 进行第一次采收，之后 20～30d 进行 1 次采收。双层塑料大棚可以种植至 10 月 20 日左右，单层塑料大棚可以种植至 10 月 5 日左右。当蕹菜植株生长到 35cm 高时应及时采收。第一次采摘时茎基部留 2 个茎节，第二次采摘时将茎基部留下的第二茎节采下，第三次采摘时将茎基部留下的第一茎节采下，促使茎基部重新萌芽，以后采摘的茎蔓可保持粗壮。

（2）储藏　产品须在通风、清洁、卫生的条件下储藏，严防暴晒、雨淋、冻害及有毒物质的污染。储藏温度为 3～5℃，相对湿度 80%～85%，库内堆码应保持气流均匀流通，堆码时包装箱距地 20cm，距墙 30cm，最高堆码为 7 层。包装产品应在 3℃ 的冷库中预冷 12h 后，才可装集装箱冷藏外运。

第三节　日光温室西瓜一年三茬栽培

一、茬口安排

第一茬：7 月中下旬育苗，8 月中下旬定植，11 月中上旬采收。

第二茬：10 月上旬育苗，11 月中下旬定植，翌年 2 月下旬采收结束。

第三茬：2 月中下旬育苗，3 月下旬定植，6 月下旬采收结束。

二、品种选择

选用耐低温弱光、含糖量高、抗病、商品性好、耐储运的早熟西瓜品种。如黄金宝、华玲、美丽等品种。采用嫁接育苗，砧木选用抗枯萎病、病毒病和霜霉病黑籽南瓜。

三、育苗

1. 种子处理

（1）西瓜种子浸种催芽　播种前 2～3d 进行浸种催芽，将西瓜种子放在 55℃ 的温水中浸泡 15min，冷却后使温度下降 30℃，浸泡 10h 左右，捞出置于 30℃ 发芽床上催芽，每天用清水淘洗 1～2 次，种子 80% 露白时分批播种。

（2）砧木种子浸种催芽　同西瓜种子浸种催芽，浸泡时间要达到 20h 以上。

2. 播种育苗

日光温室温度稳定在 20℃ 时，应选择晴天上午，将催好芽的西瓜种子播入用空穴盘按压后的装有基质的穴盘小坑中，每穴播 1 粒种子，播后覆盖基质 1.0cm 厚，浇透水，覆盖地膜保温保湿，待西瓜苗约 80% 出土后，再将催好芽的南瓜种子播入事先准备好的穴盘中，每穴播 1 粒种子，播后覆盖基质 1.5cm 厚，出苗 70％左右时及时揭掉地膜，防止温室温度过高，南瓜苗出齐 2 叶 1 心，接穗长到两片子叶，第一片真叶直径 1.0～1.5cm 开始嫁接。

第一茬 7 月中下旬开始育苗，要适当提前，不可过晚，冬季北方销量较低，且海南露地西瓜大量上市，向南方销售也没有价格优势。

四、苗期管理

1. 温度管理　出苗前苗床应密闭，白天温度控制在 28～30℃，夜间 18～20℃。出苗后揭膜通风，夜温控制在 16～18℃。子叶展开，心叶开始显露，下胚轴长至 7cm 后开始降温，抑制苗期徒长，白天降温至 23℃左右，夜间降至 10～12℃，低温锻炼，以防止幼苗过高、下胚轴细弱，若温度高于适温，要通风降温。嫁接前 3～5d，适当控水，降低温度，进行炼苗。

南瓜苗白天维持温度在 30～35℃，夜间 18℃左右，幼苗出土，子叶展开，根颈长至 7cm 时，白天降至 23℃左右，夜温降至 10～14℃，进行炼苗，以备嫁接。

2. 湿度管理　空气湿度以 50％～60％为宜，每次浇水后都应通风换气，降低湿度。

3. 光照管理　幼苗出土后，苗床应尽可能增加光照时间。

五、嫁接育苗

1. 嫁接方法　采用劈插接法。在育苗棚内进行嫁接，必须搭上荫棚遮光，防止阳光直射，同时注意保湿，利于伤口愈合。

将接穗苗从苗床中拔出洗净，置于干净水的盘中。用消毒后的刀片将砧木第一片真叶及生长点去掉，顺子叶垂直方向向下剖开胚轴约 1cm 长的口后，将削成楔形的接穗插入砧木刀口内，用细纸条固定后，夹上嫁接夹，浇适量水后放入遮阴的育苗棚内。

2. 嫁接苗管理　苗嫁接好后，放入事先准备好的小拱棚内，并随即将四周密闭，苗床应进行遮光，使苗床内的空气湿度达到饱和状态，一般保持在 95％以上，并观察瓜苗生长情况，保证瓜叶缘有水珠，棚内膜有水雾，中午如温度过高则要及时通风。嫁接苗在嫁接后的前 2d，白天温度控制在 25～28℃，并保持封闭保湿遮阴状态，3～4d 后，清晨和傍晚除去覆盖物接受散射光 1h，湿度高时通风排湿，以后逐渐增加光照时间和通风时间及通风量，但仍要保持较高湿度。7～10d 内中午一般要遮阴，10～15d 后揭膜炼苗。

3. 壮苗标准　幼苗 3～4 叶 1 心，子叶和真叶宽大而且肥厚，叶色浓绿，下胚轴粗壮，叶柄较短而粗，瓜苗侧根多，根系发达。

六、定植

1. 整地　西瓜地应选择在地势高、排灌方便、土层深厚、土质疏松肥沃、通透性良好的沙质壤土上，忌用花生、豆类和蔬菜作为西瓜的前茬。整地前消除残留物，选定种植西瓜的日光温室，利用堆肥及秸秆生物反应堆实现日光温室西瓜一年三茬栽培技术，第一茬在 0～20cm 土层配施堆肥，20～40cm 土层配套秸秆生物反应堆，第二茬和第三茬在 0～20cm 土层施用堆肥，秸秆生物反应堆于定植前 20d 置于 20～40cm 土层，具体操作如下：

（1）开沟　采用大小行种植，大行宽 80～110cm，小行宽 30～80cm。在小行（种植行）位置进行开沟，沟的走向与温室后墙垂直，一般为南北向。开沟长度、宽度、深度分别为 7.2m、80cm 和 20cm，同时将挖出的土壤按等量分放在沟两边备用，集中开沟。

（2）填充物料　全部开完沟后，向沟内填充秸秆生物反应堆原料。铺设两层未粉碎的玉米秸秆和两层腐熟的牛粪，一层秸秆一层腐熟牛粪，秸秆铺设厚度为 10cm。每层秸秆的施用量分别为 30t/hm^2，合计 60t/hm^2；两层牛粪的施用量分别为 0.43t/hm^2，合计 0.86t/hm^2。秸秆生物反应堆的初始 C/N 为 30.5。

（3）撒施菌种　菌种必须进行预处理。1kg 菌种掺 20kg 麦麸，加水 35～40kg，混合拌匀，堆积发酵 4～24h 就可使用。如当天使用不完，应摊放于室内或阴凉处，厚 8～10cm，第二天可继续使用。每 667m^2 用秸秆 3 000～4 000kg、菌种 8～10kg、麦麸 160～200kg。

将处理好的菌种，按照每沟用量均匀撒在秸秆上，并用铁锨轻轻拍一遍，使菌种与秸秆充分均匀接触。

（4）堆肥起垄做畦　堆肥是以作物秸秆和牛粪按质量比 1∶3（体积比约为 3∶1，C/N 27.4）混合后堆制成，其腐熟品的 C/N 为 16.5。施用量以推荐施氮肥量计算同等堆肥的施入量；施用量为 50t/hm^2，将腐熟的堆肥与 0～20cm 土层的土壤混合后覆盖在秸秆生物反应堆上层，做成高 20cm、下底 80cm 和上底 60cm 的栽培畦。

（5）浇水渗透　在大行内浇大水，每个栽培畦上浇 5～6L 水，使得最终的土壤含水量为田间持水量的 120%，以保证秸秆生物反应堆湿透。

（6）打孔换气　为了保证秸秆生物反应堆与外界空气有足够的气体交换，用打孔器（用 12 号钢筋，在顶端焊接一个 T 形把，一般长 80～100cm）在栽培畦上打 3 行孔，孔深度为 40cm，行内孔距为 20cm，行间孔距为 25cm。将西瓜苗定植在栽培畦上。在西瓜生长期间，每隔 15d，采用上述方法打孔 1 次。

2. 定植方式 采用双行定植，定植株距 35cm，行距 80cm，每 667m² 定植 1 040 株。定植深度以营养土块的上表面与畦面齐平或稍深为宜。种植后根边覆土略加压实，浇透定植水。

3. 温室消毒 土壤用 50% 多菌灵可湿性粉剂 2kg 与干土拌匀后消毒，进行高温闷棚。

4. 铺设滴灌 在栽培畦 20cm 与 60cm 处铺设两条滴灌管，采用直径 15mm 内镶式滴灌，滴头间距 0.3m，滴头流量 2.3L/h，实行膜下滴灌，滴灌的分支管采用直径 25cm 塑料管。由南向北在栽培畦上覆膜。

七、田间管理

1. 缓苗期管理 缺苗穴及时补栽。在日光温室栽培中，白天气温保持在 28～30℃，夜间气温不能低于 10℃。在湿度管理上，一般底墒充足，定植水量足时，在缓苗期间不需要浇水。

2. 伸蔓期管理

（1）温度管理 白天日光温室内温度控制在 25～28℃，夜间温度控制在 13～20℃。

（2）水肥管理 在日光温室西瓜定植后，缓苗水要浇足。以后如果土壤墒情良好时，在西瓜开花坐瓜前不再浇水。苗期适当控制水肥，若幼苗表面缺水时，可进行叶面喷雾。伸蔓后，浇水量适当增加，以浇小水为主，促进西瓜营养面积迅速形成，在伸蔓初期，结合浇水，每 667m² 随水追施氮肥 15～20kg。

（3）植株调整 在日光温室西瓜栽培中，一般采用单蔓或双蔓整枝。当西瓜长到 20cm 左右时及时吊蔓，以后逐渐绕蔓。坐瓜前要及时抹除瓜杈，除保留坐瓜节位瓜杈以外，其他全部抹除，坐瓜后应减少抹杈次数或不抹杈。

3. 开花坐瓜期管理

（1）温度管理 日光温室白天温度要保持在 30℃ 左右，夜间不低于 15℃，否则将坐瓜不良。

（2）水肥管理 开花期一般不再浇水，在土壤墒情差到影响坐瓜时，可进行补浇。坐瓜后 5～7d 时，当幼瓜鸡蛋大小并开始褪毛时浇第一次水，结合浇水每 667m² 追施硝酸钾 25～30kg、磷酸二氢钾 10～15kg、尿素 5～6kg，随水冲施，尽量避免伤及西瓜的茎叶。结瓜后喷叶面肥，提高西瓜品质和产量。

（3）人工辅助授粉 采用人工辅助授粉，以提高坐瓜率。每天 6：00～9：00 摘下当天开放的雄花，去掉花瓣露出雄蕊，将花粉轻涂在雌花柱头上进行人工授粉。由于嫁接西瓜长势强不易坐瓜，要在授粉后的雌花前 2 节处扭伤主蔓，强制坐瓜。

（4）其他管理　待幼瓜生长至鸡蛋大小并开始褪毛时，进行选留瓜，一般选留主蔓上第二或第三节雌花上瓜形周正的瓜，每株只留一个瓜。在结瓜部位上留 8～10 片叶摘心，以利养分向果实输送，待瓜直径在 5cm 左右时用专用网袋将瓜吊起，以防坠秧。

4. 果实膨大期和成熟期管理

（1）温度管理　日光温室栽培，此时外界气温逐渐降低，应采取补温措施，白天棚室内气温控制在 35℃ 以下，但夜间温度不得低于 18℃。

（2）水肥管理　进入果实生长盛期，需水量增大，要始终保持畦面湿润。果实成熟前 7～10d，应减少浇水，采收前 3～4d 停止浇水。果实膨大迅速时，进行第三次追肥，主要以磷、钾肥为主，配施氮肥，以促进果实膨大，并维持同化叶面积，防止植株早衰。每 667m² 施硝酸钾 15～20kg、磷酸二氢钾 10～15kg。

5. 营养液配制与管理　采用适合西北硬水地区的营养液配方，主要生育时期营养液配方见表 8-16。

表 8-16　西瓜营养液配方

单位：mg/L

生育时期	$(NH_2)_2CO$	KH_2PO_4	KNO_3	K_2SO_4
苗期	244.2	90.41	142.05	193.43
结瓜期	350.15	255.85	100.09	329.35

（1）母液配制　按照要配制的浓缩营养液的体积和浓缩倍数计算出配方中各种化合物的用量，将各种化合物称量后放在一个 200L 塑料容器中，溶解后加水至所需配制的体积，搅拌均匀即可。

（2）工作营养液配制　在温室中建一个宽 2m、深 2m、长 4m 的储液池。利用浓缩营养液稀释为工作营养液时，应在储水池中放入需要配制体积的 60%～70% 的清水，量取所需母液的用量倒入，开启水泵循环流动或搅拌使其均匀，即完成了工作营养液的配制。

（3）营养液使用　利用营养液土耕方式，根据土壤质地和实际天气情况确定每天灌液次数，做到最小适量化。早春栽培每天滴液 1～3 次，滴液量见表 8-17，阴雨天根据土壤湿度状况滴液 1 次；秋冬栽培每天滴液 1～2 次，滴液量见表 8-17，连阴雪天不滴液。西瓜各生育时期的需肥量见表 8-18 至表 8-20。

表 8-17　西瓜不同生育时期营养液滴定量

生育时期	每天滴定量（L/株）			每 667m² 滴定量（L）		
	第一茬	第二茬	第三茬	第一茬	第二茬	第三茬
苗期（30d）	0.5	0.6	0.55	15 600	18 720	17 100
伸蔓期（25d）	0.6	0.7	0.65	15 600	18 200	16 900
结瓜期（45d）	0.75	0.9	0.83	35 100	42 120	38 610

表 8-18　西瓜第一茬各生育时期每 667m² 需肥量

单位：kg

生育时期	尿素	磷酸二氢钾	硝酸钾	硫酸钾
苗期	2.34	5.77	0.55	4.54
伸蔓期	2.34	5.77	0.55	4.54
结瓜期	12.29	8.98	3.51	11.56
总量	16.97	20.52	4.61	20.64

表 8-19　西瓜第二茬各生育时期每 667m² 需肥量

单位：kg

生育时期	尿素	磷酸二氢钾	硝酸钾	硫酸钾
苗期	2.81	6.93	0.66	5.45
伸蔓期	2.73	6.73	0.64	5.30
结瓜期	14.75	10.78	4.22	13.87
总量	20.29	24.44	5.52	24.62

表 8-20　西瓜第三茬各生育时期每 667m² 需肥量

单位：kg

生育时期	尿素	磷酸二氢钾	硝酸钾	硫酸钾
苗期	2.56	6.35	0.61	5.0
伸蔓期	2.54	6.25	0.60	4.92
结瓜期	13.52	9.88	3.87	12.72
总量	18.62	22.48	5.08	22.64

八、病虫害防治

西瓜病害主要有苗期猝倒病、苗期立枯病、枯萎病、炭疽病及白粉病等。西瓜主要害虫有小地老虎、蝼蛄、蛴螬、种蝇、瓜蚜、红蜘蛛和黄守瓜等。

1. 西瓜病虫害防治原则　应从整个日光温室出发，综合运用农业、物理、生态等防治方法。创造不利于病虫害发生和有利于西瓜生长的环境条件。

2. 农业防治　采用的措施有选用抗病品种、培育壮苗、加强田间管理、中耕除草、深翻闷棚等。

3. 物理防治　采用光诱、色诱、机械捕捉、防虫网等物理诱捕和隔离措施防治。

九、采收

西瓜采收时期与西瓜品种密切相关，采收过早果实没有成熟，含糖量低，色泽差，风味差；采收过晚，果实过分成熟，质地软绵含糖量开始下降，食用品质降低。因坐瓜节位、坐瓜期不同，成熟度不一，应进行分次陆续采收。西瓜成熟采收的主要判断方法有以下几种：

1. 根据生理发育期判断　即根据雌花开放后的天数判断，小果型品种25～26d，早、中熟品种30～35d，晚熟品种40d以上。

2. 根据果实或植株的某些外部特征判断　果面花纹清晰，具有光泽，脐部、蒂部略有收缩，或果柄上茸毛稀疏或脱落，坐瓜节位的卷须枯焦1/2以上为成熟标志。

3. 听声判断　即用手指弹西瓜，声音清脆为生瓜，沉稳、稍混浊为熟瓜，沙哑则为过熟瓜或空心瓜。

第四节　香椿栽培

香椿为楝科香椿属植物，又名香椿头、香椿芽。多年生落叶乔木，树体高大，雌雄异株，叶呈偶数羽状复叶，圆锥花序，两性花白色，果实是椭圆形蒴果，翅状种子，种子可以繁殖。香椿嫩芽是我国特有的一种木本野生蔬菜，因其质脆多汁，香气浓郁，风味独特，含有丰富的蛋白质，人体必需的氨基酸和钾、钙、镁、钠、铁、锰、锌、铜等中微量元素，被称为群蔬之冠。并且香椿具有食疗作用，主治外感风寒、风湿痹痛、胃痛、痢疾等，是药食兼用的蔬菜。随着人们健康意识的增强，香椿的保健作用逐渐被人们接受和认可。香椿栽培分为露地栽培和设施栽培。设施栽培中多以日光温室和大棚为主。

一、露地栽培

1. 壮苗标准　育苗是个重要环节，香椿苗的好坏直接关系到产量和效益的高低。壮苗的标准：苗高0.8～1.2m，实生苗直茎1cm以上，无性繁殖苗1.5～2.0m。

2. 种子繁殖苗的培育

(1) 选种　选当年的新种子，种子要饱满，颜色新鲜，呈红黄色，种仁黄白色，净度在98％以上，发芽率在80％以上。

(2) 选地　选择地势平坦，光照充足，排水良好的沙性土和土质肥沃的田块做育苗地，结合整地每667m² 施有机肥500kg，撒匀，翻透。

(3) 播种出苗　温水浸种24h，种子露白即可播种。播种期为春季最低温高于5℃时，在1m宽畦内按30cm行距开沟，沟宽5～6cm，沟深5cm，将催好芽的种子均匀地播下，覆土1～2cm厚，播后覆盖一层地膜。幼苗出土后要及时间苗，4片真叶时定苗，按10cm行距，每667m²留苗1万～1.2万株。及时施肥、浇水。

(4) 苗期管理　经常性的人工除草，保证小苗不被草荒危害。重要的一点是要在苗期进行矮化处理，当株高达到50cm左右时，用15％多效唑200～400倍液，每10～15d喷1次，连喷2～3次，控制徒长，促苗矮化，增加物质积累。在进行多效唑处理的同时结合摘心，增加分枝数。

生产上比较受欢迎的育苗方式为无性繁殖，有分株育苗、扦插育苗和埋根育苗等方法。分株育苗法是为了获得更多的香椿根蘖苗，在秋季植株落叶后或春季植株萌发新叶前，在母树周围、树冠边缘垂直投影处挖深60cm、宽30～40cm的环形浅沟，挖沟的同时切断沟内的根系，在沟中施入农家肥并浇水，水渗下后回土将沟填平。翌年4～5月母树周围能萌发出很多根蘖苗，从而获得新的植株。

3. 整地定植

(1) 选地整地　选择地势平坦、水源充足、排灌方便、耕层深厚、土壤结构适宜、理化性状良好、肥力适中的壤土或沙壤土种植。选好地块后，清除杂草、碎石、深耕晒土，栽植前耕翻耙平，施足基肥，做到地块疏松、肥沃、平整。

(2) 施足基肥　栽培香椿一定要施足底肥。每667m²施优质农家肥不少于5 000kg，过磷酸钙不少于100kg，尿素25kg，撒匀深翻。然后整畦栽苗，一般畦宽80～100cm。

(3) 合理密植　菜用香椿采用矮化密植栽培，以便采摘和提高产量。露天种植一般行株距50cm×20cm，每667m²栽植6 000株。修剪根系，把椿苗的大根、主根均剪完，这样比较平整，易紧密排放。修剪根系不会影响椿芽的产量，因香椿不是靠幼苗根系吸收营养，而是靠树干提供母本营养；落叶后至翌年早春萌芽前均能进行栽种。栽种前每667m²大田施腐熟有机肥4 000kg，撒匀深翻，畦宽2～25m，按行株距（60～70）cm×（15～20）cm（矮化密植）栽种，每667m²种6 000～8 000株，最高达1万株以上。栽后及时浇足定根水，促使活苗。

4. 田间管理　菜用香椿采用单株定植，根据实际条件培养株形，促使发枝和生长，增加芽菜产量。香椿定植后，要中耕松土、施肥浇水和除草，特别是退耕地栽植香椿树，要结合松土施入有机肥和适量的氮肥。香椿在速生期易出现死亡现象，称为"胀死"，每年进入夏季对长势较强的香椿树都要进行"放水"，具体做法是在树干用刀砍 2～3 次，或用刀纵刻树干茎部 2～3 处伤到木质部削弱其长势。

5. 病虫害防治　香椿树木生长周期长，易遭受病虫危害，如果防治不及时，会造成极大的经济损失，经济效益显著下降。香椿病虫害的防治，应按照"预防为主，综合防治"的植保方针，实施以农业防治为基础，优先使用生物防治和物理防治，合理使用化学防治的防治措施。如云斑天牛、椿象、甲虫之类的蛀干型害虫，通常采用人力捕杀，或用 90% 敌敌畏乳剂防治，斑衣蜡蝉之类的蛀食性害虫，可采用人力摘除卵块并烧毁，或用 40% 马拉硫磷 1 000 倍液喷雾防治；地下害虫地老虎、蝼蛄可用毒饵诱杀。冬季采用石硫合剂涂刷树干杀灭虫卵。香椿树病害，通常有白粉病和锈病，可用 15% 粉锈灵 600 倍液防治。

6. 适时采收　香椿芽生长期短，应吃早、吃鲜、吃嫩。采收标准以芽色紫红、芽长 10～15cm 为宜。采收时应先采顶芽后采侧芽，若顶芽不采收，则下部侧芽难以生长或生长不良。采芽时应用手齐叶柄基部轻轻摘下，捆成 100～200g 的小捆，用塑料袋装好封口，防止失水萎蔫，提高上市质量。每年香椿芽可采收 3～4 次，每 667m² 产量 400～500kg。

二、设施栽培

1. 露地育苗　育苗方式和露地栽培的育苗方式一样。

2. 栽培技术要点

(1) 整地施肥　日光温室栽培香椿一定要施足底肥，每 667m² 施优质农家肥 5 000kg、过磷酸钙 100kg、尿素 30kg，撒匀深翻，然后整畦栽苗，一般畦宽 60～100cm。

(2) 栽培时间和密度　香椿不耐霜冻，受冻后会造成顶芽枯干，皮层冻坏，严重影响产量。当大田壮苗叶片脱落后，应及时起苗，一般在 10 月底至 11 月初进行。起苗时尽量多保持根系。香椿苗会进行冬季休眠，栽入温室的苗木必须事前人工强制其解除休眠。方法：将起土的香椿苗抖净土，放到背阴处，根部覆土浇水，严防受冻抽干，大约经受 15d 的自然低温，即可促使叶部的养分回流，自行度过休眠期，然后南北向开沟移入温室，每 667m² 栽 3 万株左右。

（3）环境调节　扣膜后 10～15d 是缓苗期，应着力提高气温，白天调控到 30℃左右。经过 1 个多月的自然光温的积累，芽开始萌动后，白天温度控制在 15～25℃，夜间 10℃，最低不低于 5℃。采芽期气温白天 18～25℃最好。视情况加盖草苫、纸被以增温或保温，但温度不宜超过 35℃。假植初期宜保持较高的土壤湿度和空气湿度，假植后要浇透水，空气相对湿度宜保持在 85%以上。如果假植后没有浇水，须向苗木上喷清水，以防苗木失水。香椿萌芽后，空气宜干燥些，相对湿度以 70%左右为好。空气湿度可通过浇水和放风排湿等来调控。香椿生长期间以保持 2 万～3 万 lx 的光照度较好。冬季光照度差，应选用无滴膜，白天及时揭开草苫、纸被，经常清扫膜上杂物，以增加光照。立春后光照过强时，可适当遮阴。

（4）水肥管理　香椿为速生木本蔬菜，需水量不大，肥料以钾肥需求较高，底肥需施充分腐熟的优质农家肥 75t/hm²，草木灰 2 250～4 500kg/hm² 或磷酸二氢钾 60～195kg/hm²、磷酸二氢铵 45～180kg/hm²。生长期间不需追肥，在收完第一茬香椿、第二茬香椿芽长出后追肥，喷绿丰宝 450～750g/hm²，每 10g 对水 15kg，也可将尿素 150～225kg/hm² 或复合肥 225kg/hm² 溶于水中浇灌。每次采摘后，根据地力、香椿长势及叶色，适量追肥、浇水。每采收 1 次喷施 1 次追肥。

（5）适时采收　温室加盖草苫 40～50d 后，香椿芽长 20cm 左右，而且着色良好时采收。采收时要用剪刀剪下，或用快刀片削下芽头，尽量不要用手掰，以防损伤芽和树体。第一次采收时，留下香椿头基部 1～2 片复叶，第二次留 2～3 片。开始采收侧芽时，要留下一部分侧芽不采，使其萌发后形成辅养枝，以利恢复树势。每隔 7～10d 采收 1 次，共采 4～5 次。

（6）适时平茬移栽　经过冬、春两季采摘，体内养分基本耗尽，这时要挖出苗木，栽到露地，进行恢复培养。采收结束后，应逐渐揭去棚膜，适当通风降温，使衰弱的苗木慢慢适应外界气候。起苗时要尽量少伤新生根系。并除去腐败老根，促使新根萌生，每 667m² 露地移栽 6 000～8 000 株。6 月中下旬进行平茬，2～3 年生苗留茬 15～25cm。同时要加强水肥管理，发芽后选留一个健壮枝作为主干培养，除去其余侧芽。也可以在夏季枝条长到一定高度时摘心，培养成有 2～3 个短枝的多头苗木。经过夏秋两季的恢复培养。秋末冬初再将苗木移入温室，进行第二年冬茬生产。

第五节　草莓栽培

一、概况

草莓为蔷薇科草莓属宿根多年生草本植物。其产量在浆果类水果中仅次于葡萄，为世界性的水果之一。草莓果实含有丰富的无机和有机营养，属高档营养水果，每 100g 果肉含有蛋白质 1g、果胶 1～1.7g、有机酸 0.6～1.6g、脂肪 0.6g、粗纤维 1.4g、无机盐 0.6g、糖 5～12g、维生素 C 50～120mg。草莓还含有丰富的钙、铁、磷、锌等人体必不可少的矿物质营养元素，具有较高的药用价值和抗衰老作用。草莓生产以其周期短、见效快、经济效益好、适于保护地栽培等特殊优势而成为世界果树产业中发展速度最快的一项新兴产业，有的地区草莓种植业还成为当地农村经济的支柱产业。

二、适合设施促成栽培的草莓品种

光热资源丰富的地区，在设施条件下进行促成、半促成栽培，可以使成熟期由 12 月延续到翌年 6 月。目前全世界草莓品种约有 2 000 个，我国生产上所用的品种也多从国外引进。设施促成、半促成栽培的品种宜选择无休眠期或休眠期短、生长发育对温度要求低、抗病性强、生长旺盛、花芽分化早、果实大小整齐、产量高、品质好的品种。目前，宁夏生产上适用的促成栽培的品种主要有章姬、红颜、丰香、幸香、春香、法兰地、甜查理等。

1. 章姬　日本品种，休眠期浅，生长旺盛，植株直立，叶色浓绿，叶呈长圆形，葡匐茎粗。果实长圆锥形，可溶性固形物含量 9%～14%，味浓甜、芳香，果色艳丽美观，柔软多汁，果实充分成熟时品质极佳，但耐储运性差。一级序果平均 40g，最大可达 50g。对白粉病、黄萎病、芽枯病、灰霉病的抗性比丰香强。

2. 红颜　又称红颊，日本品种，休眠期浅，植株高大，生长旺期株高 28.7cm，开展度 25cm 左右，叶片长，叶色嫩绿。果实长圆锥形，顶果略短圆锥带三角形，可溶性固形物含量 11.8%，颜色鲜红漂亮，果形美观，酸甜适口，口味好，平均单果重 24g，最大可达 50g 以上，对白粉病抗性较强，耐低温不抗高温。

3. 丰香　日本品种，休眠期浅，生长势强，株型较开张，叶片圆而大、厚、浓绿，植株叶片数少，发叶慢。果实圆锥形，鲜红色，可溶性固形物含量 8%～13%。果肉白色，肉质细软致密，风味甜多酸少，香味浓，品质好。一级序果平均果重 15.5g，最大果重 57g，抗白粉病能力很弱。

4. 幸香　日本品种，休眠期较浅，根系发达，植株生长健壮，长势旺，叶片较小，呈椭圆形，浓绿色，花量多。葡匐茎抽生能力强，种苗繁殖系数高。果实圆锥形，可溶性固形物含量 10%，果实硬度大，果形整齐，中大均匀，鲜红色，有香气，香甜适口，汁液多，一级序果平均单果重 20g，最大单果重 30g。对白粉病抗性较强。

5. 春香　日本品种，花芽形成早，休眠期浅，对低温要求不严格。植株生长势强，株型大，叶数多，叶片大，叶柄长，淡绿色，匍匐茎抽生能力强，花序高于叶面，果实大，呈圆锥形，可溶性固形物含量12％，畸形果少，色橙红，果肉细，髓心小，果汁红色，果香味甜，一级序果平均单果重13g，最大28.5g，较抗旱，耐高温，对灰霉病、轮斑病、根腐病不敏感，但不抗白粉病和凋萎病。

6. 法兰地　植株长势强，休眠期浅，株姿较开张。易成花，花粉量多，坐果率高，畸形果极少。果实扁圆锥形，颜色鲜红，平均单果重21g，最大果重达60g。果肉质地致密，风味甜酸，可溶性固形物含量10％左右。果实硬度好，储运性好。该品种抗白粉病，不抗灰霉病。

7. 甜查理　美国品种，休眠期浅，早熟品种，植株长势旺健，株态直立，结果期株高25cm，头茬果产量高，果实集中。果实圆锥形，果形整齐，果面鲜红，有光泽，果肉红色，一级序果平均单果重58.6g。果实可溶性固性物含量9.8％，硬度0.56kg/cm²。平均产量高，抗病虫害能力强，对白粉病、炭疽病和灰霉病抗性强，蚜虫、红蜘蛛很少发生，耐低温。

三、草莓的生物学特性

（一）草莓的形态特征

草莓根系浅，多分布在土壤表层0～20cm内。草莓的茎分为新茎、根状茎和匍匐茎。新茎为当年萌发的短茎，呈弓背形，花序抽生在弓背方向。新茎上的叶片枯死、脱落后成为多年生根状茎，是储藏营养物质的器官。匍匐茎是由新茎腋芽抽生而成的地上茎，具有繁殖能力。草莓的叶为三出复叶，叶面积大，水分蒸腾量大。花为完全花，能自花结实，花序为聚伞花序，一般每个花序10～20朵花。从开花到果实成熟约需要1个月时间。果实由花托和子房愈合在一起发育而成，为聚合果，果实中90％是水分，坐果后需要大量水分。草莓种子呈螺旋状排列在果肉上，种子为长圆形，黄色或黄绿色，种子的发芽力一般为2～3年。

（二）草莓对环境条件的要求

1. 温度　草莓根系在2℃时开始活动，最适温度为15～20℃，30℃以上时根系加速老化。草莓植株较耐寒，植株生长适温是15～25℃，25～30℃生长缓慢。草莓花药开裂适宜温度为13.8～20.6℃，花芽分化适宜温度为14～17℃。夏季高温会对草莓生长产生严重的抑制作用。

2. 光照　草莓是喜光作物，但又较耐阴。光照充足时，植株生长旺盛，叶片浓绿，花芽发育良好，果实色泽深红，含糖量较高，甜香味浓，产量高。

反之，叶色变淡，花朵小，果实着色和成熟慢，影响产量和品质。草莓在花芽形成期要求 8～10h 短日照和较低温度，在开花结果期和旺盛生长期需要 12～15h 的长日照，匍匐茎发生需要一定程度的长日照和高温条件。

3. 水分　草莓需水量较多，在正常生长期间土壤相对含水量不低于 70%，果实生长和成熟期需水量最多，要达到 80%。花芽分化期需水量少，以 60% 为宜。草莓既不抗旱也不耐涝，要求土壤既有充足的水分，又有良好的透气性。

4. 土壤　草莓根系浅，适宜在土壤肥沃、保水保肥能力强、透水通气性好、质地疏松的沙壤土栽植。草莓喜微酸性土壤，以 pH5.5～6.5 为宜。

四、育苗技术

（一）露地育苗技术

1. 选地与整地　苗圃地要选择光照充足、地势平坦、土壤肥沃、土质疏松、前茬作物未种过草莓或番茄等茄科类作物的地块。灌、排水方便，在宁夏除了引黄灌溉外，还要有机井灌溉条件，能在苗期管理过程中及时补充水分，提高植株生活力，便于子苗生根成活。

定植前必须施足底肥，深耕细作。每 667m^2 施优质腐熟有机肥 5 000kg、复合肥 50kg、过磷酸钙 40kg、尿素 40kg，同时施入适量的杀菌剂和杀虫剂，特别要防地老虎，整地前，先把肥料和农药均匀地撒于地面，然后耕翻耙细，一般旋耕 2～3 遍，做成 2.5～3m 或 1.0～1.2m 的平畦或高畦，干旱地区宜做成平畦，多雨地区宜做成高畦，畦高 15cm 左右。

2. 母株选择与定植　用于繁育的母株最好选用组织培养的无毒苗。也可及早从温室或大拱棚栽培的草莓田中，选择品种纯正、生长健壮、无病虫害、有 4 片叶以上、根系发达的优质植株，去掉老残叶，于 4 月中下旬定植于苗圃中。平畦定植，畦宽 2.5～3m，每畦栽植 2 行，行距 1.2～1.5m，株距 30～40cm 或 50～60cm；畦宽 1.0～1.2m，每畦栽 1 行，株距 80cm。每 667m^2 栽苗 700～1 500 株。定植时间早或土壤条件好时每 667m^2 栽植株数可少些，定植时间晚或土壤条件差时，栽植数可多些。栽植深度以"深不埋心，浅不露根"为宜。栽后浇一次透水，立即在苗上盖微膜，进行膜下定植。

3. 定植后管理

（1）土肥水管理　宁夏日照充足，空气干燥，降雨少，为了保证苗木生长良好，建议灌区沿畦边套种玉米，起到夏季遮阴、减少蒸发量的作用，山区冷凉可以不套种。当新叶长出 2～3 片时，选择下午或阴天开洞放苗。放苗后 5 月不灌水，距母株 5cm 外行间深翻 20～30cm，晾地 15～20d，有利于根系下扎。6 月上中旬开始撤膜，4～5 片叶浇水追肥，注意勤浇小水，做到见干见湿，及时锄草松土。严禁大水漫灌，防止秧苗徒长。结合灌水每 667m² 施尿素 5～10kg，或碳酸氢铵 50kg，一般于撤膜后到 7 月上旬追肥两次。7～8 月中耕除草，每周浇一次水，见干后立即除草，保证干净无杂草，8 月下旬匍匐茎基本长满，除草停止。草莓对多种除草剂敏感，不提倡化学除草。匍匐茎开始抽生时，母株需要的营养量随之增加，每 2 周进行一次根外追肥，喷 0.1%～0.3%尿素 2～4 次，8 月下旬后追施 0.2%～0.3%磷酸二氢钾 1～2 次，9 月适当追肥，以促壮匍匐茎，叶面肥可以结合防治病虫害喷，最终每 667m² 苗量达到 4 万～5 万株。

（2）母株与子苗管理　母株定植后管理的核心是节省营养，以促进抽生匍匐茎和培育健壮子苗。危害母株的害虫有地老虎和红蜘蛛，病害有根腐病和芽枯病等，主要是在定植前土壤用杀虫杀菌剂消毒，母株根系还可以用多菌灵等杀菌。当发现母株有萎蔫现象或母株上有零星红蜘蛛时，可使用阿维菌素、哒螨灵、螺螨酯等，连续喷施 2～3 次防治，结合浇水冲施敌杀死或功夫等菊酯类药剂防治地老虎，用爱多收灌根防治根腐病，用多菌灵＋农用硫酸链霉素喷施 2～3 次防治芽枯病。

为确保母株营养，5 月及时摘取花序，以控制其开花结果。当新栽秧苗长出新叶和匍匐茎后，及时去掉干枯老叶。为促发匍匐茎，6～7 月适当补充赤霉素，可以喷施国产赤霉素 1g，对水 60～75kg，或宝丰灵 15～20mL，对水 15kg。当母株抽生匍匐茎时，要及时引压匍匐茎，当匍匐茎抽生幼叶时，可在其前端用少量细土压向地面，露出生长点，促发生根。8 月中下旬匍匐茎子苗布满畦面时，要及时摘心，去掉多余的匍匐茎，控制生长数量，便于集中养分供幼苗生长，使之更加粗壮。一般一棵母株保留 30～60 个匍匐茎子苗。

（3）培育壮苗，促花芽分化　当匍匐茎苗长出 4～6 片叶时，可以切断与之连接的母株，8 月中下旬大量发生时，可以将母株老苗挖出，停止追施氮肥，可追施少量磷、钾肥。为促进花芽分化可以在 7 月上中旬采取假植技术，也可以在花芽分化前，从 8 月下旬到起苗前采取移植断根技术。或在 8 月中旬至 9 月上中旬，对苗床遮光 50%～60%，经历 20～25d，到花芽分化开始时结束。宁夏 9 月气候凉爽，大多早熟品种自然条件下可以完成花芽分化。

（4）起苗　起苗前 1 周浇透水，半干半湿起苗，于根系 10cm 处断根铲苗。起苗后立即断匍匐茎，劈老叶，分级，选择新茎 0.5～1.0cm 的苗木，留 2～3 片新叶。主张现起现栽，如果外运必须扎捆后根系装袋，叶子在外。如果栽不完，可以在阴凉处放 2～3d，根系蘸水，杜绝叶子洒水。

（二）无土基质育苗技术

传统草莓育苗采用露地土壤育苗，受环境条件和土传病菌的影响很大，种苗质量难以保证。另外育苗期间用工量大。现在有条件的可以用立体高架基质育苗技术。该技术通过高架基质栽培草莓母株，使母株抽生的匍匐茎自然垂于空中，分苗时将子苗假植到营养钵中，统一进行培育。每 667m² 繁育的子苗数增加 2 倍左右，苗木根系完整，定植后缓苗快，成活率高。

五、设施草莓栽培方式

1. 半促成栽培 在人工条件下打破草莓休眠，促进其提早生长发育的栽培方式。半促成栽培可以用小拱棚、大棚和温室栽培。

2. 促成栽培 指自然条件下草莓完成花芽分化后，在进入休眠之前，给予高温和长日照处理，促进其继续生长发育的栽培方式。

3. 无土栽培 不用天然土壤，用基质和营养液浇灌的栽培方式。草莓实施无土栽培，在克服土传病虫害和连作障碍、减少农药用量、生产无公害果品等方面具有土壤栽培无可比拟的优越性，可大大提高草莓果实的商品率，能够实现高产、优质和高效。

六、日光温室草莓栽培技术

（一）整地施肥

草莓原则上不宜重茬，另外草莓与茄科植物共患黄萎病，因此，草莓园地选择重茬种植或前茬为茄科作物的温室必须进行土壤消毒，可用高温闷棚法，也可在底肥中加入每 667m² 200～300kg 生物菌肥。草莓喜肥沃的土壤，根系分布层土壤有机质含量应达到 2% 左右。另外草莓栽植密度大，在定植前要施足底肥，以腐熟的农家肥为主。每 667m² 施优质鸡粪＋猪粪和羊粪 10～15m³ 或鸡粪＋牛粪 15～20m³、磷肥 100～200kg 或磷酸二铵 50kg、三元复合肥 50kg 或硫酸钾 50kg、碳酸氢铵 100～200kg；土质偏碱的地方，每 667m² 还须施入硫酸亚铁 5～10kg、硫酸锌 1～2kg。底肥在定植前 15～20d 施入，也可以在入伏前施入使粪肥充分腐熟，与土壤充分混合。前茬种植不能按时施肥的，可先将底肥沤制腐熟，待前茬作物清园后再施入，且施肥后必须灌大水 1～2 次，翻耕园地 2～3 遍。整地做畦，有滴灌条件可以用平畦，无滴灌条件一般用垄栽。南北垄向，垄沟栽草莓，垄高要求 15～20cm，垄宽 30～35cm，垄沟宽 30～35cm，总宽 60～70cm。每 667m² 定植草莓 1.8 万～2 万株。滴灌垄栽垄高 30cm，垄底宽 60～70cm，垄顶宽 40cm，垄沟宽 30～40cm，总宽 90～110cm，每 667m² 可定植草莓 1.2 万～1.3 万株。

（二）定植

宁夏促成和半促成栽培选择休眠浅的早熟品种，定植前上好棚膜与棉被。

宁夏地区白露过后即可栽植草莓苗，最适栽植时间是9月下旬至寒露前。选择4片以上展开叶的草莓苗，将部分老叶劈掉，仅保留2～3片新叶即可。定植时按照结果位置，将弓背朝同一侧方向。草莓根系浅，适宜的栽植深度以苗心的茎部与地面平齐，做到"浅不露根，深不埋心"。栽植时要求根系舒展，最好随起随栽，成活率高。栽好的草莓苗应立即用透明的微膜顺行连根带叶全部覆盖好，并在膜的两端和两边适当压土以防风，这就是所谓的"拉二膜"技术，二膜拉好后，应立即膜下灌大水。并且保证栽植、覆膜、灌定植水同步进行，即前面人栽植后面人紧跟着覆膜灌水。

（三）草莓定植后至开花前管理

1. 撤膜升温 草莓定植后上风口打开，15～20d后待长出2～3片新叶时撤掉二膜。整理苗木，根系栽深的去土，栽浅的补土，使垄沟高低一致，气温保持5～20℃，利于腋花芽分化。根据不同品种对低温的要求决定升温时间，甜查理撤二膜后直接升温，浅休眠品种定植后11月初升温，需冷量500h以上的品种，在11月底至12月初升温。

2. 肥水管理 草莓升温前后，须结合灌水追施一次底肥，每667m² 施入三元复合肥＋磷酸二铵50～100kg，有条件的可以再施入一些豆饼、油渣、酵素菌肥等高效有机肥，效果更好。这一时期正是草莓抽生花序，地上新叶和地下根系均生长旺盛的关键时期，肥水需要量大，特别是速效氮肥必须及时补充，随后追肥1～2次，每667m² 随水冲施尿素10～20kg。

3. 赤霉素处理 赤霉素具有抑制休眠、促进生长、促进花芽发育、增大叶面积、延长花梗、减少畸形果、增大果个、提高果实产量和质量的作用。用赤霉素处理是促成栽培优质丰产的一项必备措施。通常在升温后3～15d，多数苗花序已冒头，土壤湿润但能下地，选择晴朗天气的上午喷施，保持28～32℃的温度4～5h有利于提高赤霉素的使用效果。喷施以浇苗心为主，要求喷施均匀，不得漏喷，不得重喷。施用的浓度因不同的品种、不同的时间、不同的药剂而差异较大，一般适宜的浓度以5～10mg/L为宜。国产赤霉素粉剂一般1g，对水75～90kg，宝丰灵12～15mL，对水15kg，可以喷施1～2次，间隔时间10d左右。

4. 铺黑膜及病虫害防治 赤霉素处理后的草莓应尽快铺黑地膜，边铺边放苗，黑膜铺完后立即浇透水一次。花前做好病虫害的防治工作。这一时期须重点预防病虫害，根腐病用多菌灵＋甲基硫菌灵500～1 000倍液喷施或灌根2～3次，芽枯病用农用硫酸链霉素或敌菌丹喷施2～3次，蚜虫用杀灭菊酯或啶虫脒或吡虫啉喷施2～3次，红蜘蛛用哒螨灵＋阿维菌素或螺螨酯喷施2～3次。可将杀菌剂与杀虫杀螨剂复配使用，并可加入适量叶面肥。同类药每次用药间隔期 7～10d，不同类药每次间隔期 3d 以上。

5. 温度管理　铺黑膜前白天温度 28～30℃，夜温 12～15℃，铺黑膜后白天温度 25～28℃，夜温 10～12℃，此时夜温不得高于 12℃，以免影响草莓腋花芽的分化。

(四) 草莓开花结果期的管理

1. 蜜蜂授粉　温室草莓种植必须采用蜜蜂授粉，一般每 667m² 日光温室放 2 箱蜜蜂，最好保证每株草莓上有 1 只蜜蜂为其授粉。在草莓开花前 1 周将蜂箱放入温室内，以使蜜蜂更好地熟悉适应温室内的环境。蜂箱放在温室的中间部位，距离地面 100cm 左右，蜂箱口向东南，授粉用的蜜蜂要精心饲喂花粉和糖浆。在打药或使用烟熏剂防治病虫害时，施药前要关闭蜂箱口，将蜂箱暂时搬到室外，隔 3～4d 后，再搬进室内。

2. 水肥管理　设施草莓进入现蕾和初花期，适时追肥，根据墒情及时灌水有助于提高坐果率和果实品质。冬季根据土壤和天气条件每 10～20d 浇水 1 次，3 月气温回升后，每 7～10d 浇水 1 次；滴灌每 5～10d 灌水 1 次。每次浇水每 667m² 应随水冲施肥料 20～40kg。开花和幼果期冲施肥料以含氮高的冲施肥或速溶性的复合肥为主，膨果期和成熟采收期以含钾高的肥料为主。注意：草莓是忌氯作物，不得施用含氯化钾的肥料。也可以叶面喷施 0.3% 尿素、0.3% 磷酸二氢钾、0.2% 硫酸钙等 2～3 次。

3. 疏花疏果　草莓的花序为多歧聚伞花序。最小的高级次花不能开放或开花晚，结果小，因此在幼果时，及时疏去畸形果和病虫果、腐烂果，可使果形整齐，每株只保留 2～4 个健壮的花序，每花序一般留果 7 个左右。植株健壮可以多留，而生长势弱的则要多疏除。另外果实采摘后的花序要及时去掉，以保证新花序的抽生。

4. 温湿度管理　草莓花期温度应控制在白天 20～25℃，夜间 8～10℃，湿度现蕾期 60%～80%，开花期 30%～50%，此时正值冬季，棚内湿度大，应尽量控制空气湿度，以利于蜜蜂授粉。膨果期温度应控制在白天 20～25℃，夜间 5～8℃；采收期温度应控制在白天 20～22℃，夜间 5～8℃，这一时期保持较低温度，有利于草莓养分积累，促进果实膨大。成熟期湿度 60%～70%，要结合温度管理调节湿度，同时可通过全棚覆盖地膜或垄沟内覆草控制湿度。

5. 病虫害防治　草莓开花结果期应尽量不打或少打农药，许多药物易造成畸形果，因此花期忌用。如果发生病虫害，必须进行防治，应选择高效低毒农药，使用时应将蜜蜂移出棚室，2～3d 后再移回，以避免蜜蜂受伤害。采收期打药后 3d 内不得采果，以避免果面药物残留。

6. 摘除匍匐茎、侧芽和老叶　随着气温升高和日照逐渐增加，草莓开始大量抽生匍匐茎，匍匐茎的发生依赖于母株营养供应，在生产过程中如果大量抽生匍匐茎要及时摘除。同时注意去除老叶、病叶及弱腋芽，以节省养分，改善通风透光条件，减轻病虫害的发生。

（五）采收、包装

草莓从开花到果实成熟，所需时间因品种和季节不同而异。一般果实发育天数30d左右。果实成熟后，果面由绿逐渐变白，最后成为橙红色和深红色，并具有光泽，种子也由绿色转为黄色或白色。草莓果实成熟后要及时采收。一般鲜食以果面着色70%以上采收为宜。宁夏设施栽培早熟草莓的采收期一般从12月下旬开始，前10～20d由于产量低，每4～5d采收1次，进入盛果期每2～3d采收1次，3月之后由于天气转暖，草莓成熟速度变快，耐储运性下降，不管采果量有多少，必须2～3d采收1次。应该在清晨或近傍晚采收，要避开高温阶段。

采摘时要轻拿、轻放，用食指和中指夹住草莓花托下的果梗，将草莓果轻轻掰下即可，切忌硬拉硬拽，以免拉下果序、挤伤果实。要求采下的果实不得带有果梗，但须带有完整的花萼。每次采摘时必须将成熟果全部采净，以免剩下的果实过度成熟造成烂果。为了避免果实破损，采收时可边采收，边分级包装。即剔除烂病果、畸形果、过熟果、未熟果、青顶果、伤果等，根据经销商要求，按果实大小分级后，分别装箱。通常草莓选果、分级、装箱一次完成，以避免多次倒箱造成伤果。

（六）草莓二茬果的管理

多数品种的草莓在抽生2～3枝花序并大量结果后，一般会暂时停止抽生新的花序，待头茬果实采收基本结束后，从苗木基部继续生长发育出的花序结的果实为二茬果。草莓二茬果花序抽生时间、数量、健壮与否等与品种、管理、栽培方式及头茬果的产量关系极大。头茬果采收结束后，要立即清棵，将老叶和采摘后的空枝从基部去掉，保留4～5片新长出的叶片并及时随水冲施高氮肥料1～2次，部分品种去叶后还可喷施1～2遍赤霉素，施用浓度较第一次稍低即可。二茬果开花生长期温湿度管理、水肥管理、病虫害防治等方面的要求与前期一致。此时因气温逐步升高，重点工作是及时开风口，防止棚温过高；及时浇水施肥，防止干旱引起植株早衰。早熟品种二茬果通常4月上市，管理良好的草莓可采收到7月结束。

七、草莓立体无土栽培技术

草莓立体无土栽培具有提高空间利用率和单位面积产量、解决重茬问题、减少土传病虫害等优点，立体栽培还便于温度、湿度、水肥等的精准统一化管理。由于果实不沾泥土，清洁干净，非常适宜采摘，可以促进草莓观光采摘业的发展，经济价值和观赏性均较高。

（一）品种选择

选用花芽分化早、低温结果能力强、果实香浓味甜、口感舒适的日本草莓品种丰香、红颜、章姬等。

（二）栽培设施

草莓立体栽培种类也很多，如吊柱式，高低架式，A形、H形或X形架式。目前，H形栽培架因其构造简单、管理方便、使用年限长等优点，在草莓立体栽培中应用较为广泛。

采用A形栽培架立体模式栽培草莓，A形架南北方向安置，南侧离棚膜1m，北侧距墙壁约有1.20m宽的走道。A形架长6.5m，高1.5m，共设计两种架形。五层架形：第一层离地面30cm，第二层65cm，第三层100cm，第四层135cm，顶层150cm；两架之间跨度：两脚间距80cm，第二层110cm，第三层135cm，第四层165cm。四层架形：第一层离地面40cm，第二层80cm，第三层120cm，顶层150cm；两架之间跨度：两脚间90cm，第二层120cm，第三层150cm，每组栽培架由一排多个栽培槽组成。

H形栽培架由栽培支架、栽培槽、进水管、回水管等组成。栽培架宽0.24～0.4m，高0.45～0.65m，长度可根据需要延长，南北向放置于日光温室内，其中栽培支架是由直径20mm的镀锌钢管焊接而成，为整个栽培架的骨架结构，侧面呈H形，栽培槽由卡子固定于栽培骨架各层上，进水管安装在栽培架北部，回水管在南部，栽培架由北向南有5°～10°的倾角，以利于多余的水和营养液流出。可以用黑白膜和无纺布做成栽培槽，也可以每组栽培架由一排多个栽培槽组成。

（三）栽培管理

1. 配制优良无土基质　基质材料有草炭、牛粪、羊粪、玉米秸秆、蛭石、珍珠岩，栽培前按一定比例配制，并对各种基质进行腐熟、消毒等预处理。

2. 选择优质壮苗　选择植株健壮、无病虫害、单株质量30g左右、有4片叶并已花芽分化的分株苗进行栽种。

3. 定植　宁夏一般9月上中旬开始定植，定植前草莓苗用75%百菌清可湿性粉剂800倍液浸泡10min。定植时，草莓弓背朝向栽培槽两侧，并按照"深不埋心，浅不露根，根系舒展"的原则定植。采取"拉二膜"技术，保证栽植、灌定植水、覆膜同步进行。其他管理同土壤栽培。

4. 自动一体化的水肥管理 定植后的草莓采用水肥一体化灌溉技术。可以采用"十一五"国家科技支撑计划"盐碱沙荒地设施基质栽培生产技术研究与示范"课题研发的产品（果蔬营养液配方肥）。分营养生长期和花果期两个配方。也可以采用山崎氏草莓专用营养液，根据植株长势及植株不同生长阶段确定营养液浓度。做到"勤施薄施"的水肥要求，促使草莓生长旺盛。营养液的 pH 以 5.5～6.5 为宜。

5. 环境控制 从定植到采收环境控制同上，但基质立体栽培模式下，空气温度存在随着高度增加而升高的变化趋势。草莓根际温度白天升温快，但晚上降温也快，保温效果比地面的土壤差。所以在整个管理过程中适当降低气温，避免草莓根际温度太高。

6. 病虫害防治 采用立体无土栽培技术，草莓果实悬垂在栽培槽两侧，不接触土壤，不沾水，因此病虫害发生轻微。采取"预防为主，综合防治"的植保方针。定植健康的壮苗，保持适当的棚内湿度与良好的通风条件；及时清除病叶、病果、病株，并集中处理以减少病源；控制栽培基质营养液的浇灌量，在保证草莓矿质元素充足的情况下减少浇灌次数，并确保基质的透气性；用黄色粘虫板诱杀害虫，用百菌清（一熏灵）、腐霉利（速克灵）等烟剂熏蒸，药物不能直接接触草莓植株和果实；通过空中喷水调节环境条件，以防治红蜘蛛，基本上不用农药。

7. 植株管理和疏花疏果 同日光温室草莓栽培技术。

第六节　水果胡萝卜栽培

一、概述

水果胡萝卜富含多种维生素、胡萝卜素和类胡萝卜素，可促进生长发育，维持正常视觉，防治夜盲症、干眼病、上呼吸道等疾病，又能保证上皮组织细胞的健康，防止多种类型上皮肿瘤的发生和发展，还有清除氧自由基、增强人体免疫系统的功效；此外还含有大量的可溶性糖、纤维素、蛋白质、花青素、矿物质元素及果胶等，有利膈宽肠、健脾除疳、降糖降脂等功能。目前，水果胡萝卜作为一种健康功能型蔬菜食品为大众所喜爱。

水果胡萝卜分很多种类，常见的有指形胡萝卜及球形胡萝卜。

1. 普通型水果胡萝卜 为深根性蔬菜，肉质根全部隐于土中，形状为圆柱形或圆锥形，与胡萝卜无异，主根长 18～30cm，根出叶，叶柄长，叶色浓绿，具有耐旱特性。生长发育期一般为 90～140d，果实表皮较为光滑，一般呈鲜红色，也有少数呈橘色、淡黄色、紫色等，中柱细，水分多，口感脆甜。

2. 迷你指形胡萝卜　形态细长，生产中往往将其切段打磨成 10～12cm 小段，形似手指，因此称为迷你指形胡萝卜，其叶片长势弱，叶色浓绿，叶片直立，根呈细小圆柱形，肉质根膨大较快，地上不易露头，生长发育期 70～90d，是一种极早熟的袖珍迷你指形胡萝卜，表皮光滑，果肉、中柱均呈鲜明橙红色，中柱极细，水分多且肉质细腻，口感脆甜，可作为水果型蔬菜生食。

3. 球形胡萝卜　小胡萝卜品种，形状似樱桃水萝卜，所以称球形胡萝卜。叶簇直立，叶色深绿，叶小，肉质根粗约 3cm，根呈圆球形，表皮、肉、心均为橙色。肉质根膨大较快，地上不易露头，生长期 70d 左右，肉质细腻，味甜可口，品质佳，适合鲜食、西餐料理，属早熟迷你型胡萝卜。

二、水果胡萝卜的栽培技术

1. 品种选择　作为水果型胡萝卜，需满足以下几个主要特点：口感甜脆，β-胡萝卜素含量在 100mg/kg 以上，总糖含量在 4％以上；胡萝卜根形好。表皮光滑，光泽度好。水果胡萝卜在我国种植时间相对较短，育种工作刚刚起步。目前适宜种植的品种主要有普通型水果胡萝卜：中参 1 号、中参 8 号等；迷你指形胡萝卜：贝卡、Mokum 等。

2. 种子质量要求及处理　种子净度≥85％，发芽率≥80％，水分≤10％。尽量选用新种子，提高种子质量，播前进行晒种，晾晒时间为 5～6h，并经常翻动。晒种后进行发芽试验，以确定适宜播量，做到精量播种，节约生产成本。

3. 栽培茬口安排　西北地区露地栽培适宜春季 5 月上旬播种，8 月中上旬收获；秋季 6～7 月下旬播种，10～11 月中旬收获。利用塑料大棚播种期一般在 4 月上旬播种，7 月中上旬收获；秋季 7 月下旬播种，10 月下旬收获。日光温室、玻璃温室等设施栽培适宜 2～3 月上旬播种，5～6 月上旬收获；6～7 月中下旬播种，10～11 月中旬收获，可在 11～12 月上旬再安排一茬口越冬栽培，至翌年 2～3 月中上旬收获。

4. 整地施基肥

（1）整地　选择土层深厚、土质疏松、排水良好的地块，进行深耕，耕层深度＞25cm，结合深耕细耙 2～3 次，耕后及时播种。选择土壤肥沃、土层深厚的沙壤土栽培。由于水果胡萝卜一般肉质根长，整地时要进行深翻，深度以 25～40cm 为宜，尽量使土壤疏松细碎，否则肉质根易发生弯曲、裂根与杈根。

（2）施基肥　根据土壤肥力确定施肥量。深耕施肥，以底肥为主，结合整地，每 667m² 施有机肥 150kg、氮磷钾复合肥 40kg、磷酸二铵 40kg、重过磷酸钙 75kg、硫酸钾 25kg 及腐殖酸水溶性肥 2 袋。

5. 起垄、做畦　整平地后打畦做垄，垄面宽 80cm，垄沟宽 60cm，沟深

30cm 左右，对于球形胡萝卜垄可低一点，沟深 20～25cm 即可。垄上播种相对加深了肉质根生长的土层深度，而且叶下部空气流通，排水良好，土壤透气性好，可减少病虫害的发生，有利于胡萝卜地上部分和地下部分的生长，能使胡萝卜优质高产，裂根减少。如再覆盖地膜或无纺布，则更有利于前期提高土壤温度和保持土壤湿度，促进幼苗生长。

6. 播种方式　采用人工条播法或机械化起垄播种，对于普通型水果胡萝卜及球形胡萝卜播种，在每垄上需用木棒划出 4 条浅沟，沟深 0.6～0.9cm，垄面铺 2 根滴灌带，每行距离滴灌带 4cm，行距约 8cm，株距 1.5cm；对于迷你指形胡萝卜播种，在每垄上需用木棒划出 6 条浅沟，沟深 0.6～0.9cm，垄面铺 3 根滴灌带，每行距离滴灌带 3cm，行距约 6cm，株距 1.5cm。把种子均匀撒播入沟内，然后用过筛的细湿土（或细沙）盖住浅沟，覆细沙 1cm 左右。

7. 田间管理

（1）浇水　胡萝卜比较耐干旱，但为了获得丰产，必须在不同生长阶段合理地供给水分，视田间土壤墒情，酌情浇水，保持土壤湿润以保证齐苗，使用滴灌浇水较为适宜，切记大水浇灌，以免造成土壤板结。

滴灌：由于发芽期胡萝卜种子不易吸水膨大，发芽很慢，因此从播种后到出苗需 15～20d，要求每 2～3d 滴 1 次水，土壤湿度始终保持在 70%～80%，每天检查出苗情况和田间湿度，及时滴水，如播种后土壤干燥，导致出苗晚，幼苗生长不齐，会造成缺苗断垄。苗出全后，一般每 10d 浇 1 次水，可根据胡萝卜长势和设施内湿度自行控制，以见干见湿为原则。叶部生长旺期应控制浇水，中耕蹲苗，以防止叶部徒长。肉质根肥大期，当胡萝卜肉质根生长到手指粗时，是肉质根生长最快的时期，也是对水分、养分要求最迫切的关键时期，这时必须保证充足的浇水和追肥，及时滴足水，经常保持土壤湿润，防止肉质根中心木质化。在收获前约 15d 要禁止滴水，以防裂根、烂根。

（2）除草　除草剂一般于上午或傍晚喷施效果较好。必须使用胡萝卜专用除草剂，如施田补（二甲戊灵）、拉索、仲丁灵等，用量及使用周期严格按照相关使用说明（王明总，2011）。在幼苗期可结合间苗进行中耕除草。

（3）间苗　对于水果胡萝卜，幼苗期间应进行 2～3 次间苗。当幼苗生长出 2～3 片真叶时，进行第一次间苗，迷你指形水果胡萝卜及普通型水果胡萝卜保持株距 1.5cm，球形胡萝卜保持株距 2cm。当幼苗 3～4 片真叶（苗高 8cm 左右）时，进行第二次间苗，迷你指形水果胡萝卜保持株距 1.5cm 左右，普通型水果胡萝卜保持株距 2cm 左右，球形胡萝卜保持株距 3cm 左右；在 5～6 片真叶时进行定苗，去除过密株、劣株和病株，迷你指形水果胡萝卜保持株距 2cm 左右，普通型水果胡萝卜保持株距 3cm 左右，球形胡萝卜保持株距 4cm 左右。

（4）追肥　水果胡萝卜所需要的钾元素较多，氮、磷元素较少，营养比例一般控制在 2.1：1：1.5 之内。施肥总量的 85% 做基肥，其余 15% 做追肥用。

西北地区水果型胡萝卜整个生长期一般追肥 3 次。第一次追肥于播种后 45～55d 开始，每 667m² 施入复合肥（N：P：K＝20：5：20）13.5kg、硫酸钾镁 2.0kg；第二次追肥于播种后 60～65d 开始，每 667m² 施入复合肥（N：P：K＝20：5：20）13.5kg、硫酸钾镁 2.0kg；第三次追肥于播种后 80d 开始，每 667m² 施入复合肥（N：P：K＝20：5：20）8.0kg、硫酸钾镁 2.5kg。

撒施时间及要求：待早晨胡萝卜叶片上的露水消失后，人工或机器均匀，均匀撒于种植垄的表面，肥料颗粒要求全部落到地面上，不能留在胡萝卜叶片内。肥料撒施完毕后立即灌水，要使所有肥料随水溶解到土壤中。也可使用类似氮、磷、钾比例的水溶肥随灌水均匀施入。

对于水果胡萝卜来说，硼、锌等微量元素的补充也很重要，硼元素是防止出现杈根和开裂的重要元素，同时可促进钙的吸收，锌是胡萝卜体内抗病毒酶的主要成分，可提高对病毒的抵抗能力；在间苗后 3～5d，垄喷硼肥、锌肥、钙肥、尿素、磷酸二氢钾或全营养型叶面肥，用量不宜过多，起到促进作用并防病。千万不要喷洒带有生长素的营养液，否则使胡萝卜后期畸形；胡萝卜封垄时喷洒硼、锌、钙、磷酸二氢钾和尿素，或全营养型叶面肥和尿素。

（5）设施温度调控　生长前期注意保温，应采取必要措施升高设施内的温度，以促进胡萝卜前期发育，为肉质根膨大和养分积累做必要准备。生长后期，肉质根迅速膨大，此时设施内温度上升迅速，应及时放风或关闭风口，设施内气温超过 25℃ 应放风，而低于 18℃ 时关闭风口，使温度保持在 20～25℃，温度过高不利于光合产物的积累，会使胡萝卜商品性降低。

8. 病虫害防治

（1）黑腐病

发病规律及症状：黑腐病主要危害肉质根、叶片、叶柄及茎，苗期、采收期或储藏期均可发生。病菌主要在病残体上越冬，翌年春季条件适宜时活跃，病菌借助气流进行传播蔓延。温暖、多雨、湿度较大等条件下容易发病。叶片发病后，出现暗褐色病斑，病害严重时可导致叶片萎蔫枯死。叶柄染病后，出现长条状病斑；茎部染病，出现边缘不明显的梭形至长条形病斑，发展后，病斑逐渐扩大。湿度较大的情况下，病斑表面密生黑色霉层。肉质根染病后，多在根头部出现凹陷状的黑色病斑，不规则或呈圆形。发展后病斑扩大，并可深达肉质根的内部，造成肉质根变黑腐烂。

防治方法：

①选择产量高、质量优的抗病品种，做好栽培计划，要与芫荽、芹菜等蔬菜实行 2～3 年及以上的轮作。

②精细整地，播前进行种子消毒。可用种子量 0.3％的 50％扑海因可湿性粉剂，或 50％福美双可湿性粉剂等拌种。

③抓住农时，适时播种。

④施足基肥，追肥要及时，增施有机肥，避免偏施、漏施。

⑤加强管理，培育壮苗，增强植株自身抗病能力，减少发病机会。

⑥发病初期，可用 75％百菌清可湿性粉剂 600 倍液，或 50％扑海因可湿性粉剂 1 000～1 500 倍液，或 50％速克灵可湿性粉剂 1 500～2 000 倍液等喷雾防治，7～10d 喷 1 次，连喷 2～3 次。

⑦采收后将带有病伤的筛选剔除，将其余胡萝卜置于阳光较好，通风、干燥处适当晾晒，利于储藏。

（2）黑斑病

发病规律及发病症状：病菌在母株、种子表面、病残体或土壤中越冬或越夏，成为初侵染源。翌年春季，条件适宜时病菌通过气流进行传播，形成再侵染。雨水较多、湿度较大、排水不畅、植株长势较弱等情况下发病严重，染病后遇干旱天气时症状表现明显。黑斑病主要危害根部、茎、叶、叶柄。叶片染病后，多在叶尖或叶缘处出现黑色病斑，呈不规则状。发展后，病斑逐渐扩大，周围褪绿。高湿环境条件下，病斑上密生黑色霉层。发展后期，多个病斑相互融合连片，叶缘上卷，叶片萎蔫、早枯。茎部发病后，多出现稍凹陷的长圆形黑褐色病斑。根部发病，根冠变黑，发病后期病部软化凹陷，严重时心叶消失成空洞。

防治方法：

①优选稳产抗病品种，避免重茬连茬，实行两年以上的科学轮作。整地翻耕要及时彻底，以减少发病源。

②增施底肥，培育壮苗。

③播前进行种子消毒，可用 70％代森锰锌可湿性剂、75％百菌清可湿性粉剂拌种。

④浇水施肥要适时适量，施加有机肥要腐熟。

⑤发现病株立即拔除，带出田外集中处理。

⑥加强田间管理，及时中耕除草，提高植株抗病能力。

⑦氮肥不宜过多，以防徒长。发病初期，可用 75％百菌清可湿性粉剂 600 倍防治。

（3）软腐病

发病规律及发病症状：软腐病病原随病残体在土壤中越冬，也可在油菜、白菜、甘蓝、莴笋等肉质根内越冬或在未腐熟的土杂肥内存活越冬，成为本病初侵染源。翌年，气温回升适宜时，可借小昆虫及地下害虫或灌溉水及雨水溅射传播，从根茎部伤口或地上部叶片气孔及水孔侵入，进行初侵染和再侵染。在南方菜区，田间寄主终年存在，病菌可辗转传播蔓延，无明显越冬期。通常雨水多的年份或高温湿闷的天气易诱发此病。地下害虫危害重的田块发病重。主要危害肉质根，生长期和储藏期均可发生。生长期间，发病的肉质根呈湿腐状，病斑形状不定，后期病根组织崩溃，病根软化，呈灰褐色，腐烂汁液外溢，有臭味。植株的茎叶变黄萎蔫。

防治方法：

①播种前或收获后，清除田间及四周杂草和农作物病残体，集中烧毁或沤肥；深翻地灭茬，促使病残体分解，减少病源和虫源。

②和非伞形科作物轮作，水旱轮作最好。

③选用抗病品种，尽量用无病、包衣的种子，如未包衣则种子须用拌种剂或浸种剂灭菌。

④播种后用药土覆盖，易发病地区，在幼苗封行前喷施一次除虫灭菌剂。选用排灌方便的田块，深沟高畦栽培，开好排水沟，降低地下水位，达到雨停无积水；大雨过后及时清理沟系，防止湿气滞留，降低田间湿度。

⑤发病后适当控制浇水，发现病株及时拔除处理。也可在发病初期喷洒72%农用硫酸链霉素可湿性粉剂 4 000 倍液，或 14%络氨铜水剂 300 倍液，隔7～10d 喷洒 1 次，共喷 2 次。

⑥及时防治地下害虫，减少植株伤口，减少病菌传播途径；发病时及时清除病叶、病株，并带出田外烧毁，病穴施药或生石灰。

（4）蚜虫

农业防治和物理防治：可与韭菜、玉米等作物间作。加强田间管理，及时清除草害等。根据害虫具有趋黄的特性，可在田间设置含有植物源诱剂的黄板诱杀害虫。也可用 0.1%肥皂水或洗衣粉水诱杀害虫。

药物防治：虫害发生时，要及时喷药防治。喷洒药物时要彻底，尤其是叶片两面、心叶及叶片背面皱缩处。可用 5%虫螨克，或 100%吡虫啉 1 500 倍液，或 0.36%苦参碱水剂 1 000～1 500 倍液，或 25%噻虫嗪分散粒剂 6 000～8 000倍液喷施防治。同时可结合害虫天敌，如七星瓢虫、食蚜蝇、蚜茧蜂等进行防治。选择药剂防治时，首选对天敌毒害低的药品，减少非害虫天敌的危害。

（5）甜菜夜蛾　水果胡萝卜苗期注意对甜菜夜蛾的防治，对初孵幼虫喷施5%抑太保乳油 2 500～3 000 倍液，或 10%除尽乳油 1 500 倍液，或 2.5%菜喜 500 倍液，或 52.25%农地乐乳油 1 500 倍液。交替用药防治，视病情发展连续防治 1～2 次，每次间隔 10d 左右，采收前 10d 停止用药。

9. 分期适时采收　根据不同栽培茬口，确定具体采收期。在收获前禁止浇大水，以防裂根。由于水果胡萝卜肉质根细长，收获时要非常细心，以免造成断根影响品质和产量。一般采用机械先进行松土，然后再收获，若采用机械采收，应使用专用机械，加深收获深度，以免造成胡萝卜断裂。

三、储藏保鲜

水果胡萝卜以鲜食为主，储藏保鲜极为重要。收获要及时预冷。临时储藏须在阴凉、通风、清洁、卫生的条件下进行，严防烈日暴晒、雨淋、高温、冷冻、病虫害及有毒物质的危害和污染。堆码时须轻卸、轻装，严防挤压碰撞。长期储藏须按品种、等级堆码整齐，防止挤压，保持通风散热。适宜温度 0～1℃，空气相对湿度 90%～95%，用细沙层积或扣帐篷储藏，储藏时应定期检查，如发现皱缩或病、虫、鼠危害的，要及时剔除。水果胡萝卜储藏时间不宜超过 2 个月，秋冬收获的水果胡萝卜储藏期不宜超过翌年的 2 月底，否则就会发芽生根。

四、水果胡萝卜品质影响因素及解决方法

1. 外观性状

（1）裂根　胡萝卜肉质根开裂的现象称为裂根。有沿纵向和横向开裂、有靠近叶柄部横向开裂及在根头部呈放射状开裂等方式。一般可通过栽培措施预防：在管理上须均匀供水，合理追肥；采前 10d 停止浇水。

（2）杈根　胡萝卜肉质根分杈的现象为杈根，分杈情况多样，有的侧根肥大，主根仍较发达；有的主根与几个侧根同时膨大；也有主根不明显或无主根，侧根肥大。杈根现象使商品性降低，发生多时影响收益。预防措施：使用生活力较强的种子，种前深耕，适量使用腐熟的有机肥或化肥，消除地下害虫。

（3）绿肩（青头）　胡萝卜根茎的绿色称为青头，影响胡萝卜的外观品质。封土浅、根头外漏等不良的环境条件会促进这种现象发生。可通过品种定向选择、及时培土、补充光照、合理及时施肥等栽培措施防止发生。

（4）根色（果实颜色）　胡萝卜的根色由肉质根所含胡萝卜素、叶黄素、番茄红素和花青素的种类及含量决定，也受栽培环境的影响，在积水、干旱或光照不足等条件下种植，根的颜色会受影响。可通过定向选择选育合适的根色，加强栽培管理使品种的根色得到最佳表现。

（5）中心柱棉花状、糠心　肉质根的中心柱发生空洞的现象为糠心，又称为空心，是一种老熟现象，严重影响胡萝卜的耐储性和商品性。与品种、环境条件及栽培技术等均有关系。肉质致密的小型品种，不易空心；肉质疏松的大型品种，易产生空心。在不良环境下生长和成熟的根容易出现这种现象。栽培上，适时播种和收获、控制适宜的夜温、加强水分管理和采用植物生长调节剂

处理延迟成熟和衰老等可控制空心的发生。

(6) 抽薹 肉质根在没有充分膨大或者刚开始膨大时花薹就已抽出的现象称为抽薹。抽薹影响胡萝卜的品质和产量，因此生产上要求新品种抗抽薹。抽薹早晚受品种和日照长短影响，春播胡萝卜过早、陈种子播种或栽培种与野生种杂交的种子等均可造成抽薹；在水肥条件差的地块种植会加速抽薹。育种中可将分离的胡萝卜群体种植在诱导抽薹的低温环境中，通过不断施加低温选择压从中定向选择抗抽薹的品种。

2. 类胡萝卜素 类胡萝卜素含量的高低不仅决定胡萝卜的颜色，还影响品质。除了品种本身特性外，植株年龄、土壤营养、气候等环境因素也影响类胡萝卜素的含量，如果气温低、土壤水分含量少，类胡萝卜素含量就低；同时，土壤湿度过大，也会降低胡萝卜肉质根中的类胡萝卜素含量，因此栽培上应引起注意。

第七节 稀有蔬菜栽培

一、番杏

番杏别名新西兰菠菜、澳洲菠菜、法国菠菜、夏菠菜等，是以肥厚、多汁嫩茎叶供食的一年生或多年生半蔓性草本植物。其颜色翠绿、口感柔嫩、味道清香、营养丰富、抗逆性强、病虫害极少。具凉血、解毒、利尿、消肿、消疮疖、解蛇毒等功效。番杏营养丰富，每 100g 可食部分含蛋白质 2.29g、纤维素 2.06g、维生素 C 46.4mg、维生素 B_1 0.1mg、维生素 B_2 0.13mg、β-胡萝卜素 2.6mg、钾 221mg、钙 97mg、镁 44.4mg、磷 36.6mg 及铁、锌、锰、锶、硒等，还含有抗菌物质——番杏素。

（一）形态特征

番杏根系发达，为直根系类型，浅生，但其再生能力较弱。茎圆形半蔓生、色绿，初期直立型生长，有分枝后匍匐生长，长度可达 120cm，而且分枝力强，每个叶腋都能发出新侧枝，生长迅速，打顶后条件适宜时半个月就能长出符合采收标准的侧枝。植株叶片互生、略呈三角形，叶柄细长，全缘，叶片肥厚呈深绿色，表面布满银色细毛。夏秋季节在叶腋处着生黄色小花，花被钟状 4 裂，花少无花瓣。果实菱形有角，淡褐色，单果约重 67g，每果内含种子 6～10 粒，种子黑褐色，表面有棱，棱的顶端具细刺，千粒重 80～100g。

（二）生物学特性

番杏喜温暖湿润气候，适应能力很强，耐热耐寒，在夏季生长旺盛，寒冷的冬季也能安全过冬。地上部分不耐霜冻但低温适应性较强。种子在 8～30℃ 时均能萌发，但萌发适温为 25～28℃，苗期生长适温为 20～25℃。炎热的夏季高温条件也能正常生长，能短时间内忍耐 2～3℃ 的低温。喜湿润土壤条件，但不耐水涝。夏季高温多雨植株过密时，易发生叶腐烂而影响生长。抗旱力强，但长期干旱或过度的干旱条件会影响其正常生长发育，降低产量和品质。对光照条件要求不严，较耐阴，弱光强光下均能正常生长。苗期光照充足有利于培育壮苗。光照弱湿度高时，茎叶柔嫩品质好。番杏生长喜肥沃的沙土或沙壤土，耐盐碱，对氮素和钾素需求较多，苗期更应注意氮、磷、钾三要素的配合施用。

（三）栽培技术

1. 种植地的选择　选择排灌良好的壤土或沙壤土作为种植地，种植时间根据各地的气候条件定，北方地区正常栽培时节为 8 月下旬，采用遮阳网覆盖可提早 1 个月育苗，并提前 15～30d 上市。播种前将地翻晒，每 667m² 土地放入 2 500kg 左右的腐熟农家肥或食用菌下脚料，上面泼施 20kg 的尿素和 15kg 的复合肥水溶液作为基肥。按南北朝向，畦高 20cm、宽 90cm，沟宽 40cm，整畦备用。

2. 种子处理　将种子用始温 50℃ 左右的水浸泡 24h，捞起保温保湿，待种子部分萌芽后播种。

3. 播种　番杏由于根系发达，移栽易伤根，一般以直播为主，分穴播和撒播。穴播按 40cm×50cm 的株行距挖深 2cm、直径大小 10cm 左右的穴，然后靠近每穴边缘，按正方形四角放入 4 粒种子，盖上厚度为 1cm 的事先准备好的草木灰与细土的混合物。撒播每 667m² 用种量 6kg，均匀播下，播完后盖土约 1cm 厚，最好用蘑菇土或有机质含量较高的细土来覆盖。播后要保持床土湿润，一般早晚各浇水 1 次。穴播前期产量和总产量较低，从播种至采收需 45d 左右，每 667m² 总产量可达 3 788kg；撒播前期产量较高，从播种至采收需 35d 左右，总产量每 667m² 可达 4 500kg，但需肥量较大。从种植效益来看，应采用撒播法。

4. 田间管理

（1）肥水管理　苗期需肥量少，穴播苗待真叶长出 3 片后每周浇 1 次腐熟农家肥溶液，浓度可从 5% 逐渐递增，注意肥水不能浇到叶片上。撒播苗待真叶长出 3 片后可每周轮换使用稀薄的尿素水溶液和三元复合肥水溶液进行洒浇。进入采收期后，每周叶面喷施 1 次叶面肥或 1% 尿素加 0.5% 磷酸二氢钾，可提高产品质量。水分管理以保持土壤湿润为宜，遇暴雨或连续阴雨天要注意及时排水。

（2）病虫害防治　番杏病虫害较少，很少喷施农药。偶尔可发现病毒病，这时应立即将病株拔去，以防传毒。生长过程中主要的害虫有蚜虫、斜纹夜蛾。发现蚜虫，可用10%吡虫啉或10%大功臣1 000倍液防治。发现斜纹夜蛾，可用15%杜邦安打3 500倍液防治，也可用除尽、米满等药剂防治。番杏对有机磷农药较为敏感，防治蛾类害虫尽量避用有机磷农药。

5. 采收　番杏长到8cm高时可将顶部2～3cm茎尖摘去，促发侧枝，之后陆续长出的侧枝达10cm以上时即可采收。一般根据枝条的幼嫩程度采摘5～10cm长的嫩枝上市。采摘时底部留1～2片叶，以便萌发侧枝。北方地区温室采摘期长达7个月。

6. 留种　进入番杏采收的中后期，由于外界气温高，番杏自然进入生殖生长，7月初即可采收黄色至褐色种子。种子采来后，让其自然晾干，用塑料袋包装即可。由于种植番杏的地块自然落地的种子多，在种上一茬短周期蔬菜（如蕹菜、上海青等）后，8月可在其上面撒施一层2cm左右的腐熟农家肥，浅土翻耕，霜降左右保持土壤湿润，促使种子发芽，进行再次种植，产量也相当可观。

二、叶用板蓝根

叶用板蓝根的食用部分主要为叶片。板蓝根味苦、性寒，具有清热解毒、凉血、消斑、利咽等功效，主要用于温热病发热、头痛、喉痛、斑疹、流行性腮腺炎、痈肿疮毒等病症的治疗。经常食用可增强人体抵抗力，主要食用方式为割取大叶片煮汤、素炒，也可泡茶。

（一）形态特征

板蓝根株高40～120cm，主根呈长圆柱形，肉质肥厚，灰黄色，直径1～2.5cm，支根少，外皮浅黄棕色，茎直立略有棱，上部多分枝，稍带粉霜，基部稍木质，光滑无毛。基生叶有柄，叶片倒卵形至倒披针形，长5～30cm，宽1～10cm，蓝绿色，肥厚，先端钝圆，基部渐窄，全缘或略有锯齿。茎生叶无柄，叶片卵状披针形或披针形，长3～15cm，宽1～5cm，有白粉，先端尖，基部耳垂形，半抱茎，近全缘。复总状花序，花黄色，花梗细弱，花后下弯成弧形。短角果矩圆形，扁平，顶端钝圆形而不凹缺，或全截形，边有翅，长约1.5cm，宽5mm，成熟时黑紫色。内有种子1粒，也有2～3粒，呈长圆形，长3～4mm。

（二）生物学特性

对温度的要求：种子在4～6℃低温条件下开始萌动，发芽最适温度为

20~25℃，生长适温为白天 18~23℃，夜间 13~18℃，地温 18℃左右。板蓝根春化条件：2~6℃下经 60~100d 完成春化过程。

对水分和湿度的要求：板蓝根种子不易吸水，若土壤干旱会推迟出苗，并易造成缺苗断垄，从播种至出苗应连续浇水 2~3 次。板蓝根较怕涝，在苗期与叶片生长旺盛期恰逢雨季，如排水不畅，导致肉质根生长受限而减产，所以这段时间需控制水分和注意排涝，结合中耕松土，保持植株地上部与地下部生长平衡。当板蓝根长到手指粗，进入肉质根膨大时期，此时是对水分、养分需求最多的时期，应及时浇水，保持土壤湿润，防止肉质根中心柱木质化。适时适量浇水，对于提高板蓝根品质和产量有密切关系，故要求土壤水分保持在60%~80%，空气湿度在 80%~90%，如果空气湿度过低，肉质根木质部增加，影响品质。

对光照的要求：生长发育期间要求中等强度的光。

（三）栽培技术

1. 选地整地　板蓝根适应性较强，喜温和湿润气候，耐寒、耐旱，对自然环境和土壤要求不严，抗寒能力强，霜后仍可生长；喜疏松肥沃的湿润沙质壤土，怕涝，宜连作。由于板蓝根耐旱、耐寒、怕涝，所以应选择土层深厚、疏松肥沃的沙质土壤种植。种植前应深翻土地，灌足水，施好基肥，每 667m² 施用优质有机肥 4 000~5 000kg。为了防治虫害，最好在堆肥过程中喷洒一些杀虫剂和杀菌剂并拌匀，以杀死虫卵、蛹和幼虫。板蓝根是深根系药用植物，要求根部土层疏松。因此，施肥后要深翻土壤，翻土深度应在 30cm 以上。整地时，沙性土地可翻耕稍浅些，黏性土地可翻耕稍深些。

2. 适时播种　播种期分为春播、夏播和秋播，以采根为主的宜春播或夏播，育种的宜秋播。

春播：播种期依海拔高度不同而不同，川区一般 4 月上旬，山区一般在 4 月下旬至 5 月中旬。

夏播：应尽量提早，最好在立夏前后，过迟会使幼苗期遇高温季节，发育受到抑制，植株发育不良，产量低，品质也差。

秋播：宜在白露至寒露进行。

（1）种子处理　对药用植物板蓝根来说，优质的种子才有利于收获优质的种苗和药材。所以，播种前的选种非常重要。由于板蓝根是二年生植物，种子通常要选前一年的。从外观来看，正常有活力的种子外表呈蓝黑色，光泽度好、发亮、清香味较浓为宜。有条件的地区，可以提前进行种子活力的检测，以便于了解种子的生活力，进而计算出每 667m² 用种量。种子选好后，为了提高种子的发芽率和出苗的整齐度，播种前要对种子进行浸种处理 24h。

（2）播种方法　播种方法根据机械化程度和种植习惯的不同而不同。人工播种一般采用穴播或者条播方式。播种前 7d 可以修整土壤，如浇水、消毒、深翻结合施用有机肥。条播采用 35cm 行距，每 667m² 播种量 2.5kg 左右；穴播采用行距 35cm，株距 20cm，每 667m² 用种量约为 2kg，播种深度为 4cm，有条件的可以覆膜保湿。

3. 田间管理　板蓝根种子播后一般 7d 左右开始出苗，15d 可出齐苗。

（1）间苗和定苗　出苗后，当苗长到高约 7cm 时可以进行间苗，主要是去除过密和弱苗；幼苗长到高 10cm 左右时可以结合中耕除草，按照株行距 10cm×10cm 定苗。缺苗处应及时补苗。

（2）中耕除草　幼苗出土后松土一次，定苗后随时观察幼苗和杂草生长状况。对于杂草要进行早除、除净。

（3）肥水管理　以收叶子为主的，一般在定苗后进行第一次追肥。追肥的肥料可以选择全效肥，如磷酸二氢钾或者尿素。幼苗定苗后掌握薄肥勤施的原则，每 667m² 施用量在 10kg 左右，结合浇水施用。第二次追肥在采收叶子之后，再施一次全效肥，随浇水灌入。以收根为药材的，生长期不割叶子，种植前应施足基肥（底肥），以有机肥为主，生长期以全效肥为主，追肥两次，掌握薄肥勤施的原则。

4. 主要病虫害及防治

（1）霜霉病　霜霉病是典型的高温高湿引起的病害，应以预防为主，治疗为辅。发病前期应在雨季到来之前进行及时预防。采用药剂主要是多菌灵、百菌清等。霜霉病主要危害叶片，以叶子为产品的种植地，在雨季来临前注意种苗的通风透光和排水，及时按照说明喷洒药剂进行防治。

（2）根腐病　在多雨季节易发生，能使根部腐烂。发病初期，每 667m² 用 50%多菌灵可湿性粉剂 30g 对水 25kg，或用 70%甲基硫菌灵可湿性粉剂 30g 对水 50kg 淋穴，以防蔓延。

（3）白粉病　危害叶片，6月左右最易发生，用 1：1：110 波尔多液喷雾防治。

（4）潜叶蝇　发生期每 667m² 喷 4.5%高效氯氰菊酯乳油 1 000 倍液，或用 1.8%阿维菌素乳油 4g 对水 25kg 喷杀。

（5）菜粉蝶和小菜蛾　用 80%敌百虫可溶粉剂 800 倍液喷雾防治。使用农药时要严格按照农药使用说明中规定的用药量、用药次数、用药方法，规范使用化学药剂，严格控制农药使用安全间隔期，严禁在安全间隔期内采收蔬菜产品。

5. 适时采收

（1）叶片的采收　春播板蓝根以收大青叶为主的，应在收割时，自植株茎部离地面 2cm 处割取。第一次采收在 6 月中旬前后进行，这时的板蓝根叶片基本长到了 25cm 以上。因为此时是植株生长旺盛期，叶片青绿并达到最大的生长量，黄叶和枯叶较少，产量高，品质好。第二次采收在 9～10 月进行，避免在雨季采收，以防处理不当引起烂叶。前两次叶片采收后要除草、施肥和防治虫害。

（2）根采收　以收根为主的，生长期不割叶子，应在封冻前（华北地区宜在 10 中下旬）采收。选晴天采挖。采挖时应深刨，以防把主根刨断。起土后，去净泥土，摊晒至七八成干后，分级扎成小捆，再晒至全干即可。以根长直、粗壮均匀、坚实，无须根以及无霉变者、虫蛀为佳。

三、紫苏

紫苏是唇形科紫苏属一年生草本植物，叶具有特异的芳香，具有杀菌防腐的作用。紫苏叶可以生食和腌菜，有散寒、理气、健胃、发汗镇咳、祛痰利尿、净血镇定等作用，并能治疗外感风寒头痛。

紫苏具有很高的药用和营养价值。种子中含油率 35％～51％。紫苏油中多元不饱和脂肪酸占 77.1％（近 87％的 α-亚麻酸），饱和脂肪酸占 7.7％，单元不饱和脂肪酸占 14.6％。种子中蛋白质含量占 25％（含 8 种人体必需氨基酸），还有谷维素、维生素 E、维生素 B_1、甾醇、磷脂等。紫苏叶中富含抗衰老素（SOD 每 100g 602mg），100g 成熟叶片含胡萝卜素 104.68mg、类胡萝卜素 160.54mg、钙 217mg。

（一）形态特征

紫苏茎断面四棱形，密生细茸毛。叶互生，绿紫或紫色，卵圆或广卵圆形，顶端尖锐，基部圆形或广楔形，边缘粗锯齿状，密生细毛。总状花序，顶生或腋生，花萼钟状，花冠管状，紫或淡红色。坚果，灰褐色，卵形，含 1 粒种子。

（二）生物学特性

紫苏的适应性较强。喜温暖、湿润的气候，较耐高温，耐湿，耐涝。在高温雨季生长旺盛，在较阴的地方也可生长，8℃以上就能发芽，适宜的发芽温度为 18～23℃，开花期适宜温度为 26～28℃。秋季开花，是典型的短日照植物。对土壤要求不严，适应性较广，但以疏松、肥沃、排水良好的沙质土壤为佳。

（三）栽培技术

1. 育苗　苗床应选择避风向阳的地方，床土应施足够量的圈肥，并适当施些过磷酸钙。播种前先进行水洗，将不成熟的种子剔除，温汤浸种 12h，每 15m² 播种 30～40g，出苗前保持土壤湿润，苗出齐后，真叶横径在 3～4cm 时，适当蹲苗，防止徒长。

2. 苗期田间管理　播后经 7～10d 发芽出苗，及时揭去地膜。苗出齐后，间去过密的幼苗。一般要间苗 3 次，苗距约 3cm，以互不拥挤为标准。适时浇水，及时通风透气。

3. 整地施肥　定植前 1 周结合翻地施入充足的底肥，耕层深度 15～20cm 即可。以平畦栽培，每 667m² 施入 280kg 豆粕、700kg 鸡粪、50kg 复合肥。

4. 定植　在株高 10cm 时要及时定植，定植时选用长短一致的壮苗。定植过程中，幼苗不宜在手中久握，易使幼苗茎部受热损害，影响缓苗。定植后要及时浇缓苗水，当茎基部出现紫色，说明已经缓苗，正常条件约需 7d。

5. 田间管理　根据紫苏喜温、喜湿、喜肥的特点，在整个生长期内按不同的生长阶段进行管理。

（1）抓好促根促秧的工作　应浅中耕，缓苗后 20～30d 即可进入收获期。当叶片横径大于 7cm 时便可采收。为提高产量，前期要及时打杈（采收小叶时，不需打杈，并及时采收）。随着栽培季节的不同，紫苏的采收频率也不同，在温度高光照充足时每 4～7d 可采收 1 次。在冬季温度低时，每 10～15d 可采收 1 次，低温使叶片变紫，品质下降，应及时采收。

（2）追肥浇水　追施速效氮肥 2 次，每次每 667m² 施尿素 10kg、过磷酸钙 10kg。施后封垄培土，增加浇水次数，一直到收割，经常保持畦内湿润。

（3）遮阳补光　进入高温季节，为降低棚内温度，及时盖遮阳网，当日照时数变短时，要进行补光，保证紫苏日照时数大于 14h，否则前期开花，产量降低。

6. 病虫害防治

（1）菌核病

症状：初期叶片及茎部出现椭圆形水渍状病斑，后逐渐变为褐色，出现色丝及黑色菌核。

发病条件：高温高湿，密度较大，通风差时，易发该病。

防治方法：根据季节选择适宜的密度，一般冬季密度较大，夏季密度较小。

（2）白粉病　防治方法可用 70% 甲基硫菌灵可湿性粉剂 1 500 倍液进行喷雾，7d 左右喷 1 次，连续 2 次。

（3）病毒病

症状：叶片出现磨砂状，皱缩，表皮硬化，生长缓慢。

发病条件：干旱、土壤携带病毒等。

传播途径：土传、昆虫传毒、农事操作传毒（汁液传毒）。

7. 收获　紫苏以叶为食用部分，可随时采摘叶宽 12cm 以上，且无缺刻、无病斑的叶片（成品标准）。一般在 6 月初开始采摘。2 对真叶时定植的植株，一般从第四对真叶起采收成品叶；3 对真叶时定植的植株，一般从第五对真叶起采摘成品叶。7 月中旬和 8 月中旬至 9 月上旬形成两个采收高峰期。收后直接销售或腌制。

四、冰菜

冰菜属番杏科日中花属多肉一、二年生草本植物，原产于南非、纳米比亚等干旱地区，又名非洲冰草。其特点是在叶面和茎上着生有大量泡状细胞，在太阳照射下反射光线，就像冰晶一样，因此得名水晶冰菜。

冰菜富含对人体有益的钠、钾、钙等元素和氨基酸、抗酸化物质、黄酮类化合物，营养价值较高，尤其适合中老年人和患有高血压的人食用。

（一）形态特征

冰菜根系发达，须根系；茎高 30～60cm，圆柱形，前期直立生长，后期匍匐生长，分枝力强，每个腋芽都能发育成侧枝，茎上着生大量里面填充液体的冰晶状颗粒，含有一定的盐分；叶互生，叶片扁平，卵形或近菱形，肉质肥厚，长 15cm，宽 7.5cm，叶片上、下表面均有大量点状液泡，同样着生冰晶状颗粒；花单个腋生，直径约 2.5cm，无梗；花瓣多数，线形，带白色或浅玫瑰红色；蒴果肉质 5 室，种子多数。

（二）生物学特性

冰菜喜冷凉环境，可在 −5℃ 的条件下生存。生长期最适温度为 15～25℃，温度低于 0℃ 会出现叶片萎缩、植株枯萎等现象；温度超过 28℃ 往往植株簇生、徒长，叶片瘦小且茎叶上的冰晶状颗粒减少，导致冰菜品质变差。冰菜喜排水良好的沙质土壤，忌高温多湿。冰菜耐盐碱，能把吸收进去的多余的盐分，通过茎、叶表面密布的盐腺排到 2mm 的透明袋状仓格——盐囊细胞中，属于典型的泌盐植物。追施肥料不宜过浓，需薄肥勤施。秋冬以干为宜，不得灌大水，以免水多肥浓损伤根系，导致叶片黄化。

（三）栽培技术

1. 整地施肥　冰菜茬口要求不是太严，应精细整地，播前施足底肥，每 667m² 施三元复合肥 35～40kg、充分腐熟的有机肥 3 000～4 000kg。翻地后浇足底水，等地面稍干后起垄。

2. 起垄覆膜　垄宽依地膜宽度而定，一般地膜宽 70cm 时，垄宽 50cm；地膜宽 120cm 时，垄宽 100cm。垄沟宽 30cm，垄高 10～15cm。垄面要整平，然后覆膜，地膜一定要绷紧压实、贴紧地面。地膜最好选 0.008～0.01mm 的黑膜，可减少杂草。

3. 育苗定植　冰菜种植在海拔 1 800～2 000m 地区的日光温室中，播种应在 9 月底至 10 月初进行，可分期播种。用 20～30℃温水浸种 2～4h 后播种。播种后的温度以 20℃左右为宜。秋天播种栽培，有时会受到高温影响，发芽率会降低，注意保持育苗房通风，使其育苗环境温度下降。待植株长出第 4～5 片叶子、播种后 20～40d（因栽培时期而异）时即是定植的合适时期。采用穴栽法，每穴栽 1～2 株，株行距（35～40）cm×30cm。垄面宽 50cm，每垄栽 2 行；垄面 100cm，每垄栽 4 行。定植栽培时最好在 16：00～17：00 进行，心叶不能被土淹埋，如果被淹埋则容易烂苗。因为冰菜采收的主要是侧枝，所以采取稀植，一般每 667m² 定植 3 500～4 000 株，种植密度过大会降低商品率。

4. 田间管理

（1）温度管理　冰菜是一种耐干旱、耐瘠薄、耐盐碱的植物，对温度要求不是太严格，定植后白天 20～30℃，夜间 10～15℃即可。夜间低于 5℃或白天高于 35℃植株就停止生长，但恢复到适宜温度时会继续生长。

（2）及时间苗、定苗　一般定植 5～10d，植株扎根长出新叶时，及时间苗、补苗，每穴保留 1 株，去弱留强。用土及时封住地膜口，并加强幼苗管理。

（3）除草　如果是白膜种植，定植后田块浇水。杂草生长比较快，结合间、定苗进行除草，及时拔除杂草，以免其与冰菜争夺水肥，影响冰菜的正常生长。覆盖黑膜可免去除草。

（4）水肥管理　定植时植株具 4～5 片叶，要浇定苗水，要求浇透（每株与每株之间水印相互接触）为好。膜下潮湿时一般不浇水，膜下干燥时浇到湿透为止。长出侧枝时只需要保持膜下潮湿，不需要施肥。再次或多次长出侧枝时，结合浇水每 667m² 再开穴或追施三元复合肥 15kg，生长期间喷施叶面肥，用 0.3% 磷酸二氢钾加 0.5% 尿素混合液喷施，如果采收及时，要多次喷施叶面肥。

（5）病虫害防治　目前，在日光温室中栽培冰菜时还未发现病虫害，但是要少浇水，一般保持膜下潮湿就行，膜面保持干净，不能有积水，如果出现积水要及时清理掉，否则与膜面接触的叶、茎会腐烂。

5. 采收　冰菜要及时采收，定植后约 1 个月采收侧枝，用剪刀剪下。主枝会径向扩散分蘖侧枝，可不间断进行采收，每株产量可达到 2.5～3kg。在运输途中要低温储藏或清晨采收后预冷，最好装在黑色塑料袋内，可在冰箱冷藏 1 周仍然鲜嫩。

参考文献

包春艳，2011. 紫苏栽培技术 [J]. 现代园艺 (13)：43-44.

蔡丹，2016. 番杏栽培管理技术要点 [J]. 河北农业 (12)：22-23.

曹震，苏兵，李相宁，等，2016. 平茬处理对日光温室五种宿根保健蔬菜生长特性及品质的影响 [J]. 北方园艺 (23)：67-72.

柴武高，2013. 民乐县板蓝根产业发展思考 [J]. 甘肃农业科技 (10)：57-59.

陈宏毅，2016. 冰菜的生物学特性与栽培技术 [J]. 蔬菜 (8)：42-45.

方媛，2016. 分期播种对日光温室 3 种保健蔬菜生长特性的影响及气候适应性分析 [D]. 银川：宁夏大学.

葛多云，邹盛勤，2005. 香椿叶中氨基酸和营养素分析 [J]. 微量元素与健康研究，22 (6)：23-24.

哈婷，2017. 基质培黄瓜、番茄、茄子营养液供液制度研究 [D]. 银川：宁夏大学.

哈婷，张向梅，李建设，等，2017. 营养液供液量及供液频率对高糖度番茄生长、产量及品质的影响 [J]. 西北农业学报，26 (10)：1484-1491.

韩彩娥，冯琳，2008. 大棚西瓜—辣椒立体高效种植技术 [J]. 现代农业科技 (1)：47，50.

韩淑艳，孙淑凤，2008. 番杏栽培技术 [J]. 北方园艺 (9)：79.

花雪梅，2014. 十种浙产野菜营养品质及抗氧化活性研究 [D]. 杭州：浙江农林大学.

贾惠文，2015. 板蓝根栽培技术的研究与实践 [J]. 农业技术装备 (1)：23-25.

江涛，李茜，2000. 香椿日光温室高效栽培技术 [J]. 江苏绿化 (4)：28.

李春菊，2013. 紫苏无公害栽培技术 [J]. 农民致富之友 (3)：34.

李莉杰，2001. 板蓝根的栽培技术 [J]. 河北农业科技 (6)：7.

李文荣，2007. 香椿栽培新技术 [M]. 北京：中国林业出版社.

刘国学，2014. 日光温室 1 年 3 茬吊蔓嫁接西瓜高产高效栽培技术 [J]. 中国园艺文摘，30 (3)：167，199.

刘文明，闻宁丽，顾暄，2009. 香椿日光温室高效栽培技术 [J]. 现代农业科技 (9)：114.

刘志峰，2003. 旱地板蓝根高产种植技术 [J]. 农村新技术 (1)：19-20.

龙丽春，2012. 特菜香椿栽培管理技术 [J]. 吉林蔬菜 (3)：23.

鲁博，谈平，2010. 蔬菜的营养功能与保健价值 [J]. 上海蔬菜 (1)：76-77.

马建祥，张显，张勇，杨建强，等，2010. 西瓜新品种农科大 5 号 [J]. 中国蔬菜 (15)：36-37.

牟洁，2010. 日光温室无公害西瓜两连茬高效栽培技术 [J]. 甘肃农业 (3)：86-87.

牛静娟，2003. 无土栽培营养液调配及灌溉控制系统开发 [D]. 天津：河北工业大学.

阮婉贞，2007. 胡萝卜的营养成分及保健功能 [J]. 中国食物与营养，6 (6)：51-53.

邵海婷，刘永哲，2010. 保护地西瓜早熟栽培技术 [J]. 西北园艺 (蔬菜专刊) (1)：17-18.

宋海德，2002. 板蓝根的栽培技术 [J]. 北京农业 (5)：12.

孙启明，艾斯卡，2008. 节能日光温室蔬菜周年生产配套技术［J］. 新疆农业科技（3）：53.

王春玲，宋卫堂，赵淑梅，2017. H 型栽培架组合方式对光照及草莓生长和产量的影响［J］. 农业工程学报，33（2）：234-237.

王敏，2015. 不同体积限根对番茄生长发育及品质的影响［D］. 银川：宁夏大学.

王敏，李建设，高艳明，2016. 限根栽培对番茄生长和品质的影响［J］. 湖北农业科学，55（5）：1199-1203.

王明总，班用名，2011. 水果胡萝卜高产优质栽培技术［J］. 中国蔬菜，9（9）：53-54.

王平安，2016. 草莓栽培系列报告［R］. 宁夏三农呼叫中心.

王寿红，2011. 香椿栽培管理技术［J］. 云南农业（4）：36-37.

王晓飞，刘淑霞，肖宇，等，2016. 北方紫苏栽培技术要点［J］. 黑龙江科学，7（21）：30-31.

王燕，2010. 日光温室西瓜一年三熟高效栽培技术［J］. 中国农技推广，26（9）：23-24.

韦龙宾，2007. 香椿的繁殖与栽培技术［J］. 中国林副特产（5）.

吴立勇，2012. 日光温室一年三茬西瓜栽培技术［J］. 内蒙古农业科技（6）：103-104.

席霞，樊继刚，童良永，等，2014. 日光温室黄瓜应用秸秆生物反应堆试验［J］. 上海蔬菜（4）：69-70.

徐苏萌，2016. 不同基质配比对番茄生长与品质的影响研究［D］. 银川：宁夏大学.

徐苏萌，高艳明，马晓燕，等，2016. 不同有机肥配比对设施番茄生长、品质和基质环境的影响［J］. 江苏农业学报，32（1）：189-195.

徐苏萌，宋焕禄，高艳明，等，2015. 不同基质配比对番茄风味成分的影响［J］. 湖北农业科学，54（15）：3689-3691.

杨其长，张成波，2005. 植物工厂系列谈（三）——植物工厂研究现状及其发展趋势［J］. 农村实用工程技术（温室园艺）（7）：44-45.

尹立荣，管长志，陈磊，等，2010. 胡萝卜设施高效栽培技术［J］. 天津农业科学，16（1）：86-87.

应芳卿，2010. 胡萝卜新品种郑参一号的选育及栽培技术研究［D］. 郑州：河南农业大学.

张安文，2013. 新型胡萝卜品种筛选及栽培技术研究［D］. 合肥：安徽农业大学.

张洪磊，刘孟霞，2015. 冰菜特征特性及控盐高产栽培技术［J］. 陕西农业科学（3）：122.

张乐森，2008. 大棚黄瓜的深冬管理技术［J］. 中国农业信息（1）：35.

张晓丽，张亚红，翟雪宁，等，2018. 平茬对日光温室栽培香椿营养品质和产量的影响［J］. 农业科学研究，39（1）：48-52.

张秀革，2016. 胡萝卜主要病虫害的防治［J］. 农民致富之友（7）：110.

张亚红，方媛，江力，等，2015. 一种日光温室持续采收香椿的栽培方法［P］. CN105145260A.

张艳萍，陈源闽，廉勇，等，2006. 迷你胡萝卜［J］. 特色农业，7（4）：25.

周雄祥，魏玉翔，2017. 无公害紫苏栽培技术［J］. 长江蔬菜（3）：42-44.

朱立新，2008. 草莓园艺工培训教材［M］. 北京：金盾出版社.

图书在版编目（CIP）数据

设施蔬菜优新栽培技术 / 李建设主编 . —北京：
中国农业出版社，2018.12（2019.6 重印）
ISBN 978-7-109-24887-8

Ⅰ. ①设⋯　Ⅱ. ①李⋯　Ⅲ. ①蔬菜园艺－设施农业
Ⅳ. ①S626

中国版本图书馆 CIP 数据核字（2018）第 260369 号

中国农业出版社出版
（北京市朝阳区麦子店街 18 号楼）
（邮政编码 100125）
责任编辑　郭　科　国　圆
───────────────────
北京中兴印刷有限公司印刷　　新华书店北京发行所发行
2018 年 12 月第 1 版　　2019 年 6 月北京第 2 次印刷
───────────────────
开本：700mm×1000mm　1/16　印张：15.25
字数：300 千字
定价：48.00 元
（凡本版图书出现印刷、装订错误，请向出版社发行部调换）